Micro Frontends in Action

決戰！微前端架構

Michael Geers 著 | 林亭儀 譯

感謝您購買旗標書，
記得到旗標網站
www.flag.com.tw
更多的加值內容等著您…

● FB 官方粉絲專頁：旗標知識講堂

● 旗標「線上購買」專區：您不用出門就可選購旗標書！

● 如您對本書內容有不明瞭或建議改進之處，請連上旗標網站，點選首頁的 聯絡我們 專區。

若需線上即時詢問問題，可點選旗標官方粉絲專頁留言詢問，小編客服隨時待命，盡速回覆。

若是寄信聯絡旗標客服email，我們收到您的訊息後，將由專業客服人員為您解答。

我們所提供的售後服務範圍僅限於書籍本身或內容表達不清楚的地方，至於軟硬體的問題，請直接連絡廠商。

學生團體　訂購專線：(02)2396-3257 轉 362
　　　　　傳真專線：(02)2321-2545

經銷商　　服務專線：(02)2396-3257 轉 331
　　　　　將派專人拜訪
　　　　　傳真專線：(02)2321-2545

國家圖書館出版品預行編目資料

決戰！微前端架構 Micro Frontends：新一代可擴展的網頁開發模式，實現各種框架的無縫整合與溝通 / Michael Geers 作；林亭儀譯.

-- 臺北市：旗標科技股份有限公司，2023.09　面；　公分

譯自：Micro Frontends in Action

ISBN 978-986-312-710-9　(平裝)

1. CST: 網站 2.CST: 網頁設計 3.CST: 電腦程式設計

312.1695　　111003845

作　　者／Michael Geers

翻譯著作人／旗標科技股份有限公司

發行所／旗標科技股份有限公司

台北市杭州南路一段 15-1 號 19 樓

電　　話／(02)2396-3257(代表號)

傳　　真／(02)2321-2545

劃撥帳號／1332727-9

帳　　戶／旗標科技股份有限公司

監　　督／陳彥發

執行編輯／王寶翔

美術編輯／陳慧如

封面設計／陳慧如

校　　對／施威銘研究室

新台幣售價：820 元

西元 2023 年 9 月 初版

行政院新聞局核准登記 - 局版台業字第 4512 號

ISBN 978-986-312-710-9

前言

我從事網頁應用程式開發已有超過 20 年資歷。一路走來，我見過各種規模的案子：我獨立開發過多個小型的個人專案，和兩三位夥伴搭檔合作過小型專案，但也參與過大型的案子，參與人員多到我們公司的餐桌都坐不太下。

我任職於德國奧斯納貝克的一間電子商務服務公司 neuland Büro für Informatik，而我和同事在 2014 年接下了一項任務，為一間連鎖百貨公司重新建構電子商務系統。該公司原有的單體式系統網站不僅效能不佳，其所衍生的各種組織問題更是一大痛點 —— 想增加新功能非常耗時，而且常常會弄壞跟新功能無關的部分，擴大開發團隊陣容更只會雪上加霜。我們這位客戶不僅僅想要一個結構更乾淨的新網站，這個系統還能讓多個團隊獨立作業、不至於互相扯後腿。而這種能夠平行開發的能力，對於這間連鎖百貨想在電子商務拓展版圖的計畫來說也是個關鍵。

當時採用了一種我們稱之為『垂直化』的開發架構，讓多個跨功能團隊能打造和擴展電子商務網站中的特定區塊，各個團隊都能一條龍包下從資料庫連結到使用者介面的某個功能。這些團隊開發出的應用程式都能獨立運作，而且只在前端網站內整合。這樣的前端整合看似簡單，實務上若要能有效整合，我們得學的東西可多了。幸好有這個專案開了先河，我的公司在之後的專案中就有機會精進這種技術。

同時，其他企業也開始用同樣的方式建構他們的網站，但這種架構在當時還沒有一個專有名稱。要是我想知道多個獨立團隊共同開發一個網頁應用程式時，會面臨到那些挑戰，這樣我到底要用哪個關鍵字搜尋呢？

就在 2016 年 11 月，情況有了改變，科技顧問公司 ThoughtWorks 在其刊物《Technology Radar》中將這樣的開發架構命名為**微前端 (micro frontends)**。有了這個名稱，開發社群就得以分享與這個架構有關的最佳做法、技術及工具。

2017 年夏天，我也終於有空將我們公司在微前端開發的經驗記錄下來。我把我們使用的技術整理成多個獨立範例專案，並將它們發布至 https://micro-frontends.org。從那時起，這個計畫發展出新的契機：開始有來自各方的人透過網路邀請我去他們的研討會演講，雜誌向我邀稿，更有開發社群的好心人士自願將前述網站翻譯成不同語言版本。

最值得一提的是，Manning 出版社的 Nicole 和 Brian 在 2019 年初找上我，詢問我是否能就微前端這個主題撰寫一本專書。我腦中浮現的第一個想法是：『這點子也太鬧了吧！我又不是作家，甚至不愛閱讀。我更傾向聽別人分享、還有寫 code、打造系統跟想辦法解決問題。』不過，出書感覺是個千載難逢的機會。我在給出答覆前深思熟慮了一番，也和親友討論許久，還有好幾個晚上想這件事想到睡不著覺。

到頭來我決定接受挑戰，畢竟我熱愛解說事情。用出書的形式搭配圖表 (我個人很喜歡精美的圖表)，並加入程式碼範例來介紹微前端架構，對我而言會是一項挑戰，我也可以從中大量學習。現在回頭看來，我很滿意這項決定 —— 而最終成果就是你正在閱讀的這本書。

關於本書

這本書的用意是解釋採納微前端架構的種種動機及概念。讀者將學習到一系列實用技巧，可用來實現前端的整合及溝通。因為微前端架構比較新，加上使用案例有可能相差甚大，我決定不要畫地自限、只使用特定的微前端函式庫、工具或平台，而是讓你學習到微前端的基本機制，以便能直接在任何現有的網路技術規範底下進行開發。在這本書的最後，我們將著眼於較全面的主題，像是如何確保卓越效能與設計上的一致性，以及如何在分散式團隊架構中分享知識。

誰適合閱讀本書

本書的標題中有**前端**兩個字，而在大部分章節中，我們也會著眼於使用者介面的某些面向。儘管如此，此書並非只為前端開發人員所寫。如果你的專長偏重於後端，或者你是軟體架構師，只要你對 HTML、CSS、JavaScript 和網路有基本的認識，都可以閱讀本書。你完全不需要熟悉特定的函式庫或前端框架，就能讀懂此書所介紹的技術。

章節安排——閱讀路線圖

本書分為三大篇，共 14 個章節。第一篇介紹微前端架構，以及適合採用微前端的時機：

- 第 1 章帶出微前端的全貌，介紹什麼是微前端，並說明此架構的優缺點。
- 第 2 章帶你實作第一個微前端專案。我們一開始不會使用很炫的技術，只走簡單路線，用普通的超連結和 iframe 來做。我們在這個章節會打下扎實基礎，以便在後面的章節延伸。

第二篇著重於前端整合技術，以便解答以下疑問：『對於不同團隊所開發的使用者介面，如何在瀏覽器上一起呈現？』讀者將學習到如何在伺服器端與客戶端設定路由 (routing) 及組合網站元件的方法。

- 第 3 章說明如何使用 Ajax 呼叫來組合網頁元件，並使用共享的 Nginx 網路伺服器來實現基於伺服器的路由。
- 第 4 章深入介紹伺服器端的元件組合技巧。讀者將學習如何透過 Nginx 的伺服器端內嵌 (SSI) 功能，將不同應用程式的 HTML 組合起來。這章也會介紹一些技巧，好確保網站的某個地方出錯時仍能如常執行。我們也將討論 ESI、Tailor 及 Podium 等替代工具。
- 第 5 章是關於在客戶端渲染應用程式的元件組合技巧。你將學習如何借力使力，善用 Web Components 標準把基於不同技術所開發的 UI 組合成單一畫面。
- 第 6 章討論了溝通策略。我們將重點放在微前端各部分在瀏覽器上的溝通。本章的最後也會探討若干主題，像是後端溝通，以及如何跨團隊分享登入狀態等資訊。
- 第 7 章介紹應用殼 (application shell, 簡稱 app shell) 的概念。app shell 讓你能夠營造一個完整、從客戶端渲染的使用者體驗，由不同團隊所打造的單頁應用程式 (single page application, SPA) 構成。你將學習如何從無到有打造一個 app shell。這章最後也會簡單介紹熱門的 single-spa 函式庫。
- 第 8 章介紹如何在微前端架構中實現通用渲染 (universal rendering)。這邊會用到前面數章已經介紹的後端與前端整合技巧。

- 第 9 章是本書第二篇的總結，展示各位學到的技巧能如何應用在真實情境中。本章會提供一系列問題和工具，協助讀者決定哪種微前端架構最適合你手頭上的專案。

第三篇則介紹一些實務做法，來確保網站能有良好的終端使用者效能，以及一致的使用者介面。這部份也會引導你如何組織開發團隊，好讓微前端架構發揮最大價值。

- 第 10 章介紹資源載入策略，有效率地將所需的 JavaScript 及 CSS 程式碼傳送到客戶端瀏覽器，不至於需要增加團隊與團隊之間的配合。
- 第 11 章介紹，當單一頁面上有來自多個團隊的程式碼在運作時，像是效能預算 (performance budget) 這樣的技術仍然能發生作用。我們也會討論能用哪些方法去減少框架執行環境這類第三方程式碼的數量。
- 第 12 章介紹系統該如何設計，好讓不同團隊參與開發時，呈現給顧客的使用者介面仍然能一致。你將學到一些已經證明有好處的組織形態 (organizational pattern)。我們也比較了多個以微前端整合樣式函式庫 (pattern library) 的方式，並探討其技術上的意涵。
- 第 13 章聚焦在組織本身。這章回答了兩個問題：『團隊們走向跨職能的編制，應該要做到何等程度？』以及『該如何辨識好的系統邊界？』你將學習有效分享知識的方法，以及如何管理各種橫切關注點和共享的基礎架構元件。
- 第 14 章重點整理從巨無霸單體應用程式邁向微前端架構的一些移轉策略。本章也介紹本地端開發及測試的種種挑戰。

關於本書程式碼

本書所有原始碼都以等寬字體呈現, 好與內文做區隔。許多程式碼都有加上註解, 以標示重要概念。文字也會加上項目編號, 列出與程式碼有關的額外資訊。這本書將帶你開發一個電子商務應用程式。我們會先從小處著手, 並一個章節接著一個章節, 把這個程式做大。會用到 [...] 做簡化, 避免出現重複的程式碼。

要下載完整的原始碼, 可以到以下網址下載, 請依照網頁指示輸入書中關鍵字即可取得下載連結, 也可以輸入 Email 成為 VIP 會員, 未來有機會取得 Bonus 資源:

https://www.flag.com.tw/bk/st/F3487

建議讀者按照每一章的進度, 下載程式碼實際跑看看。另外你也可以直接打開瀏覽器, 到 **https://the-tractor.store** 和書中範例互動並檢視相關程式碼。

本書的應用程式都是用靜態檔案打造, 你不需要懂 Java、Python、C# 或 Ruby 等特定後端語言。我們使用 Node.js 來打造臨時 (ad hoc) 的網路伺服器, 所以若要能啟動應用程式, 你需要先在你的機器上安裝 Node.js。在討論伺服器端路由以及網站元件組合技巧的章節, 我們使用的是 Nginx 這個非同步框架的網頁伺服器。在第一個提到 Nginx 的章節中, 我們會附上安裝指引。

目錄

第一篇 踏上微前端的道路

CHAPTER 01 何謂微前端？

CHAPTER 02 我的第一個微前端專案：超連結及 iframe 整合

第二篇

路由、整合及溝通

CHAPTER 03 以 Ajax 整合區塊並使用伺服器端路由

CHAPTER 04 伺服器端整合：SSI 與代理伺服器

CHAPTER 05 客戶端整合：使用 Web Components 及 Shadow DOM

CHAPTER 06 溝通模式：網址、屬性與事件

CHAPTER 07 客戶端路由與 app shell：統一單體應用程式

第三篇 如何做得快、一致且有效率

CHAPTER 10 載入資源最佳化

CHAPTER 13 以 Ajax 整合區塊並使用伺服器端路由

CHAPTER 14 系統遷移、本地開發及測試

1 第一篇

踏上微前端的道路

過去十多年間, 前端開發大幅演進。現今我們所開發的網頁應用程式, 必須要能快速載入、在不同裝置上運行, 還得迅速回應使用者的互動。對許多企業來說, 網頁前端就是與其客戶互動的主要媒介。可想而知, 他們自然會在前端開發方面投入很多時間構思、並鉅細靡遺地處理網站細節。

當專案規模還小、你只需跟少數幾名開發人員合作時, 要打造一個好的網頁應用程式非常單純。但如果你的公司擁有的是一個大型網站, 而且想持續改良並增添新功能, 單單一個團隊馬上就會應付不過來了。這正是微前端架構能發揮優勢的地方:在微前端架構下, 網頁應用程式被拆分成多個區塊 (fragments), 使多個團隊都能獨立作業。

在本書第 1 章, 你將學到微前端的核心觀念, 並了解使用這種架構背後的原因。你也會得知哪些類型的專案採用微前端架構時受益最大。第 2 章我們將透過程式碼實作, 從無到有打造一個最精簡但可行的微前端專案『拖曳機線上商店』(The Tractor Store)。這個電子商務專案將為你奠定基石, 替本書稍後將介紹的更高階技巧做準備。

CHAPTER

01

何謂微前端？

本章重點提要

- 認識微前端
- 微前端以及其他架構的比較
- 前端開發規模化的重要性
- 微前端所帶來的各項挑戰

身為軟體開發人員，我過去十五年來經手過許多專案，因此也經常觀察到業界一個常見的現象，那就是：當你和少數幾名夥伴一起開發一個新專案時，感覺順利極了，每名開發人員都對專案的完整功能有大致了解。和同事討論問題的過程直截了當，功能也很快就能開發好。但當專案與團隊規模變大，情況就改變了。

突然間，開發人員再也無法掌握系統的所有面向，團隊內部出現資訊斷層。由於複雜度增加，系統某部分的更動可能會出其不意地影響到其他部分。團隊內部的討論變得越來越麻煩。以前，團隊成員可以在咖啡機旁快速做出決定，現在則必須召開正式會議，好讓所有人都能了解狀況。Frederick Brooks 在 1975 年的《人月神話》(The Mythical Man-Month) 一書中就描述了這個情況；當系統成長到某種程度後，在團隊中添加新的開發人員，並不會提高生產力。

為了減輕這種影響，專案通常會被拆分成多個區塊。業界開始流行起根據軟體技術來拆分團隊的做法。我們於是引入一個水平架構，裡面有一個前端團隊，搭配一個以上的後端團隊。微前端架構提倡的則是另一種做法：將應用程式垂直拆解，每個區塊交給一個專責團隊負責，一條龍地包含從資料庫連接到使用者介面的開發。不同團隊的前端單元會在客戶端的瀏覽器內整合，構成最終的頁面。

這種方式很類似微服務 (microservices) 架構，但主要差別在於，每個微前端服務也會包含使用者介面，如此一來企業就不再需要一個中心的前端團隊。下面列出企業採用微前端架構的三個主要原因：

- **功能開發最佳化** —— 讓一個團隊本身有能力開發新功能，不需要在分離的前端和後端團隊之間做協調。

- **前端升級更為容易** —— 每組團隊都擁有各自的全方位技能，能搞定前端以至資料庫。團隊可以獨自決定更新或更換前端技術。
- **加強對顧客的焦點** —— 每個團隊能直接將開發好的功能交付給客戶，不需要成立專門寫 API 文件或負責營運的團隊。

本章節便要介紹微前端能解決的問題，以及使用時機。

1.1 從大處著眼 —— 微前端概觀

下圖 1.1 首先帶各位一窺全貌，了解微前端架構的所有重要部分。微前端不是一個實際技術，而是一種新的組織及架構方法。這也是為什麼這張圖中包含了許多不同要素，舉凡像是團隊結構、整合技巧，以及其他相關主題。我們將逐一檢視這張圖中的所有細項。

我們會從虛線上方的三個團隊作為起點，一路往上講到圖頂端的神燈，也就是前端整合 (frontend integration)。虛線底下部分就是將前端整合這塊放大來看，可以看到裡頭包含應用程式整合時所牽涉到的三個不同面向。回到虛線上方，右半邊的三大共同議題則是這段概觀的終點。

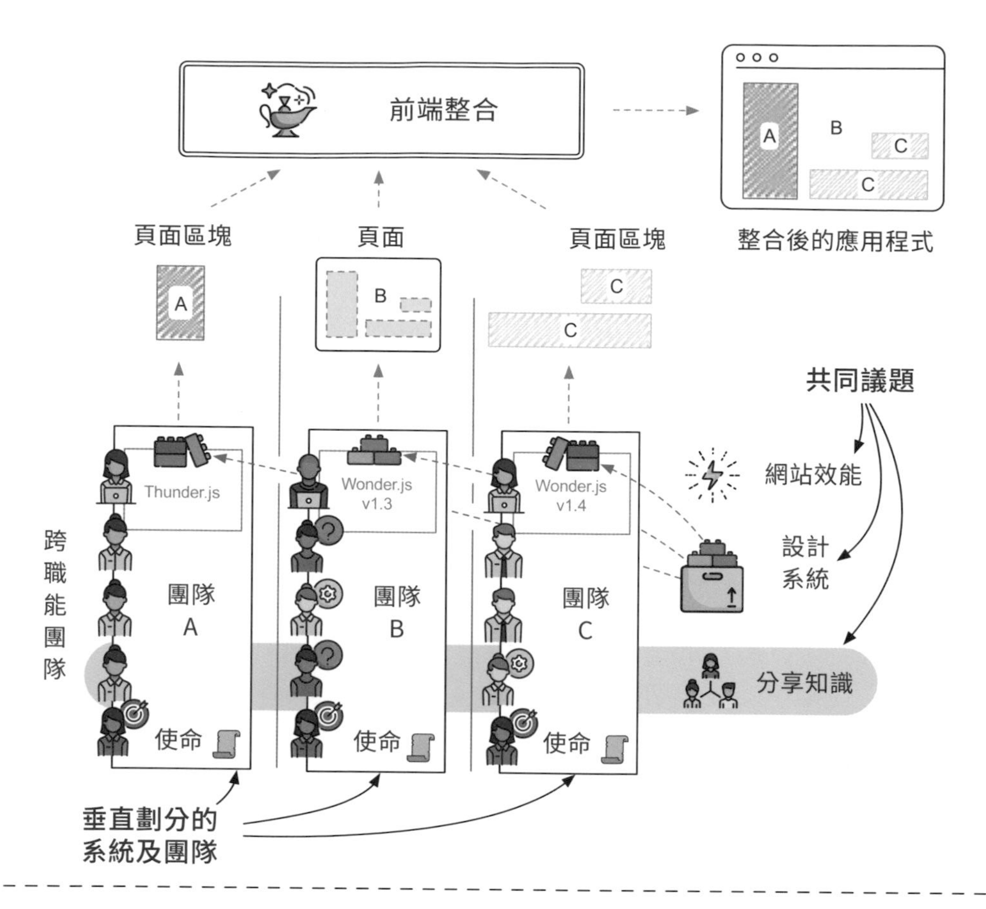

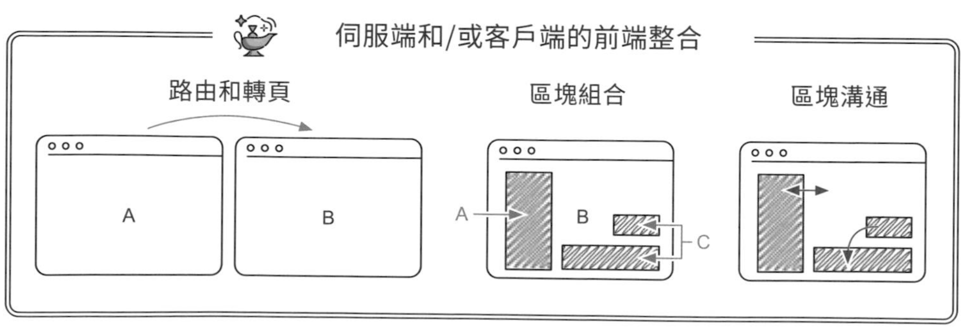

圖1.1　微前端架構的概觀。其核心是多個垂直劃分的團隊，這些團隊開發的功能可以是網頁或網頁中的組成部分。你可以透過 SSI 或是 Web Components 規範等方式，把不同團隊的開發成果整合成一個網頁供客戶瀏覽。

小編註　本書的範例都是以此架構來實作，由於後面章節採用單色印刷，可將本頁左下角摺起來，未來若需要比對細節，可隨時回來參照此圖。

1.1.1 系統與團隊

團隊 A、B 和 C 這三個方框，不僅展示了垂直劃分的軟體系統，還是微前端架構的組成核心。每一個垂直系統都是獨立的，有自己的資料倉儲，這樣就算鄰近的系統掛掉，它也照樣能運作。此外，系統要回應一項請求時，也不依賴對其他系統的同步呼叫。

每一個系統都歸一個團隊管理。這個團隊會包辦前端跟後端的完整軟體。這本書並不會介紹一些後端議題，像是這些系統之間如何複製資料。本書會套用微服務領域中已確立的解決方案，把重點放在組織上的挑戰，以及如何整合前端。

團隊使命

每一個團隊都有能為顧客提供價值、各自專精的領域。圖 1.2 的案例是，由三組團隊參與開發的電子商務專案。

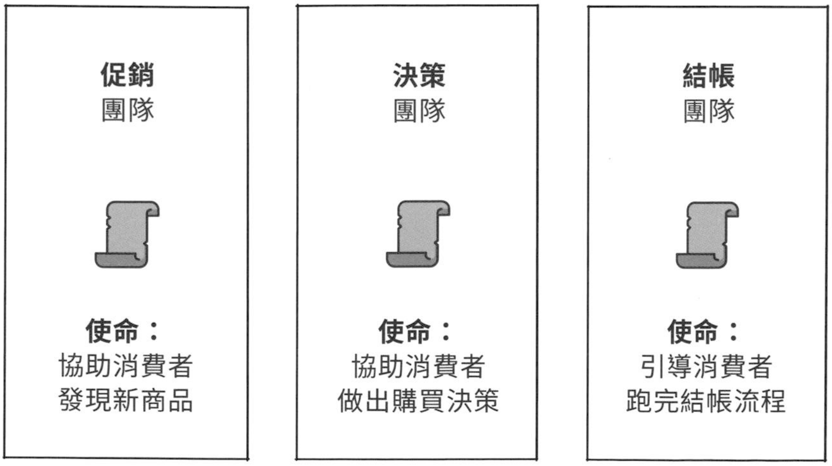

促銷
團隊
使命：
協助消費者
發現新商品

決策
團隊
使命：
協助消費者
做出購買決策

結帳
團隊
使命：
引導消費者
跑完結帳流程

圖 1.2 一個電子商務範例，由三組團隊構成：每一個團隊負責專案的不同部分，並明訂各自的使命來界定職責。

每一個團隊都應該使用描述性的隊名, 以及聚焦在使用者身上的明確使命。在我們公司的專案中, 團隊是依據使用者的消費歷程 (購物時會經歷的各個階段) 來劃分的：

- **促銷團隊**的使命如同其名, 是激發顧客的購買欲望, 並將顧客可能感興趣的產品呈上。
- **決策團隊**的職責在於提供充足資訊, 協助顧客做出購買決策, 像是提供精美商品照片、相應的規格清單、評比工具以及顧客評價, 這些都能幫助顧客做決定。
- 當顧客決定購買某項商品時, **結帳團隊**就接手負責, 導引顧客完成結帳流程。

對團隊而言, 擁有明確使命是非常重要的。這除了能讓它們專注在目標上, 也能當成拆分軟體系統的基準。

跨職能團隊

與其他架構相比, 微前端架構最大的不同點在於團隊結構。圖 1.3 的左半邊是專家團隊,人員依照不同的職能或技術來分組。前端人員負責開發前端, 付款服務由一組專家負責, 事業及營運專才也組成各自的團隊。在採用微服務架構時, 這就是典型的團隊結構。

乍看之下, 照技術分組很符合常理對吧？前端開發人員喜歡和其他前端夥伴一起共事。他們可以討論怎麼解 bug, 或是想辦法改善某段程式碼。對其他專責團隊而言, 情況也是如此, 大家都喜歡和自己同領域的人共事。專業人士追求完美, 想在他們所屬的領域想出最佳解法。當每一個團隊都發揮到淋漓盡致時, 整體產品也會是一流的, 對吧？

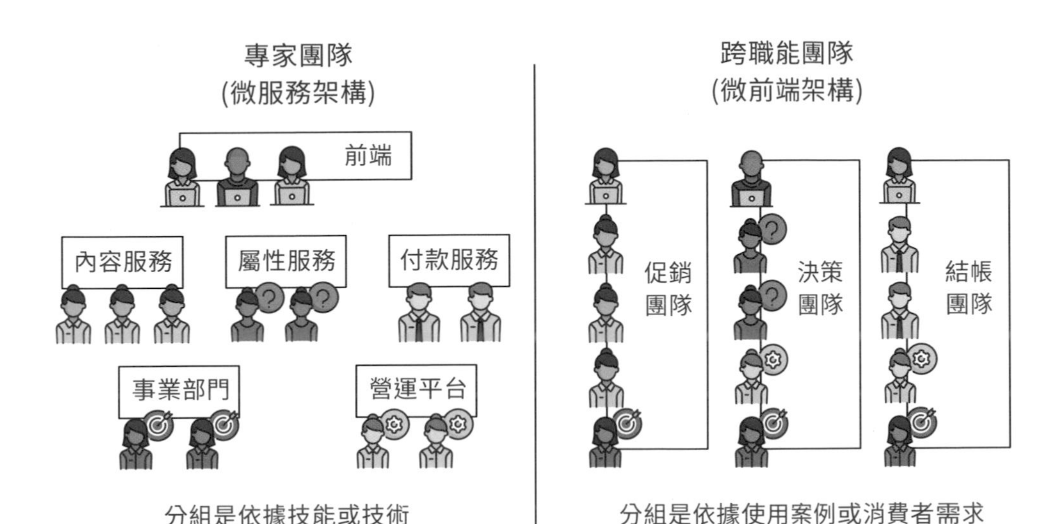

圖 1.3 微服務架構的團隊結構 (圖左) 與微前端架構 (圖右) 的比較。微前端團隊的編制是依據客戶需求, 而不是依據前端、後端之類的技術來劃分。

但這樣的推測並不一定成立。如今越來越盛行跨職能團隊的編制, 讓前後端工程師、營運及商務人員組成一個團隊來合作。由於這些人觀點不同, 他們對手頭上的任務就有辦法想出更具創意、更有效的解決方法。這些團隊開發出來的營運平台或前端層, 或許不是最頂級的, 但卻是根據團隊使命打造的。舉例來說, 他們會讓自己在推薦相關產品的功能變成專家, 或是嘔心瀝血打造流暢的結帳體驗。團隊成員與其鑽研一項特定的技術, 反而會更專注在他們負責的部分, 以提供最佳的使用者體驗。

跨職能團隊的附加好處是, 所有成員都會直接參與功能開發。在過去的微服務模式下,服務或營運團隊不會直接參與開發, 只會透過上層取得需求, 所以他們不見得能了解整個局面, 也無法得知為何這些需求是重要的。相較之下, 跨職能團隊讓所有成員都更容易參與、做出貢獻, 最重要的是讓他們**對產品產生自我認同**。

我們現在已經就專家團隊、跨職能團隊、還有這兩種團隊的體系做了討論。讓我們接著繼續往下看。

1.1.2 前端

現在我們來討論微前端架構和其他架構在開發上的差異 —— 微前端在功能開發上，抱持不同思路、開發方法也不同。團隊對於他們負責的功能肩負完全的責任，並以微前端的形式開發相應的使用者介面。微前端可以是一個完整的網頁，或是網頁頁面中的某區塊。請參照圖 1.4。

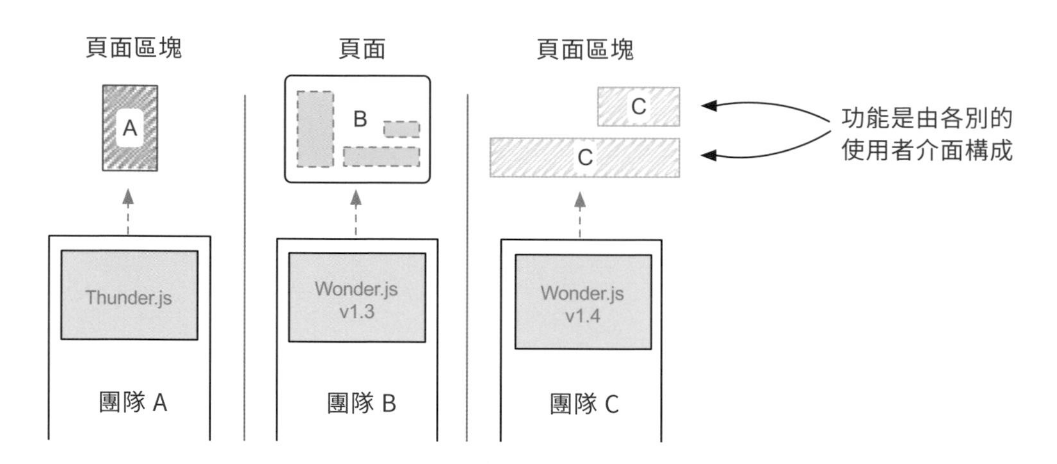

圖 1.4　取自圖 1.1 的中段部分。使用者介面由各個團隊各自開發，可以是一個頁面、或是頁面中的組成區塊。

一個團隊會針對一項特定功能寫出所需的 HTML、CSS 和 JavaScript 程式碼。為了讓開發更加容易，團隊可能會採用某種 JavaScript 函式庫或框架，但團隊與團隊間不會分享函式庫跟框架原始碼，每一個團隊也能自由選擇最符合他們使用案例的工具。

比如，圖 1.4 中列出了虛構的 Thunder.js 和 Wonder.js 框架：團隊可以自行升級工具相依性。像是團隊 B 還在使用 Wonder.js 的 1.3 版本，但團隊 C 已經升級至 1.4 版。

> **提示** 對, 我知道 Thunder.js 和 Wonder.js 可能是真的 JavaScript 框架, npmjs.org 上就有記錄這兩個套件的名稱。但既然上述兩個專案已經停止維護超過六年, 我們就繼續沿用吧 (笑)。

頁面的負責

我們來說一下頁面的部份。在我們所舉的例子中, 不同的團隊負責開發線上商店的不同部分。如果以頁面種類為劃分依據, 並試圖將不同類型的頁面分派給三個團隊, 分工結果可能會如圖 1.5 所示。由於團隊結構就反映了消費者的購物歷程, 這種根據頁面類型來分工的效果很好。首頁的重點就是要吸引顧客購物 (促銷), 而商品細節頁面則是顧客做出購買決策的地方。

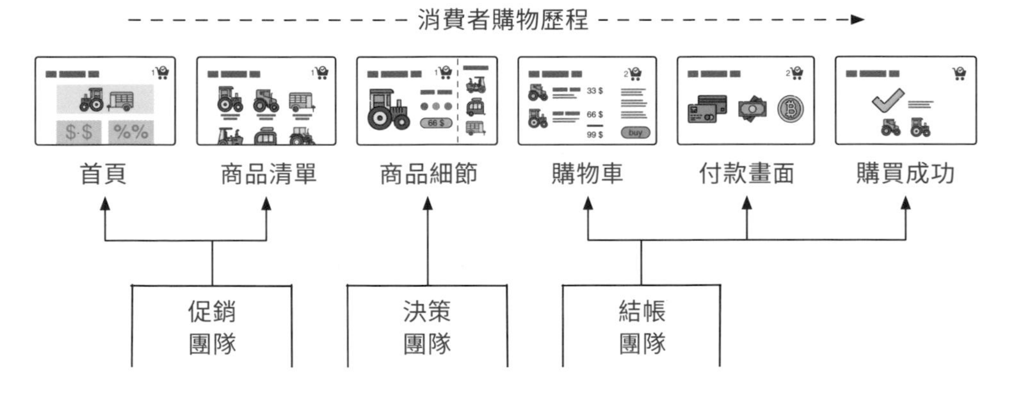

圖 1.5 每一個頁面都由一組團隊所有。

那麼這種微前端網站要如何實踐呢？每一個團隊可以打造各自的頁面, 自行架站, 並透過公有網域讓網頁上線, 並透過超連結將這些網頁串聯起來、方便終端使用者導航。你看！這樣就成了吧？基本上是這樣沒錯, 但現實世界中還會面臨種種需求, 情況比較複雜 (這也是我撰寫這本書的初衷！)。不過, 現在你已經領會到微前端架構的要點：

- 團隊可以就各自的專業領域獨立運作。

- 團隊可以選擇最適合手頭任務的前後端技術。
- 應用程式之間沒有緊密耦合, 只在前端做整合 (例如透過超連結)。

頁面區塊

頁面的概念不見得總是足以涵蓋所有情況。一般來說, 像是 header (標頭) 和 footer (頁尾) 等元素會重複出現在不同頁面上, 沒道理讓每一個團隊都重複開發這些部分。這於是就帶出**頁面區塊 (fragment)** 的概念了。

一個頁面通常擁有超過一種用途, 可能會陳列資訊, 或提供其他團隊所開發的功能。圖 1.6 是曳引機商店的產品細節頁面, 此頁面由決策團隊所有, 但該頁的功能和內容並非都由決策團隊提供。

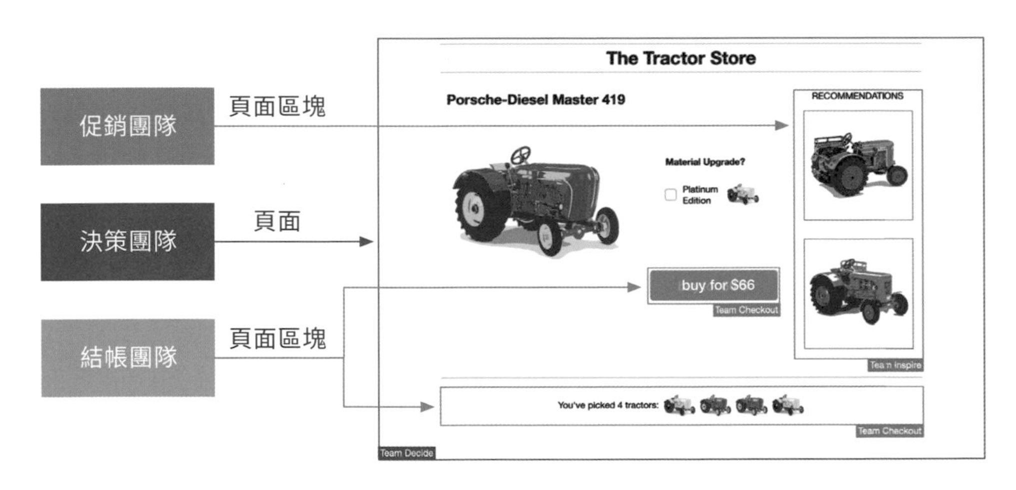

圖 1.6 團隊負責開發頁面及頁面區塊。頁面區塊可看作是和頁面其他部位分離、可嵌入頁面的迷你應用程式。

圖中可見, 頁面右邊的推薦商品區塊由促銷團隊負責, 目的在激起消費者興趣。頁面底部的迷你購物籃會顯示所有已選商品, 這部分由結帳團隊開發, 並記錄購物籃內的最新狀態。顧客可以點擊購買鈕, 添加一台曳引機到購物籃中。既然按下購買鈕的動作會改變購物籃的狀態, 因此這個按鈕 (區塊) 也是由結帳團隊負責。

團隊可決定是否採用其他團隊所打造的功能，只要將該功能添加到頁面上某處即可。頁面上某些區塊，可能需要加上情境資訊，像是相關產品的參考資料。其他像是迷你購物籃，有自己的內部狀態，但其他團隊不用知道購物籃的狀態和操作細節，也可以把這部分的程式碼，放到自己的那份中使用。

1.1.3 前端整合

圖 1.7 是圖 1.1 上方的部份。透過前端整合，頁面和區塊全被拼湊在一起。

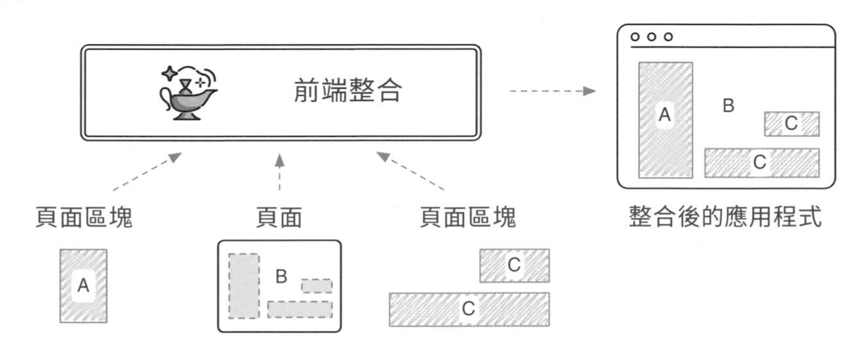

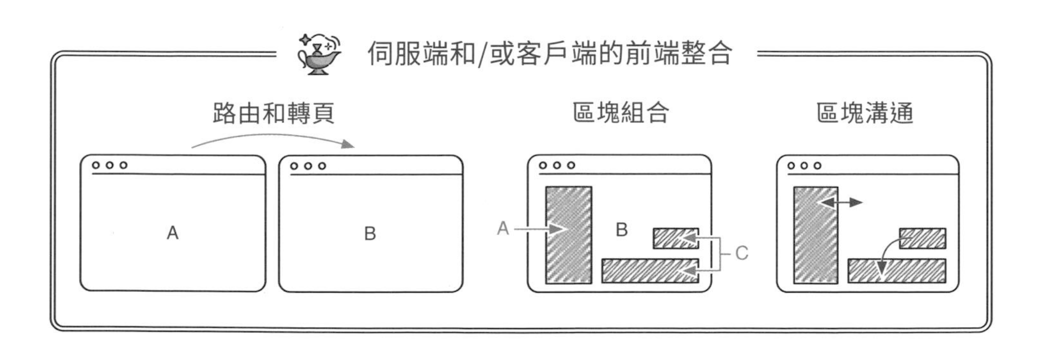

圖 1.7 前端整合：多個團隊各自開發的頁面和區塊，被整合成一個應用程式。所用到的整合技巧可以分為路由、組合及溝通三大類。取決於你選擇的架構，這些技巧都有不同的選項可套用。

圖中的**前端整合** (frontend integration) 框框描述了一系列工具及技術, 讓你可以將不同團隊開發的多個使用者介面統整成一個應用程式, 供終端用戶使用。圖的下半部特別放大這個框, 列出前端整合的三大面向。以下我們就逐一來了解。

路由和轉頁

這邊我們討論頁面層級的整合。我們需要一個系統, 好從團隊 A 所開發的頁面切換到團隊 B 的頁面。解決方法可以很單純, 只靠 HTML 超連結來切換, 但如果是要提供客戶端導覽, 在不重新載入頁面的情況下渲染出下一個頁面, 事情就複雜得多了。這可以透過共享的 app shell 做到, 或者使用 single-spa 之類的元框架。這兩種做法在本書都會介紹。

區塊組合

這個部分是將各個頁面區塊置放在正確的地方。一般而言, 開發頁面的團隊不會直接拿到區塊的內容, 他們會在網頁 HTML 中的適當位置安插一個 marker 或 placeholder, 代表區塊要放置的地方。

一個獨立的頁面組合服務或技術會將區塊組合成最終結果。做法有很多種, 大致可分成兩類, 你可依據需求擇一使用或結合兩者：

1. 伺服器端組合, 像是 SSI、ESI、Tailor 或 Podium。

2. 客戶端組合, 像是 iframe、Ajax 或 Web Components。

區塊溝通

如果開發的是互動式應用程式，你也需要一個溝通模式。在這本書用的例子中，顧客按下購買按鈕後，迷你購物籃的狀態應該要更新。而當顧客在商品細節頁面更改顏色選項時，推薦區內的商品也同樣得更新。你該如何讓這個頁面對嵌入的區塊觸發更新？這也是前端整合的其中一個課題。

在本書的第二篇，你將學到不同的整合技巧，以及這些技巧的優劣之處。最後第 9 章會介紹一些決策指引，為第二篇做總結。

1.1.4 共同議題

微前端架構的精髓在於拆分出多個可獨立運作的小團隊，且每一個團隊都有能力為顧客創造價值。但在採用微前端的作業方式時，有一些共同議題是你必須探討的。

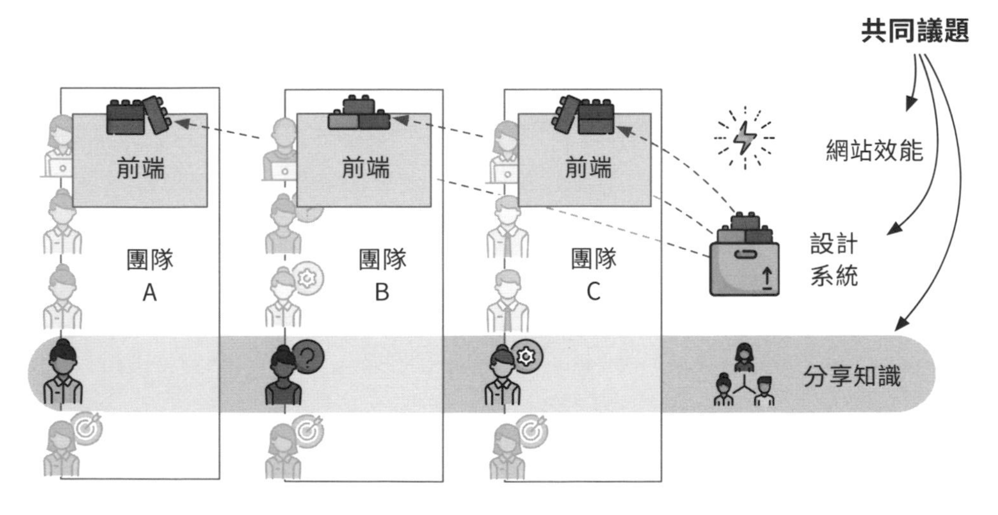

圖 1.8 為了確保能取得良好的最終結果，並避免多餘的工作，打從一開始就討論好網頁效能、設計系統及知識分享等議題，是很重要的。

網頁效能

既然網頁頁面是由多個團隊開發的區塊所組成，使用者必須下載的程式碼量到頭來就會變得很龐大。打從一開始就監控好頁面效能，這點是非常重要的。讀者將學習到好用的效能指標及衡量技巧，以便在使用者下載資源時加以最佳化。

此外，在不犧牲團隊獨立性的前提下，是有辦法避免讓使用者下載多餘框架的。本書第 10 和 11 章將進一步深入探討網頁效能問題。

設計系統

若要確保網頁無論外觀還是操作體驗都是一致的，建立一套**共同設計系統** (common design system) 會是明智之舉。你可以把設計系統想成是一大箱樂高積木，每一個團隊都可以從這個箱子裡挑選所要使用的積木。

當然網頁元素不會是塑膠積木，而是按鈕、輸入欄、字體排版設計或圖示。當每一個團隊都採用相同的基礎元件時，對網頁設計來說就是一大助力。讀者將在本書第 12 章學到設計系統的不同實作方式。

知識共享

團隊的獨立自主性非常重要，但其資訊各自為政、導致團隊間出現溝通斷層的情況是不好的。比如，要是每一個團隊都得各自開發一個記錄錯誤日誌的功能，那就會很沒有效率。

你的團隊可以選擇一個別人提供的解決辦法，或是至少沿用其他團隊的開發成果，這樣都有助於讓團隊專注在自身任務上。你需要創造空間和文化，好讓各團隊之間能經常交換資訊。

1.2 微前端解決了那些問題？

現在各位已經了解何謂微前端, 我們就來進一步看看, 微前端能對組織及技術方面帶來哪些好處。我們也會探討, 當你嘗試引入微前端架構時, 你得解決哪些最常遇到的問題才能維持開發生產力。

1.2.1 功能開發最佳化

提示 微前端的首要目標, 是減少團隊間互相等待的時間。

企業選擇採用微前端的首要原因, 是為了提高開發速度。在傳統的分層架構模式下, 多個團隊會一起開發一項新功能。舉個例：假如行銷部想增加一個新形式的橫幅廣告, 便會去接洽內容團隊, 好擴充現有資料結構。內容團隊則去找前端團隊, 討論變更他們的 API。會議安排下去了, 也撰寫了規格文件。團隊各自規劃工作, 並將時程安排在下一段衝刺 (sprint) 期間。

如果一切照計畫運行, 等到最後一組團隊完工時, 功能也就開發完成了。但若未能照計畫完工, 便得安排更多會議, 討論要做出哪些修改。

若採用微前端架構, 所有參與開發新功能的人員都隸屬同一團隊。工作量是一樣的, 但在團隊內部溝通會更為迅速, 也比較不那麼制式。除了不用花時間等待其他團隊, 也不用討論如何安排任務的優先順序, 能更快跑完衝刺流程。

小編註 衝刺是敏捷開發 (Agile development) 術語, 也稱為迭代 (iteration), 即將專案切割成較小的任務, 並在為時 1 至 4 周的時間裡專注於完成一個任務。

圖 1.9 展現了分層架構與微前端架構的差異。微前端架構將所有必要人員更密切地聚集在一塊，讓新功能的開發最佳化。

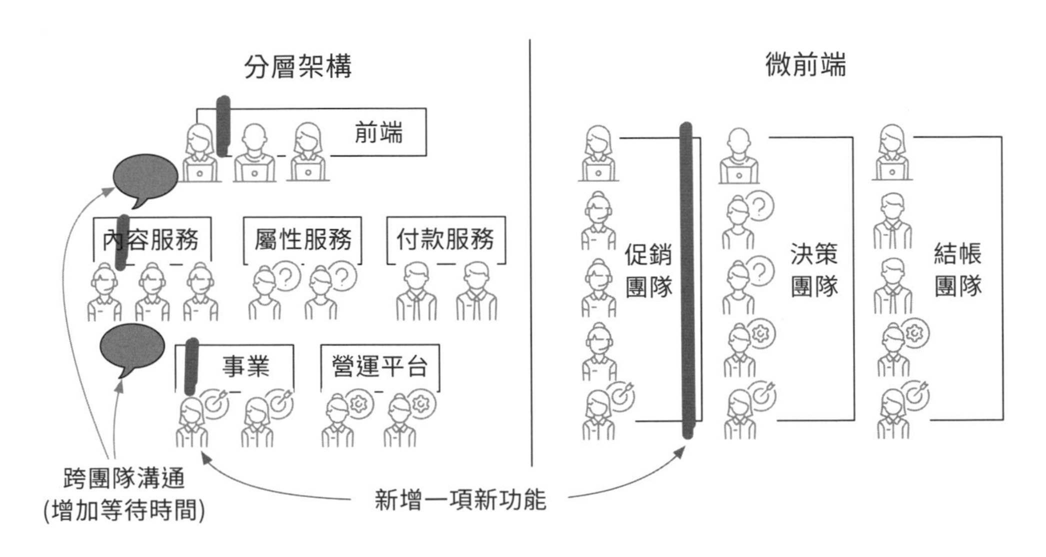

圖 1.9　展示了開發一項新功能得花的力氣。圖左是分層架構，共有三組團隊參與開發，這些團隊必須相互協調，有可能還得等待。圖右則是微前端架構，只要一個團隊就可以搞定新功能。

1.2.2 告別一大包的前端單體架構

現今大多數網站架構，並沒有考量到前端開發的規模擴張。圖 1.10 列出三種架構，由左至右分別為單體 (monolith) 架構、前後端分離以及微服務。這三大架構都有個單體式的前端。換句話說，不論是哪個架構，其前端都是基於單一一個程式碼庫，只有一個團隊可以合宜地開發它。

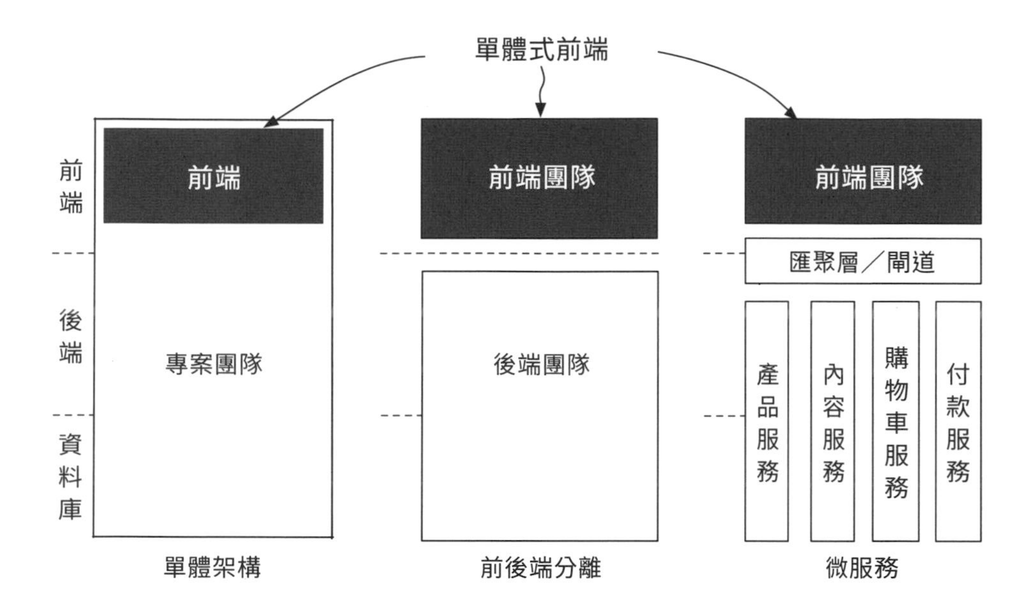

圖 1.10

但若採用微前端架構, 包括前端在內的整個網路應用程式都會被拆分成較小的垂直系統。各個團隊都各自擁有規模較小的前端。相較於單體式、一大包的前端系統, 建立並維護較小的前端會有諸多好處：

- 可獨立部署
- 錯誤發生的風險隔離在較小區塊
- 規模較小, 故較容易理解
- 程式碼庫較小, 易於重構或置換
- 未和其他系統分享狀態, 故其行為更好預測

我們接著繼續來細看數個與微前端相關的主題。

1.2.3 不斷求新求變的能力

軟體開發人員需要不斷學習及採納新技術，尤其前端開發人員更是如此。工具及框架出陳布新的速度飛快：自 2005 年的 Web 2.0 時代開始，前端開發日趨複雜。在那之前的網頁大多都屬靜態網頁，而 Ruby on Rails、Prototype.js 及 Ajax 的出現，為網頁注入了互動性。

在那之後物換星移，前端開發已從『用 CSS 美化 HTML』的過程轉變成專業工程領域。當今的網頁開發人員若要能良好勝任工作，就需要掌握諸多技術，像是響應式設計 (responsive design)、可用性、網站效能、可重複使用元件、可測試性、無障礙設計、安全性、Web 標準的變更，以及瀏覽器支援狀況。前端工具、函式庫以及框架的演進，使我們得以打造出更高品質、功能更為強大的網頁應用程式，滿足使用者與日俱增的期待。

Webpack、Babel、Angular、React、Vue.js、Stencil 和 Svelte 等工具，如今都占有一席之地，但技術的演變可能仍在進行中。開發人員若有能力合宜地採用新技術，對團隊及公司來說都是一項寶貴資產。

除舊佈新

如何處理舊有系統，是前端領域中日益受關注的課題。大量的開發時間都被花費在重構舊程式碼，以及制定技術移轉策略。許多大公司為了維護自家的大型應用程式，也投入了相當多努力。以下列舉三個案例：

- GitHub 用了數年時間做轉移，擺脫對 jQuery 函式庫的依賴。
- 飯店比價搜尋引擎 Trivago 大力實施『鐵人計畫』(Project Ironman)，將自家原本複雜的 CSS 檔改造成模組化設計系統。

- 美國電商 Etsy 正在擺脫舊的 JavaScript 系統，目的是縮減 bundle (打包) 檔的大小來提高網站效能。該公司的程式碼經過多年積累，光靠一名開發人員已經無法概觀系統全貌。為了找出無作用的程式碼 (dead code)，他們打造了一個在瀏覽器中開啟的程式碼涵蓋範圍測試工具，此工具會在客戶端瀏覽器上運行，並將報告傳回該公司的伺服器端。

當你在開發特定規模的應用程式時，為了保持競爭優勢，你就必須能在新技術能夠為團隊帶來價值時採納它。但話說回來，要是開發人員每隔幾年就改寫整個前端，改用當下最流行的框架技術，這樣也非明智之舉。

做局部決策

要是你不需要鉅細靡遺地制定龐大的移轉計畫，而是能在應用程式某個獨立區塊內採用並驗證一項技術，這對企業來說是彌足珍貴的事。微前端架構能夠在單一團隊內實現這件事，不至於擴大到多重團隊甚至整間公司。

舉例來說，結帳團隊最近遇到許多執行階段錯誤，原因是引用了未經定義的變數。結帳過程中盡量不出現 bug 是很重要的一件事；有鑒於此，結帳團隊決定改採用 Elm。Elm 是種採用靜態型別的程式語言，可以編譯成正常的 JavaScript。Elm 的設計就是在開發階段便找出問題，消滅執行階段錯誤發生的可能性。

當然，採用 Elm 並非全無缺點——開發人員必須學習新的程式語言及概念，此外這種技術的可用模組或元件的開源生態系統仍然很小。不過，就結帳團隊的使用案例來看，使用 Elm 仍利大於弊。

只要使用微前端的開發方式，團隊便能夠完全掌控自身採用的技術 (稱為微架構 (micro architecture))。這讓團隊能夠自行下決策、做調度，不需要與其他團隊協調。團隊只需確切遵循先前同意的跨團隊規範 (宏觀

架構 (macro architecture), 參見圖 1.11)。這些規範可能包括採用同樣的命名空間, 並支援事先選擇的前端整合技術。當您在本書繼續讀下去時, 將會進一步了解這些規範。

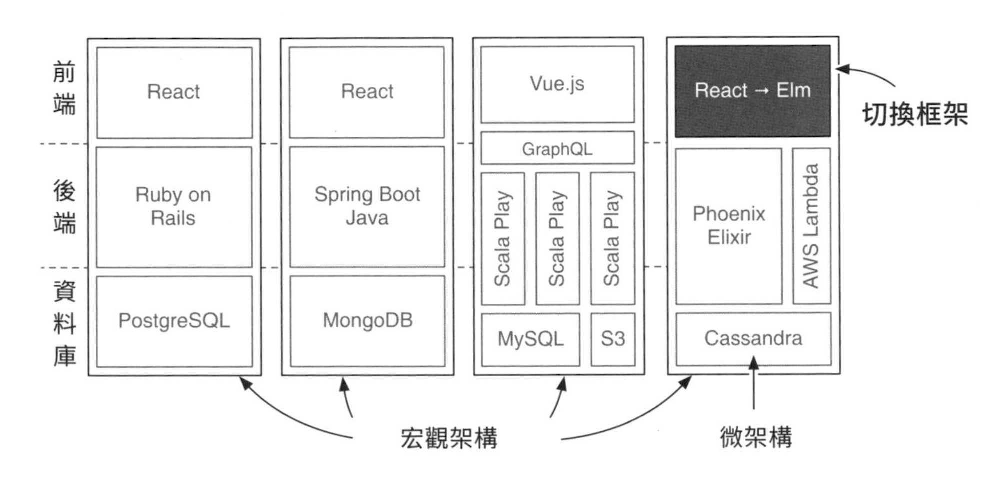

圖 1.11　在不違背宏觀架構規範的前提下, 團隊可自行決定其內部開發架構 (微架構)。

當你公司使用的是個程式碼龐大的單體式應用程式時, 做出任何更動都茲事體大, 需要舉行多場會議、聽取各方意見。這樣不僅風險高很多, 更動帶來的影響對應用程式的不同部分也不見得一致。這麼大規模的決策過程通常會非常痛苦、效能低落且令人疲憊, 大多數開發人員也就不太願意在一開始提出更新系統的需求。反觀, 若採用微前端的開發方式, 你會更容易在需要的地方對應用程式做出更動, 並讓它隨著時間改進。

1.2.4 獨立自主的好處

在微服務架構中, 自主性是一大優點, 這對微前端來說亦然。如同先前章節所提到, 團隊要做出較為重大變革的決策時, 採用微前端的方式便不至於窒礙難行。但就算是在同質性的工作環境下, 大家都使用相同技術時, 微前端還是擁有許多優勢。

自成一體

在微前端的獨立性下，網頁頁面和區塊自成一體，有自己的標記語法、樣式和腳本，而且在執行環境應該避免跟其他團隊的程式有相依性。這種分離式做法，讓團隊可以不必先諮詢其他部門，就能自行在某個程式區塊中添加新功能，或者升級 JavaScript 框架的版本。既然該程式片段是分離的，版本升級就不是什麼大事 (參見圖 1.12)。

讓各個團隊自起爐灶，這一開始聽起來很大費周章，特別是所有人馬都使用相同技術時，這樣更顯得鋪張浪費。但採用這樣的作業模式，每個團隊將更具機動性，能更快開發出新功能。

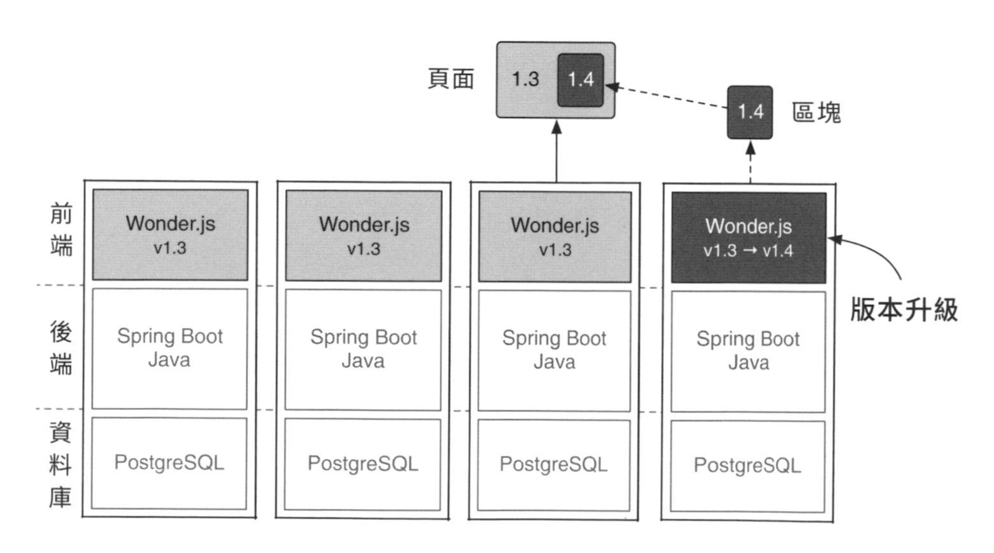

圖 1.12 區塊自成一體，並能在它們嵌入的頁面中獨立升級。

技術額外負擔

後端的微服務會帶來額外運算負擔 (overhead) 的問題。舉個例子，若你得在多重虛擬機或是容器內運行 Java 服務程式，會用到更多運算資源。儘管如此，後端微服務跟龐大的單體應用程式相比仍有其優點，像是你可以在較小且較便宜的硬體上運行微服務。你可以重複執行同一個微服務來提升其服務規模，且不需要大手筆擴增整個單體服務。問題總是可以用錢解決—只要購買更多或更大的伺服器環境即可。

但這種方式並不適用於前端程式碼。客戶端設備的資源和頻寬都是有限的。不過，前端帶來的運算負擔不見得會隨著團隊數量等比成長；這有很大部分取決於團隊打造應用程式的方式。但可以肯定的是，拆分團隊勢必會帶來額外運算負擔。在本書第 11 章，我們將探索如何衡量前端運算負擔，並了解如何減輕這些影響。

所以，我們究竟為何要拆分團隊？為什麼不直接打造一個大型的 React 應用程式，讓各組人馬負責它的不同部分就好？一個團隊負責產品頁元件，另外一個團隊負責結帳頁，大家共用一個原始碼庫來打造一個 React 應用程式，這樣不好嗎？

不共享架構

之所以採用不共享架構，是因為跨團隊溝通的代價著實非常高昂。當你要更改某個其他團隊會用到的東西，哪怕只是個公用函式庫也好，你也得公告周知、等待大家回覆，還可能得討論替代方案。有越多人參與，事情就越難辦。

每個共享的程式碼區塊或基礎架構，都可能帶來不小的額外管理重擔。因此，微前端的目的是盡量減少共享，好縮短新功能的開發時間，這樣的做法稱為**不共享架構** (shared nothing architecture)。不共享聽起來可能有點殘酷，但實際上並不會做到這麼徹底。一般來說，為了提高自主性及擁有更高的效率，微前端專案非常傾向於接受系統中有冗餘的部分。本書將會在不同地方 (包括緊接著下一節) 討論到這個原則。

1.3 微前端的缺點

如同先前提到，微前端的目的是讓獨立運作的各個團隊擁有一切所需，以便能開發出有意義的功能給顧客。能夠獨立運作是很強大的優勢，但並非沒有代價。

1.3.1 冗餘

電腦科學教導我們，在建置系統時應該要將冗餘部分最小化，像是對關聯式資料庫做資料正規化，或將相似的程式碼挑出來寫成共用函式。減少冗餘目的是為了增加效能及一致性；我們學會如何找出冗餘的程式碼，並想出辦法來簡化它們。

當多個團隊平行開發並運行自己的前後端時，就會產生大量冗餘部份。每一個團隊都得架設並維護自己的應用程式伺服器、建置過程和持續整合管道 (continuous integration pipeline)，也可能將多餘的 JavaScript 或 CSS 程式碼傳送到瀏覽器。以下舉兩個例子：

- 若一個熱門函式庫中有一個嚴重的bug，也沒辦法統一改好。所有使用這個函式庫的團隊，必須自行安裝和部署修正版本。
- 當一個團隊耗費心力，把其建置過程的速度提高到兩倍時，其他團隊並不會自動受益。這個團隊必須與其他團隊分享這個訣竅，而其他團隊則必須自己動手完成相同的優化工作。

但我們之所以要採用不分享架構，還是因為冗餘系統所產生的相關代價，仍舊小於團隊間互相倚賴所帶來的負面影響。

1.3.2 一致性

不共享架構要求所有團隊都有自己的資料庫，以便能完全獨立。但某些時候，一個團隊會需要其他團隊手上的資料。線上商店的商品就是一個好例子：所有團隊都需要知道商店販售哪些商品。

典型的解決方法是使用 event bus (事件匯流排) 或 feed system (饋給系統) 來複製資料。商品資料由某個團隊所有，其他團隊則定期去複製資料。當一個團隊未能如常運作時，其他團隊就不受影響、仍能取得自己的本地資料。然而，這些資料複製機制很花時間，且會產生延遲，導致價格異動或產品數量改變時，可能會在短時間內出現不一致，例如首頁特價的促銷商品，放到購物車內折扣就不見了。

當一切如期運作時，延遲時間可能只有數毫秒或數秒；但若出現錯誤，延遲時間會更久。為了追求系統穩健性，勢必就得在一致性上做出犧牲。

1.3.3 異質性

微前端所帶來的最大優勢之一，就是能夠自由選用技術，但這也是較容易產生有爭議的地方。是否所有開發團隊都要採用完全不同的前後端技術？開發人員會很難轉調到其他團隊，就連想要交流最佳作法也會變得更加困難。當我們前面說『可以採用不同技術』，並不代表你非得這樣做不可。就算所有團隊都選用一樣的技術，大家還是能保有微前端的核心利益，像是能有獨立的版本升級，溝通上也較為容易。

我個人在專案開發方面，經歷過不同程度的異質性。有的是『請大家使用同樣的技術』，也有的是『我們有一份清單，列出已經證實可用的技術，請從上頭挑出最合適的來用』。公司和專案能夠接受怎樣的自由程度和技術多樣性，應該公開討論，好讓大家有個共識。

1.3.4 更多前端程式碼

如同先前所提到的，微前端架構下所開發的網頁，一般都需要更多 JavaScript 和 CSS 程式碼。為了打造能獨立運行的頁面區塊，便必然會產生冗餘的內容。其實，當團隊或頁面區塊增加時，應用程式所需的程式碼並不會跟著線性成長，但打從一開始就著眼於頁面效能是很重要的。

1.4 你何時應該採納微前端？

以上我們了解到，微前端並非萬靈丹，無法神奇地解決所有問題。因此，我們務必了解微前端的好處及限制，以便知道何時採用它才恰當。

1.4.1 中大型專案

微前端架構是一種讓專案更易於擴大規模的技巧。當你和少數幾名成員一起開發應用程式時，擴大專案規模可能就不是主要的問題。Amazon 前執行長 Jeff Bezos 提出的『兩個披薩規則』(Two-Pizza Team Rule)，就是如何決定適中團隊規模的好指標。這個規則是說：當一個團隊的人分兩個大披薩會吃不飽時，就表示團隊過於龐大。人越多、溝通越費勁，決策過程就更複雜。這表示從實務上來說，完美的團隊規模介於 5 至 10 人。

當一個團隊超過 10 人時，就可以考慮拆分團隊。微前端式的垂直拆分方式是個可考慮的選項。我參與過不同的電子商務微前端專案，團隊數量介於 2 到 6 組，每組人數介於 10 至 50 人。微前端模式在這樣的專案規模運作相當良好，但微前端不受限於這樣大小的專案。德國時尚電子商務企業 Zalando、體育賽事直播商 DAZN 及瑞典家具公司

IKEA 等企業，都以更大的陣仗來採用微前端，每個團隊負責開發的功能範圍更小。除了功能團隊之外，音樂串流平台 Spotify 引入基礎設施小隊 (infrastructure squads) 的概念：這些隊伍扮演協助者的角色，開發 A/B 測試這類工具，幫助功能團隊提高產能。我們將在第 13 章進一步探討這些主題。

1.4.2 網頁應用開發

微前端可以應用的平台其實很多，但用來開發網頁應用依然最適合，因為網頁的開放性在此扮演了優勢：

單體式原生應用程式

iOS 或 Android 等平台上的原生應用程式，天生就是單體式的設計。想要快速組合及替換功能是不可能的。若要更新一個原生應用程式，你必須先建置一個應用程式 bundle，然後送交給 Apple 或 Google 做審查。

要繞過這種單體式的限制，你可以透過網頁來載入部分的應用程式，利用內嵌瀏覽器或 WebView 將應用程式原生的部分限縮到最小。但在實作原生使用者介面時，若有多個專責團隊一同合作，它們就很難不會互相扯後腿。

當然，你可以讓每個垂直劃分的團隊都做出自己的網頁前端，並透過 REST API 對外分享，於是你可以在這些 API 上頭做出其他原生應用程式、當成使用者介面，這些原生應用程式就等於是在重複使用各團隊的現有商業邏輯。但這樣一來，還是會在上方形成一個平行的單體式區塊。

因此如果網頁是你的目標開發平台，微前端可能就很適合。如果你也必須開發原生應用程式，那麼勢必就得做些犧牲。本書我們將專注在網頁開發，不會就原生應用程式的微前端開發策略作介紹。

允許同一個團隊負責多個前端

一個團隊不會受限於只能開發一塊前端。電子商務專案中，擁有消費者使用的前台與員工用的後台是很常見的。舉例來說，為終端使用者開發結帳功能的團隊，也可能會開發相關的客服功能，或者會開發 WebView 版的結帳功能，好嵌入到原生應用程式中。

1.4.3 生產力和額外負擔的拉鋸

將應用程式劃分成多個獨立系統，固然有許多好處，但並非全然沒有缺點：

體系配置

在一個全新專案開始時，你得找出良好的團隊界線、配置好體系並施行整合策略。你需要建立所有團隊都同意遵循的共同規範，像是命名空間慣例。另一個很重要的是提供方法讓團隊之間分享知識。

組織複雜性

將單一應用程式劃分成較小型的垂直系統，能降低技術複雜度，可是運行分散式系統會帶來額外的複雜度。

與單體式應用程式相比，你現在得思索一系列新的問題：當商品無法放進購物車，而且正值周末時，該找哪個團隊救援？而且瀏覽器是共享的運行環境，單一團隊做出的更動可能會拖累整個網頁的效能，有時候要追究責任也會很困難。

你可能需要額外的共享服務來做到前端整合。依據你的選擇，維護作業不見得會太多。但這就是一個要多去思考的部份。當方法用對了，生產力和動力都會大幅提升，大大蓋過組織複雜性增加的問題。

1.4.4 何處不適合使用微前端？

當然，並非所有的專案都適合採用微前端架構。如同先前所提到，微前端是用來解決開發規模擴大時衍生的問題。如果開發人員為數不多、溝通上不成問題，採用微前端架構並不會帶來多大價值。

重要的是，你必須對你的專業領域瞭若指掌，才有辦法良好地垂直劃分團隊。理想的狀況是，各團隊負責開發的功能都一目了然；要是團隊使命不明確或有所重疊，就會帶來不確定性及漫長的討論。

我和一些新創公司的人員談過，他們在採用微前端時一切運作良好，但等到公司需要轉移商業模式時，一切就被打亂了。他們當然可以重新組織團隊和調整相關軟體，但這會造成摩擦和額外的工作負擔。這時若採用其他的組織方式，就會比微前端更具彈性。

另一個情況是，如果你需要開發很多不同的跨裝置應用程式，並在所有裝置上都實作原生使用者介面，單獨一個團隊可能應付不來。串流服務 Netflix 最廣為人知的一點，就是幾乎所有市面上可見的平台 —— 舉凡電視、機上盒、遊戲機、手機及平板 —— 都有 Netflix 應用程式支援。

Netflix 底下有專責的使用者介面團隊，負責打造上述這些平台的應用程式。即便如此，現代網站在扮演應用程式方面已經越來越強大、也越來越受歡迎，所以要以一個程式碼庫做為出發點，瞄準不同平台做開發是可行的。在這種情況下，你會需要一個統一的使用者介面團隊，而不是垂直切分它。

1.4.5 哪些企業已經採用微前端架構？

微前端的概念和想法其實並非新玩意。Amazon 沒有透露太多自家內部的開發結構，但該公司有數名職員表示，他們自家的電子商務網站已經有好幾年時間採用微前端的方式開發了。Amazon 也使用了一種使用者介面整合技巧，先將頁面的不同部分組裝好，再將之呈現給顧客。

微前端在電子商務這一塊確實很吃得開。德國零售集團甌圖 (Otto Group) 是全球最大的電子商務玩家之一，它們在 2012 年開始拆分其單體式應用程式。此外，IKEA、歐洲時裝零售商 Zalando 也都紛紛改用微前端架構。德國連鎖書店 Thalia 重建了自家的線上電子書商店，以垂直分組來加快開發速度。

微前端也被應用在其他產業。音樂串流平台 Spotify 的組織是以自主的功能專責團隊 (稱為 Squads (小隊)) 構成；企業管理系統商 SAP 更發表了一個框架，來整合不同的應用程式。體育賽事串流服務 DAZN 也把自家的單體式前端重新改造成微前端架構。

重點摘要

- 微前端是一種架構方法, 而非一項特定的技術。
- 微前端引入跨職能團隊, 除去了前端和後端開發團隊之間的壁壘。
- 採用微前端架構時, 應用程式會被劃分為多個垂直的部分, 每個部分都會涵蓋從資料庫連結至使用者介面的範圍。
- 每一個垂直系統都更小、目標更明確, 因此比巨無霸單體式應用程式來得更容易理解、測試和重構。
- 前端技術日新月異, 因此若能夠以簡單的方式升級應用程式技術, 就會是很可貴的資產。
- 依據使用者操作歷程和客戶需求來設定團隊界線, 就會是很好的模式。
- 團隊應該有個明確的使命, 像是『幫顧客找到他們在尋找的商品』。
- 一個團隊可以擁有一個完整的頁面, 或是替頁面提供具備某個功能的區塊。
- 區塊是一個迷你、獨立、自給自足的應用程式。
- 微前端模式下, 在瀏覽器環境中所產生出來的程式碼通常會比較多。因此一開始就著眼於網頁效能是很重要的。
- 前端整合技巧有很多種, 若不是從客戶端著手, 就是從伺服器端來做。
- 讓所有前端團隊共享設計系統, 有助於使所有前端產生一致的外觀和相同的體驗。
- 你必須對公司瞭若指掌, 才能良好地垂直劃分團隊職責。事後變更職責不是不行, 但必然會有摩擦。

CHAPTER

02

我的第一個微前端專案：超連結及 iframe 整合

本章重點提要

- 開發本書要使用的微前端範例應用程式
- 透過超連結將兩個團隊的頁面串聯起來
- 透過 iframe 將頁面區塊整合到頁面中

微前端的核心特色，就是讓多個團隊能夠平行運作，共同開發一個複雜的應用程式。但使用者不會去管應用程式內部的團隊結構是啥，只會關心他們看到的成果。因此，我們需要找辦法整合這些團隊所各別開發的使用者介面。如同我們在第 1 章提到，有多種方法可以在瀏覽器上做到這一點。

在這一章，您將學習如何以**超連結**和 **iframe** 來整合不同團隊的使用者介面。從技術角度來看，這些既不是新玩意，也不會讓人覺得興奮，但好處是容易掌握和實作。從微前端的觀點來看，這些技術最重要的是能讓團隊之間的耦合最小化，不需要共享基礎架構、函式庫或程式碼規範；這麼一來，團隊就能擁有最大程度的自由，可聚焦在各自的任務上。

本章我們將打造拖曳機商店範例專案的基礎部分，並在之後的章節逐步擴充。你將學習不同的整合技巧，並瞭解它們的優劣。話先說在前頭：沒有所謂的『黃金標準』或『最佳整合技巧』，一切都是依據使用案例來權衡利弊。在這整本書中，我們會談到選擇整合技巧時所需顧及的面向和重點。我們在本章會先以簡單的情境開始，之後再慢慢探討較複雜的案例。

2.1 拖曳機商店

本書虛構的『拖曳機模型』(Tractor Models) 是間生產高品質玩具模型的新創公司，他們販賣的錫製模型都是以知名品牌拖曳機為藍本。該公司目前正在打造一個電子商務網站『拖曳機商店』(The Tractor Store)，好讓世界各地的拖曳機迷都能購買喜愛的模型。

為了盡可能滿足顧客，業者想要嘗試不同的功能和商業模式。他們想要實現的概念包含：提供深度客製化選項、開放對高級材質的模型進行競標、對特定地區推出限定版模型，以及在各大城市的旗艦店提供現場展示的私人預約。為了取得最大程度的開發彈性，以及能迅速驗證構想和功能，業者決定從頭開發軟體，而不採用現成的套裝軟體。因此，他們決定採用微前端架構 —— 多個團隊可以同時運作，獨立開發新功能並落實想法。

一開始有兩組團隊，購買決策團隊及促銷團隊，我們將為它們建立軟體專案。決策團隊將為所有的拖曳機模型做一個產品細節頁面，展示產品名稱及圖片，促銷團隊則會推薦合適的商品給顧客。在第一個整合階段中，每組團隊會用各自的網域呈現它們的頁面，這些頁面則透過超連結來串聯。於是，每款產品都會有一個產品頁和一個推薦頁面。

2.1.1 走出第一步

現在這兩組人馬，都開始設定自己的應用程式工具、部署程序等所有必需的東西，以利頁面開發。

團隊有選擇技術的自由

決策團隊選擇使用 MongoDB 資料庫來儲存產品資料，並搭配一個 Node.js 應用程式，從伺服器端來產生 HTML。促銷團隊則計畫納入資料科學分析，以機器學習來實現個人化的產品推薦功能。為此，促銷團隊選擇了基於 Python 的一系列技術。

微前端的其中一個優勢，就是團隊能夠自由選擇最適合其任務的技術。它考慮到團隊的任務不見得一成不變，比如若要開發一個高流量的到達頁 (landing page)，其需求和開發互動式的拖曳機客製化網頁是不一樣的。

技術多樣性及藍圖

每組團隊能夠選擇使用不同前後端技術，但這不代表你就**非得**這樣做不可。若各團隊都使用類似的技術，無論是交流最佳做法、尋求協助，或是在團隊之間輪調開發人員，都來得容易多了。

此外，使用相同技術還能節省預付成本，因為應用程式的基本設置，包含資料夾結構、錯誤報告、表單處理或是建置程序，都只要做一次就好，其他團隊則可複製這個藍本應用程式並自行擴充。這樣能大大省下各團隊的開發時間，所使用的軟體架構也會更相似。本書第 13 章會深入探討這個主題。

獨立部署

這兩組團隊都建立了各自的原始碼儲存庫，並設立一個持續整合管線 (continuous integration pipeline)。每當開發人員將新的程式碼推送到中央版本控制系統時，這個整合管線就會執行，建置軟體、運行各種自動化測試好確保軟體的正確性，並將新版應用程式部署到該團隊的正式伺服器上 (小編註：即 CI/CD)。這些管線各自獨立運作，因此若決策團隊變更了其軟體，也絕不會打斷促銷團隊的整合管線 (請見圖 2.1)。

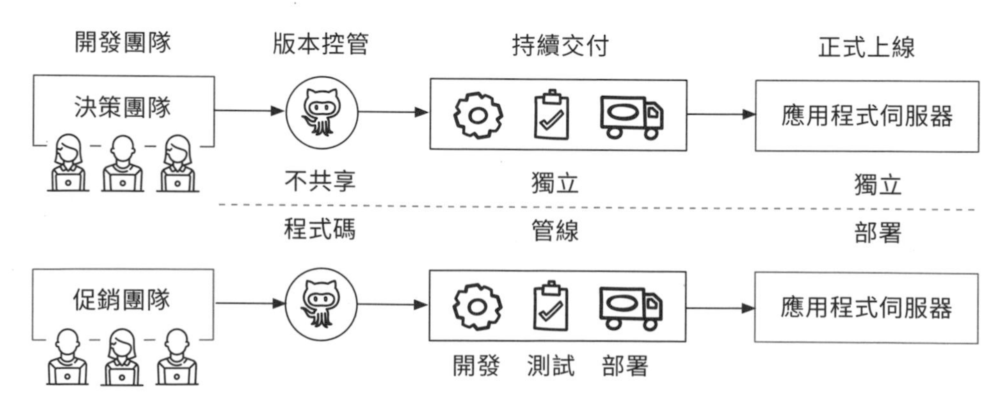

圖 2.1　團隊在各自的原始程式碼庫上作業，擁有分離的整合管線，並能獨立部署。

2.1.2 執行本書的範例程式

在接下來這幾章會介紹的整合技巧，都與伺服器端的技術無關。我們的範例程式碼會聚焦在各應用程式產生的 HTML 上。我們會為每組團隊建一個資料夾，這些資料夾內有靜態 HTML、JS 和 CSS 檔，並透過臨時 HTTP 伺服器來讓人存取它們。

✪ 提示 你可以透過封面上的連結下載本書的原始碼，或者如果你不想在本機上運行程式碼，也可連上 https://the-tractor.store，直接透過它到 Manning 出版社的 Github 庫檢視所有範例程式碼。

範例的目錄結構

本書所有範例都遵循一樣的目錄結構：每一個範例的資料夾內，都有各組團隊的資料夾。以 **01_pages _links** 這個範例資料夾內，底下就有隸屬每個團隊的資料夾，命名方式為『團隊-名稱』。如圖 2.2 所示。每個團隊資料夾的內容，代表該團隊發布的應用程式。不同團隊資料夾內的程式碼，絕對不會直接引用彼此。

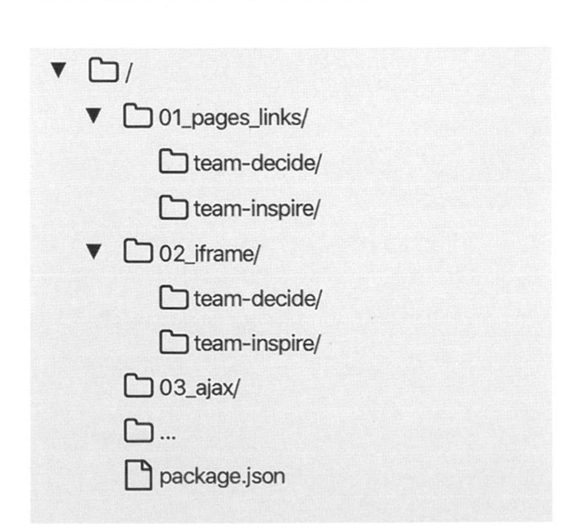

圖2.2 本書範例程式的資料夾結構。主目錄底下的每個子資料夾各代表一個範例專案。主目錄本身是一個 Node.js 專案，當中的 package.json 檔記載了所有範例程式碼的執行命令和所需套件。

你需要安裝 Node.js

JS 和 CSS 等靜態程式碼檔案, 都會被歸類到 static 資料夾內, 代表它們是網站的靜態資源。各位需要安裝 Node.js 來執行我們提供的臨時伺服器。如果你還沒安裝 Node.js, 可以到 https://nodejs.org/ 下載安裝檔, 並按照安裝程式的說明安裝。我們在本書所有範例都使用 Node.js v16 版來示範, 使用較舊的 v12 或 v14 也行。

備註 Node.js 指令無論是在 Windows PowerShell、命令提示字元 (Command Prompt), 還是 Linux 和 macOS 系統的終端機上都可以運行, 因此本書的範例操作不會特別限定於某個平台。

安裝相依性套件

在命令列工具 (例如 Windows 命令提示字元或 Linux 終端機) 切換到範例的主目錄底下, 例如 C:\路徑\MFE\ (編註：Micro FrontEnd 的縮寫), 輸入以下指令來安裝本書所有範例需要的套件：

```
\MFE> npm install
```

Node.js 會根據主目錄的 package.json 下載並安裝所需的套件 (放在 node_modules 目錄下)。

啟動範例

若要啟動範例, 同樣於命令列下在主目錄輸入『npm run <範例目錄名稱>』就能執行它。我們來試著執行第一個範例：

```
\MFE> npm run 01_pages_links
```

在 package.json 也包含了每一個範例的啟動指令，這些指令都會執行以下三個動作：

- 它會為每組團隊的目錄**各**啟動一個靜態網路伺服器，並會使用介於 3000 到 3003 的連接埠。
- 在你的預設瀏覽器開啟範例網站的首頁。
- 當你操作網站時，它會在命令列輸出所有應用程式的整合日誌訊息。

備註 務必確認你裝置上 3000 到 3003 的連接埠沒有被其他服務占據。要是這些連接埠已被使用，package.json 的起始指令檔也不會失效，只是應用程式會透過另外一個隨機的連接埠開啟。若你無法正常開啟應用程式，請查看命令列內輸出的日誌訊息。

執行第一個範例的指令，會在連接埠 3001 和 3002 各開啟一個伺服器。瀏覽器上會顯示產品頁，上頭有一台紅色的拖曳機。http://localhost:3001/product/porsche 是這個頁面的路徑。終端機輸出的畫面如下：

```
\MFE> npm run_01_pages_links
> mi
> micro-frontends-in-action-code@1.0.0 01_pages_links

> concurrently --names "decide ,inspire" "mfserve --listen 3001 01_
pages_links/team-decide" "mfserve --listen 3002 01_pages_links/team-
inspire" "wait-on http://localhost:3001/product/porsche && opener http://
localhost:3001/product/porsche"

[decide ] INFO: Accepting connections at http://localhost:3001
[inspire] INFO: Accepting connections at http://localhost:3002
[decide ] :3001/product/porsche
```

在 localhost 的 3001 埠啟動決策團隊伺服器，在 3002 埠啟動促銷團隊伺服器

→ 接下頁

```
[2] wait-on http://localhost:3001/product/porsche && opener http://
localhost:3001/product/porsche exited with code 0
[decide ] :3001/product/porsche
[decide ] :3001/static/page.css
[decide ] :3001/static/outlines.css
```

開啟範例頁面後決策團隊伺服器所回應的三項請求

在預設瀏覽器開啟範例頁面

> **備註** 我們的臨時網路伺服器使用 @microfrontends/serve 套件, 這是我拿強大的 zeit/serve 伺服器修改過的版本。我添加了一些功能, 像是日誌記錄、客製的標頭 (header) 以及對延遲請求的支援。後面的章節會用到這些功能。

若要停止所有網路伺服器, 在命令列內按下 Ctrl + C 即可。現在解決了專案設定和組織事宜後, 我們就可以專注在整合技巧上。

2.2 透過超連結轉頁

在開發過程的第一次迭代循環中, 團隊選擇盡可能一切從簡, 不使用花俏的整合技巧。每組團隊都把各自的功能建置成獨立頁面, 有自己的 HTML 和 CSS, 並由該團隊的伺服器直接對外提供。

2.2.1 資料所有權

我們先從網站上的三款拖曳機模型開始說起。表 2.1 列出了一個產品頁所需要呈現的資料：產品的唯一識別編碼 (稱為庫存管理單元 (stock keeping unit, SKU))、產品名稱以及圖片路徑。

表 2.1 決策團隊的產品資料庫

庫存管理單元	產品名稱	圖檔路徑
porsche	Porsche Diesel Master 419	https://mi-fr.org/img/porsche.svg
fendt	Fendt F20 Dieselroß	https://mi-fr.org/img/fendt.svg
eicher	Eicher Diesel 215/16	https://mi-fr.org/img/eicher.svg

決策團隊擁有產品基本資料，而且建置了後台工具，讓企業員工能夠自行添加新產品，或是更新現有產品。決策團隊也負責代管產品圖片，把圖片上傳到內容傳遞網路 (Content Delivery Network, CDN) 上，方便其他團隊直接引用。

至於促銷團隊，它們也需要部份產品資料，而且得知道所有存在的產品編碼跟對應的圖片位址。因此，促銷團隊的後端會定期從決策團隊匯入資料，好在本機的資料庫內給相關的欄位留一份副本。他們稍後會借助分析和消費者的購買歷史資料，來改善產品推薦的成效，但現階段產品推薦的功能會先寫死。表 2.2 是促銷團隊的產品關聯資料。

表 2.2 促銷團隊的產品推薦資料

庫存管理單元	推薦產品
porsche	fendt, eicher
eicher	porsche, fendt
fendt	eicher, porsche

但另一個團隊 (決策團隊) 不需要完全了解這些關聯，也不需要了解日後推薦系統底下的演算法跟資料來源。

2.2.2 團隊之間的約法三章

在這個網站的整合中，網址就是各團隊之間聯繫的橋樑。團隊會替它們擁有的頁面發布自己的網址命名格式，其他人則可以用這些網址當成超連結。這兩組團隊的連結格式如下：

1. 決策團隊：產品頁

   URL格式：/product/<產品名稱>

   範例：http://localhost:3001/product/porsche

2. 促銷團隊：產品推薦頁

   URL格式：/recommendations/<產品名稱>

   範例：http://localhost:3002/recommendations/porsche

因為目前是在本機上運行，我們使用 localhost 來代替實際的網域。為了做區隔，決策團隊使用 3001 連接埠、促銷團隊則使用 3002 連接埠。在實際情境中，團隊可以自行選擇任何網域名稱。

當兩個應用程式都架設完成，結果會像圖 2.3。產品頁 (左) 顯示拖曳機的名稱和圖片，並能連結到相對應的推薦頁面 (右)。推薦頁面則會顯示出一系列符合推薦結果的拖曳機，而這頁面的每張圖片都能連結至對應的產品頁面。

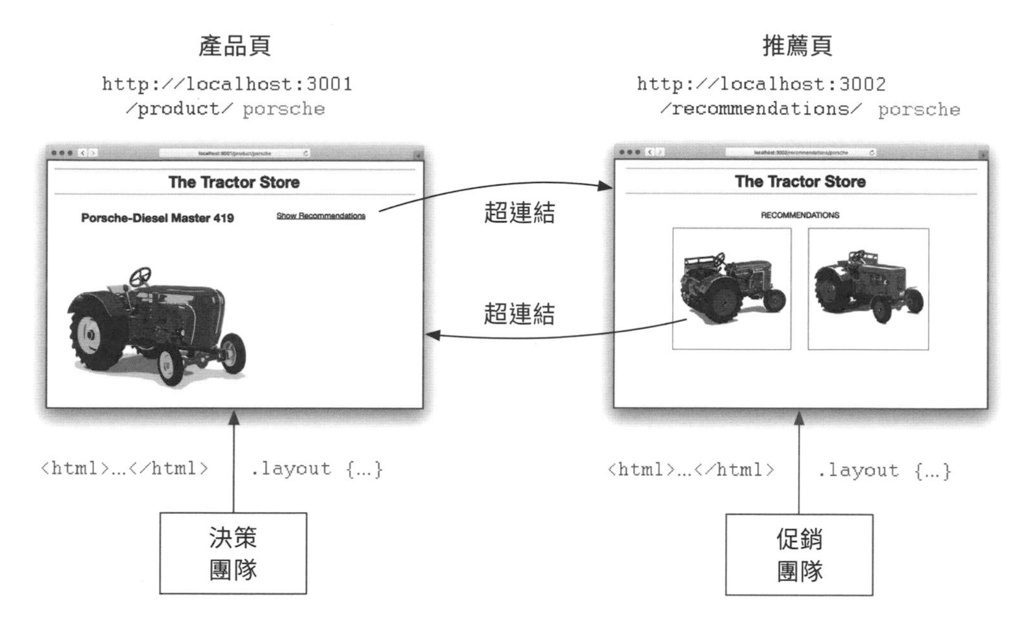

圖 2.3 透過超連結串聯起來的產品頁和推薦頁。

我們快速來看一下, 實現這項功能的相關程式碼長什麼樣子。

2.2.3 整合是如何實作的

各位在書附檔案 MFE\01_links_pages 中可以找到這個範例的原始碼, 其內容如圖 2.4 所示。我們用 HTML 檔來模擬由各個團隊的伺服器動態產生的結果, 此外每組團隊也會提供自己的 CSS 檔。

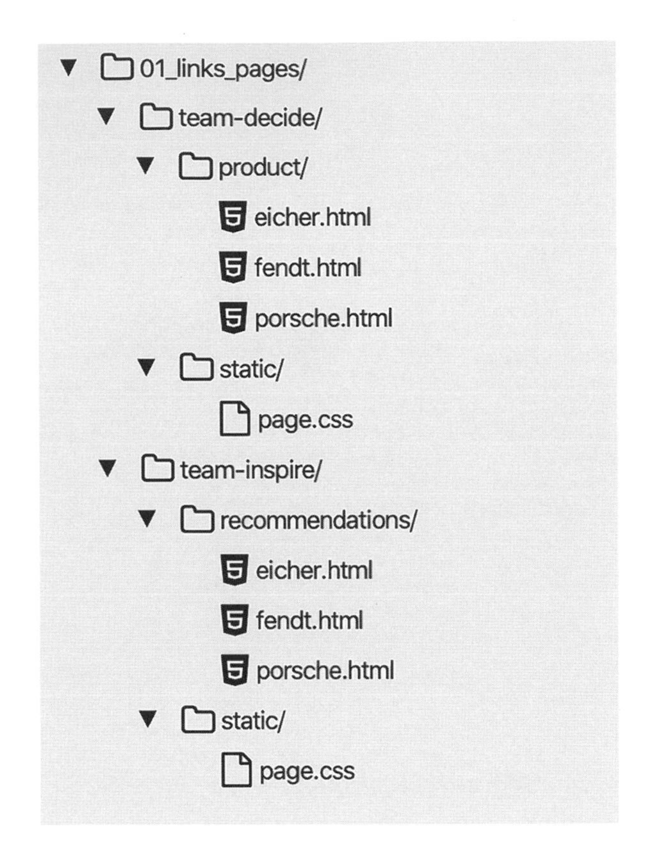

圖 2.4　透過連結串連起來的產品頁和推薦商品頁。

> **備註** 當你透過我們的臨時伺服器存取某個名稱的檔案時,伺服器會預設加上 .html 的副檔名。例如, 要求連上/product/porsche時,就會傳回 ./product/porsche.html。

HTML 語法

我們快速來看產品頁的 HTML 碼。本書後續的範例, 都會以這個檔案為基礎加以擴充。

■ \MFE\01_links_pages\team-decide\product\porsche.html

```
<html>
  <head>
    <title>Porsche-Diesel Master 419</title>
    <link href="/static/page.css" rel="stylesheet" />
    <link href="/static/outlines.css" rel="stylesheet" />
  </head>
  <body class="layout">
    <h1 class="header">The Tractor Store</h1>
    <div class="product">
      <h2>Porsche-Diesel Master 419</h2>
      <img class="image" src="https://mi-fr.org/img/porsche.svg" />
    </div>
    <aside class="recos">
        <a href="http://localhost:3002/recommendations/porsche">

        Show Recommendations
      </a>
    </aside>
  </body>
</html>
```

這個連結可以連往促銷團隊相應的推薦產品頁面

其他產品頁面的 HTML 語法跟此大同小異。這邊的重點是名為 Show Recommendations (顯示推薦商品) 的超連結, 這就是第一個微前端整合技巧：決策團隊根據促銷團隊提供的網址格式來產生需要的連結。

我們接著來看促銷團隊的程式碼, 產品推薦頁面的 HTML 語法如下：

■ \MFE\01_links_pages\team-inspire\recommendations\porsche.html

```
<html>
  <head>
    <title>Recommendations</title>
    <link href="/static/page.css" rel="stylesheet" />
    <link href="/static/outlines.css" rel="stylesheet" />
  </head>
  <body class="layout">
    <h1 class="header">The Tractor Store</h1>
```

→ 接下頁

```
    <h2>Recommendations</h2>
    <div class="recommendations">
        <a href="http://localhost:3001/product/fendt">
        <img src="https://mi-fr.org/img/fendt.svg" />
        </a>
        <a href="http://localhost:3001/product/eicher">
        <img src="https://mi-fr.org/img/eicher.svg" />
        </a>
    </div>
  </body>
</html>
```

這兩個超連結連往決策團隊的產品頁面

其他拖曳機推薦頁面的語法也如出一轍，不同之處在於每頁顯示的推薦商品都會不同。

樣式

你可能已經注意到，兩個團隊都在 static 子目錄下提供了各自的CSS檔，設定基本的版面、樣式重置和字型：team-decide/static/page.css 和 team-inspire/static/page.css。比較之後會發現兩者是一樣的，也就是程式碼重複了。

我們可以採用一個主要的 CSS 檔，讓每組團隊都引用這個檔案。將樣式檔集中聽來可能是個好方法，但卻也會帶來相當多的耦合。微前端的精神就在於去除耦合並維持團隊自主性，因此我們必須謹慎行事，就連管理樣式檔上亦得如此。

我們在第 12 章會更詳細討論耦合的情況，並展示如何用不同做法來打造一個跨團隊但一致的使用者介面。因此，在接下來各章中，我們就只能先忍受範例中有冗餘樣式檔存在了。

啟動並試驗應用程式

現在我們就來執行範例程式 (假如你前面還沒執行的話), 並在瀏覽器中觀察其效果。在命令列中於書附檔案的 MFE 目錄下執行 **npm run 01_pages_links**, 這會啟動臨時伺服器並在瀏覽器開啟 http://localhost:3001/product/porsche。你會看到一台紅色的 Porsche Diesel Master 拖曳機 (如圖 2.5)。

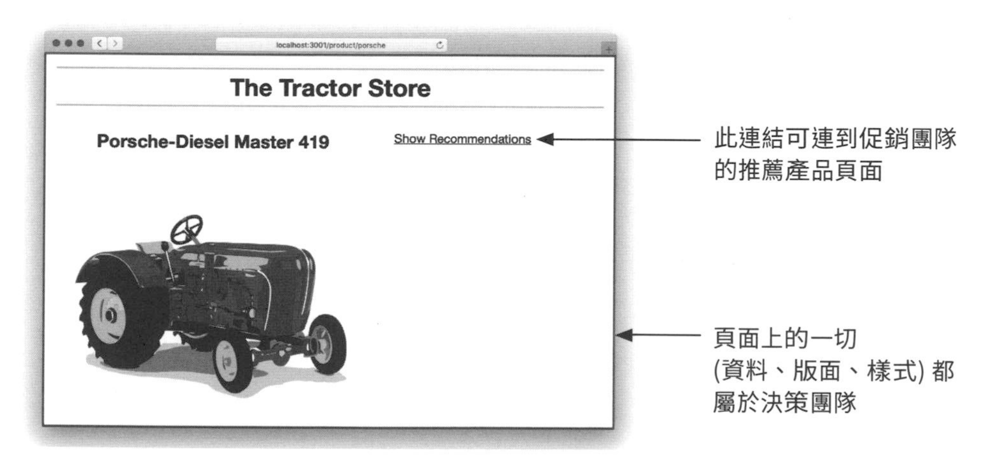

圖2.5 決策團隊的產品細節頁。頁面上的一切都屬於決策團隊。

你可以按下 Show Recommendations (顯示推薦產品) 連結, 並看到促銷團隊的推薦頁顯示了其他類似的拖曳機模型；從瀏覽器上方的網址列, 你也會看到連結從 localhost:3001 切換到 localhost:3002。點選另外一款拖曳機, 就會帶你回到產品頁。

恭喜你, 我們已經打造出了第一個遵循微前端原則的電子商務專案！接下來的小節將繼續擴充現在的這個範例, 讓我們能少花費一些心思在這個程式碼模板、更專注在實際的整合技巧上。

2.2.4 應付網址變動的方法

以上這個整合得以作用，是因為兩個團隊有事先交換網址格式。網址是個熱門且強大的概念，當我們後面介紹其他整合技巧時也會看到。某些時候網址之所以必須變更，是因為應用程式得移轉到另一台伺服器、或是想讓搜尋引擎更容易查詢，或者你想使用特定語系的網址。網址一經變更，你可以親力親為、逐一告知其他團隊，但當團隊和網址數量都變多時，你就會希望這個過程能夠自動化。

欲變更網址的團隊，可以透過 HTTP 重新導向 (redirect) 來解決這個問題。不過，讓終端使用者多次轉址，並不見得是最佳的解決辦法。依據我們過往專案的經驗，一個更健全的機制是讓每組團隊將所有網址格式彙整成一份機器可讀的目錄。只要用一個 JSON 檔儲存這些目錄，放在一個已知的公開位址就行了。這樣的話，所有的應用程式都可以定期查詢網址格式，並視需要更新網址。舉凡 URI 模板 (URL Template)、json-home 提案或是 Swagger Open API 等規範，都可以在此派上用場。

小編註 json-home 提案請參閱 https://mnot.github.io/I-D/draft-nottingham-json-home.txt。Swagger Open API 請參閱 https://swagger.io/specification/。

2.2.5 用超連結整合的好處

雖然以上成果看起來可能平凡無奇，但對微前端應用程式的運行來說，我們剛才的解決方案帶來了兩個重要優點：兩個應用程式之間耦合程度很低，穩健度則很高。

低耦合

就目前的討論情境來說，耦合程度取決於做整合時，一個團隊對於其他團隊的系統需要了解到何等程度。在這個範例中，每組團隊只需要採用其他團隊的網址格式來產生超連結，不需考慮其他團隊使用何種程式語言、框架、樣式、部署技術或是主機代管方案。只要事先定義好的網址都能連結到網頁，一切就能完美整合。在此我們可以見識到開放式網路的優點。

高穩健度

就算推薦商品頁的應用程式掛掉，產品細節頁面還是能運作。既然應用程式之間完全不共享，這樣的解決方案便具有高穩健度。每個應用程式都會提供顯示網頁內容所需的一切技術，而一個系統出錯也不至於影響到其他團隊的系統。

2.2.6 用超連結整合的缺點

團隊之間完全不做共享，是需要付出代價的。從使用者的角度來看，僅用超連結整合不見得是最好的解決辦法。使用者必須點擊超連結，才能查看由其他團隊持有的資訊。依照上述範例，使用者得在產品頁及推薦頁面轉換；透過這種簡單的整合方法，你就沒辦法將兩個團隊的資料整合成單一一個畫面。

這個模式也會造成許多技術上的冗餘，以及額外的運算負擔。像是標頭 (header) 這類常見的頁面區塊，每組團隊都要自行開發並維護。

2.2.7 何時使用超連結才合適？

在開發複雜度較高的網站時，僅僅用超連結來做整合，往往是不夠的。你通常會需要在頁面上嵌入其他團隊提供的資訊。不過，超連結當然不是只能單獨使用；它們能跟其他的整合方式相輔相成。

2.3 透過 iframe 來組合頁面

兩組團隊在這麼短的期間內就能有這樣的進展，公司全體員工都很滿意，但所有人也同意，使用者體驗尚待改善。新的拖曳機模型可以透過『顯示推薦產品』的超連結呈現，但這顯然不能滿足顧客。第一份研究顯示，超過一半的受測者完全沒有注意到連結。他們以為商店僅有販賣一項商品，然後就離開商店。

因此，新計畫是將推薦商品頁面整合到產品頁上。我們要換掉右邊的推薦產品超連結，但推薦頁面在視覺上的樣式仍保留不變。

兩組團隊開了一場迅速的技術會議，衡量可能的頁面組合方式的優缺點。他們很快就發現，透過 iframe 來組合是最迅速的辦法。

透過 iframe 將一個頁面嵌入另一個頁面中，不僅能保留超連結所帶來的低耦合和高穩健度，而且 iframe 還具備高度獨立的特性 —— 放在 iframe 裡面的東西可以單獨更改，絕不會影響到外部頁面。可惜 iframe 缺點也不小，本章之後會討論這部分。

圖 2.6 透過 iframe 將推薦商品頁面整合到產品頁面內。這兩個頁面之間沒有共享任何東西, 都是獨立的 HTML 文件, 並有各自的樣式設定。

為了實現 iframe 整合, 兩組團隊都只要修改幾行程式碼。圖 2.6 可以看到現在完整的推薦商品頁面透過 iframe 整合在產品頁面上, 而 iframe 的劃分區域也界定了各團隊的權責。

2.3.1 iframe 整合如何實作？

首先，我們得把原本的『顯示推薦商品』超連結替換掉。決策團隊可以修改自己團隊的 HTML，例如下面的這個產品頁，把超連結換成 iframe：

■ \MFE\02_iframe\team-decide\product\porsche.html

```
...
<aside class="recos">
    <iframe src="http://localhost:3002/recommendations/porsche" />
</aside>
...
```

接著促銷團隊則會把其 HTML 中的『The Tractor Store』標頭拿掉，因為 iframe 不需要這部分。

\MFE\02_iframe 含有更新後的範例程式碼，你可以在命令列使用以下指令來啟動專案：

```
\MFE> npm run 02_iframe
```

臨時伺服器啟動後，瀏覽器上顯示的畫面就會如同先前的圖 2.6，將產品推薦頁面嵌入產品頁面中。

其實決策團隊還需要修改一處程式碼，用 iframe 組合頁面才能起作用。iframe 在排版上有一個很大的缺點，那就是外部頁面必須知道 iframe 的內容高度，才能避免出現滾動條或空白。因此，決策團隊在其 CSS 檔中，加入下面這段程式碼：

■ \MFE\02-iframe\team-decide\static\page.css

```
...

.recos iframe {
  border: 0;            ← 移除瀏覽器預設的 iframe 邊界
  width: 100%;          ← iframe 的寬度應該和母容器一樣寬
  height: 750px;        ← 固定高度，好騰出足夠空間顯示內容
}
```

這個方法適用於靜態版面，但如果是響應式網頁，事情可就棘手了——iframe 內容的高度可能會隨著使用者裝置的大小改變。另外一個問題是，促銷團隊必須配合決策團隊所訂定的高度，如果他們想試試看再加上一個推薦商品的圖片，就必須先跟決策團隊反應。

採用 iframe 之後，團隊之間要約法三章的東西就變得更複雜了。先前使用超連結做整合時，團隊只需要知道網址；現在，它們還得知曉內容的高度。(所幸，現有的 JavaScript 函式庫能夠在內容改變時自動更新 iframe 的大小。)

2.3.2 使用 iframe 的好處

理論上來說，iframe 是微前端架構下最佳的組合技巧。它除了能夠在任何瀏覽器上作用，還能具備高度的技術分離性，程式和樣式無法越過 iframe 影響內外頁面。iframe 也帶來許多安全特質，為各個團隊的前端網站提供了保護。

2.3.3 使用 iframe 的缺點

儘管 iframe 提供高度分離性，且使用容易，它仍有不少在網頁開發上為人所詬病的缺點。

有排版上的限制

如同先前所提, 除非使用外掛工具, 否則沒有可靠的方法來自動調整 iframe 高度。這是 iframe 在日常使用時最顯著的缺點。

會拖累效能

大量使用 iframe 會讓網頁效能大打折扣。從瀏覽器的角度來看, 在頁面上添加 iframe 的運算成本很昂貴：每一個 iframe 都會新增一個瀏覽環境, 占用額外的記憶體和 CPU。如果你打算在一個頁面上使用多個 iframe, 應該先評估一下效能影響。

令無障礙網頁工具存取困難

根據語義來調整網頁的頁面內容, 不僅僅是美觀而已, 也是方便螢幕閱讀器等輔助科技能夠分析頁面內容, 好讓視力有障礙的使用者能透過語音來了解網頁內容。

但是 iframe 會打亂頁面的語義順序。我們雖然可以調整 iframe 樣式, 讓 iframe 天衣無縫地藏在頁面中, 但螢幕閱讀器等輔具在解讀有 iframe 的頁面時, 就會遇到阻礙, 因為帶有 iframe 的頁面會被解讀成多個文件, 有各自的標題、資訊階層以及導覽狀態。因此, 若要能順利提供無障礙網頁服務, 在使用 iframe 上便要特別小心。

不利搜尋引擎最佳化

對於搜尋引擎最佳化 (SEO) 這方面, iframe的名聲也很糟糕。搜尋引擎的爬蟲會將我們的產品頁視為兩個不同的頁面 (iframe 內的和 iframe 外的各被視成一頁), 使得搜尋結果無法如實呈現這兩個頁面的從屬關係。

當使用者搜尋『拖曳機推薦商品』時，會找不到我們的網頁。儘管使用者可以透過搜尋列表看到『拖曳機』和『推薦商品』這幾個字，但它們並不存在於同一份網頁中。

2.3.4 何時使用 iframe 才恰當？

反對使用 iframe 的聲浪其實也一直居高不下，因此到底何時才適合使用 iframe 這個技術呢？老話一句，這取決於你的使用案例。舉例來說，Spotify 早早就採用微前端架構來開發自家的桌面應用程式，在應用程式不同的地方使用 iframe 來做整合。既然桌面程式的整體排版比較靜態、搜尋引擎索引也不重要，這就是該公司權衡利弊後可以接受的做法。

倘若你開發的是一個直接跟顧客打交道的網頁，其載入效能、存取度和搜尋引擎最佳化都很重要的話，那你就不該使用 iframe。但若要開發內部人員使用的工具，iframe 是採用微前端架構時極佳且直截了當的第一步。

2.4 接下來做什麼？

在這一章裡，我們成功打造了一個微前端應用程式。兩組團隊可以就各自的部分獨立開發並部署。兩個應用程式之間沒有耦合，若其中一個掛掉，另外一個就仍能作用。

我們看一下圖 2.7 所列出的 3 種整合技術。先前在第 1 章節中已經見過這張圖：

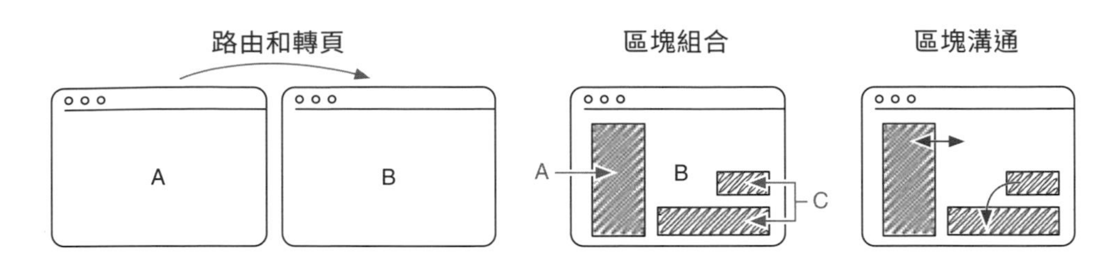

圖 2.7　整合技術分為路由／轉頁、組合及溝通這三大類。

我們已經介紹了最左邊兩種整合技巧，使用超連結切換不同團隊的頁面，以及使用 iframe 組合技術，也就是將另外一組團隊的內容嵌入頁面。我們暫且還用不到第三種技術。

接下來各章中，我們將了解更多伺服器端與客戶端的整合技巧。這些章節會按照複雜度安排，由簡入繁。第 9 章會稍微將焦點放大，討論不同的微前端高層架構，像是打造由伺服器渲染的頁面，或是透過其它單頁應用 (single-page application, SPA) 建構一個統一的 SPA。如果你心中已經有一個很明確的專案，而且時間有限，你可以直接跳到第 9 章先了解概要，決定哪一種架構最適合你。之後若有需要，再跳回來讀前面介紹相關技術的章節。

重點摘要

- 各團隊應該要能獨立開發、測試及部署。這也是為什麼不同團隊的應用程式之間要避免耦合。
- 透過超連結或 iframe 來整合很簡單, 團隊只需要知道其他團隊的網址格式即可。
- 每組團隊都能用自己喜歡的技術來開發、測試並部署自己的頁面。
- 超連結和 iframe 能帶來高度分離性和穩健度 —— 當一個系統運作緩慢、甚至是壞掉, 其他的系統也不受影響。
- 頁面可以透過 iframe 整合到其他頁面內。
- 一個頁面若要透過 iframe 整合其他頁面, 得先知道其內容的大小。這點反而會帶來新的耦合。
- iframe 能在團隊之間創造強大的分離性, CSS 和 JavaScript 不需要共享程式碼規範或命名空間。
- 若要顧慮效能、普及度以及搜尋引擎相容性, iframe 就沒那麼理想了。

MEMO

第二篇

路由、整合及溝通

現在你已經瞭解微前端架構的基本知識, 而在本書第二篇, 我們將深入介紹一些技巧, 你需要用到這些來打造複雜度較高的專案。不過，這些技術大多也不需用到特殊工具。

微前端應用已在軟體業開枝散葉。這便是為何我們看到許多企業和個人提供了開源的元框架 (框架模板), 以及輔助函式庫。這些工具用於解決常見的癥結點, 並提供更進一步的抽象層, 好改善開發者體驗。有鑑於這方面的軟體仍有許多變動, 尚無確定的方向, 我們不會深入介紹這些解決方法。但我們在這本書裡會順帶提到其中一些。

接下來的章節, 我們將聚焦在現有網路標準, 並盡可能運用原生的瀏覽器功能。根據我近年來參與過的專案, 這種專注在基礎的做法, 已經證實了夠穩定且足具價值。若想成功開發專案，關鍵就在於掌握核心概念——就算你之後決定採用專門的微前端函式庫, 這些道理依舊行得通。

各位將在本書第 3 到第 8 章學到路由、整合及溝通技術，同時包含從伺服器端和從客戶端渲染網頁的方式。我們會由淺入深、漸進式地介紹, 一路帶到較複雜的技術, 並在第 9 章做架構總覽, 看看我們所學的技術能應用到哪種實際情境中。當你接手下一份專案時, 第 9 章的內容就有助於讓你選擇正確的架構。

CHAPTER

03

以 Ajax 整合區塊並使用伺服器端路由

本章重點提要

- 透過 Ajax 將頁面區塊整合到頁面中。
- 採用全域命名空間，避免樣式或程式產生衝突。
- 使用 Nginx 網路伺服器，以同一網域對外提供所有應用程式。
- 實現請求路由 (request routing), 將請求派送給正確的伺服器。

先前兩章節中，我們介紹了許多基礎操作。現在兩組團隊 (決策團隊和促銷團隊) 的應用程式都已經準備好上線，你也學到如何透過超連結和 iframe 整合使用者介面。這些都是有效的整合方法，也提供強大的分離性，但在許多地方就勢必做出犧牲，像是可用性、效能、排版彈性、無障礙及搜尋引擎相容性等。

本章我們將介紹透過 Ajax 技術來整合頁面區塊，好解決上述問題。我們也將設置一個共享的網站伺服器，以便透過單一網域讓使用者存取所有應用程式。

3.1 透過 Ajax 整合

我們的客戶看到前一章開發出來的產品頁面，覺得非常喜歡。產品頁上直接呈現所有推薦商品，帶來了明顯的正面效果：訪客停留在網頁上的平均時間增加了。但一位行銷人員發現，網站在多數搜尋引擎中的排名並不突出。他懷疑，名次欠佳的原因有可能是使用 iframe 所致，於是和開發團隊商討提高排名的方法。

開發人員其實也知道以 iframe 整合的做法會有問題，特別是在語意結構方面。有鑒於好的搜尋引擎排名是增加公司曝光度、觸及新客戶的重要管道，他們決定在下一輪迭代階段著手處理這個問題。

他們打算屏棄在頁面用 iframe 內嵌頁面的作法，改用 **Ajax** (Asynchronous JavaScript and XML，非同步的JavaScript 與 XML 技術) 做更深度的整合。在這樣的模式下，促銷團隊提供的推薦內容會是一個**區塊**，也就是一小塊 HTML 程式碼。這段程式碼區塊會由決策團隊載入、整合到產品頁的**文件物件模型 (Document Object Model, DOM)** 中。

圖 3.1 描述的就是這個做法。開發人員也需要找個好辦法來夾帶這個 HTML 區塊使用的 CSS 樣式。

小編註 本書的 Ajax 是指 HTML5 加入的 fetch, 它取代了早期 JavaScript 的 XMLHttpRequest API。fetch 實際上就是一種可在 JavaScript 內非同步送出 HTTP 請求並取得回應的功能, 如今被大量運用, 也比較少人會特地說它是 Ajax 技術了。

圖 3.1 透過 Ajax 將產品推薦整合到產品頁的文件物件模型中。

若要實現 Ajax 整合, 我們必須先完成兩項任務：

1. 促銷團隊以頁面區塊呈現推薦商品
2. 決策團隊載入這個頁面區塊, 並將之加入自己的文件物件模型中 (併入 HTML)

在我們開始作業之前, 促銷團隊和決策團隊必須就推薦商品區塊的網址先做討論。兩組團隊決定為這個區塊創建一個新的存取端點 (endpoint), 並以 http://localhost:3002/fragment/recommendations/<SKU> 這個位址來存取。現有獨立的推薦商品頁面不變。就此達成共識後, 兩組團隊現在可以同時進行開發了。

3.1.1 實作方法

對促銷團隊來說，為頁面區塊新增端點，是很直截了當的操作。因為先前章節做過 iframe 整合，所有資料和樣式早就備妥了。圖 3.2 是更新後的資料夾結構。

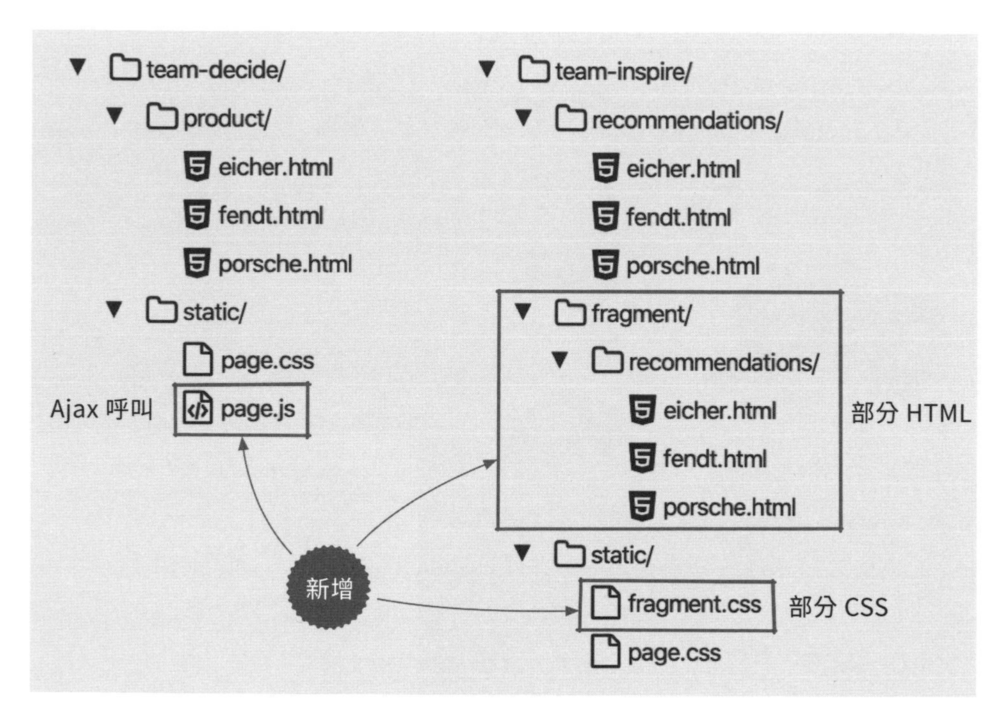

圖 3.2　Ajax 範例程式碼 03_ajax 的資料夾結構

促銷團隊為每一個頁面區塊都添加一個 HTML 檔，這些頁面區塊是原始推薦商品頁的簡化版。促銷團隊也為這些區塊設計了專用的樣式(fragment.css檔)。最後決策團隊建了一個 page.js 檔，用來觸發 Ajax 呼叫。

HTML 標記檔

頁面區塊的 HTML 如下：

■ \MFE\03_ajax\team-inspire\fragment\recommendations\porsche.html

```
<link href="http://localhost:3002/static/fragment.css" rel="stylesheet" />
<div class="inspire_fragment">
  <h2 class="inspire_headline">Recommendations</h2>
...
</div>
```

引用推薦區塊樣式

注意到這個頁面區塊在其 HTML 內引用了自己的 CSS 樣式檔。這邊的網址必須是絕對路徑 (如 http://localhost:3002/...), 因為決策團隊會將這段 HTML 加入該團隊透過 3001 連接埠提供的網頁。

當然，將 <link> 標籤與實際網頁內容一同傳送, 不見得是最佳作法。 如果同一頁面中包含多個推薦商品區塊, 這樣就會有好幾個多出來的 <link> 標籤。我們在本書第 10 章將介紹更進階的技巧, 也就是如何更適當地引用 CSS 和 JavaScript 資源。

Ajax請求

促銷團隊的頁面區塊已經備妥, 我們接著來看決策團隊的部分。以 Ajax 來載入一小段 HTML, 並添加這段 HTML 到 DOM 中, 其實並沒有很複雜。以下來介紹我們的第一段客戶端 JavaScript 程式碼：

■ \MFE\03_ajax\team-decide\static\page.js

```
const element = document.querySelector(".decide_recos");
const url = element.getAttribute("data-fragment");
```

指定要安置頁面區塊的 element

自某個屬性, 取得頁面區塊的網址

→ 接下頁

```
window
  .fetch(url)          ◄── 透過原生window.fetch API,
                           取得頁面區塊的HTML
  .then(res => res.text())
  .then(html => {
    element.innerHTML = html;   ◄── 將加載的HTML置入到產品頁
                                    的文件物件模型中
  });
```

小編註 注意下載的範例程式內容會略有不同 (它的內容反映了後續小節的發展)。

現在我們必須將這段程式添加到頁面中，並將 data-fragment 屬性加到我們的 .decide_recos 元素中。產品頁的 HTML 現在看起來如下：

■ \MFE\03_ajax\team-decide\product\porsche.html

```
<html>
...
    <aside
      class="decide_recos"
      data-fragment="http://localhost:3002/fragment/recommendations/porsche"
    >
      <a href="http://localhost:3002/recommendations/porsche">
        Show Recommendations
      </a>
    </aside>
    <script src="/static/page.js" async></script>
  </body>
</html>
```

- data-fragment 網址：這個網址指向推薦商品的頁面區塊，此區塊由促銷團隊負責開發
- href 網址：通往推薦商品頁面的連結。萬一 Ajax 呼叫失敗或逾時，顧客便能夠使用這個後備連結 —— 這稱為漸進增強 (Progressive Enhancement)。
- "/static/page.js"：引用 JavaScript 檔，它會發送 Ajax 請求

我們執行以下程式碼來試一下範例程式：

```
\MFE> npm run 03_ajax
```

或者造訪 http://03_ajax.the-tractor.store:3001/product/porsche。結果看起來和用 iframe 整合的結果並無不同, 只不過現在產品頁和推薦商品的頁面區塊, 都存在同一個 DOM 當中。

3.1.2 命名空間樣式及程式

不同團隊的開發成果在同一份 DOM 內執行, 會帶來一些挑戰。當兩組團隊都編輯相同的 CSS 類別, 或是寫入同一個全域 JavaScript 變數時, 各種奇怪的問題便會冒出來、而且還難以偵錯。這使得兩組團隊如今開發時, 得注意不要讓自家程式和其他團隊起衝突。

樣式分離

我們先來看 CSS 的部分。可惜的是, 瀏覽器在這方面提供不了什麼協助。就這個使用案例來看, 已遭棄用的 Scoped CSS 作用域樣式規範就很適合 —— 這套規範能就某個 <style> 或 <link> 標籤標記上 scoped 屬性, 如此一來這些樣式只會在它們被定義的 DOM 子樹 (subtree) 中作用。在 DOM 元素的樹狀結構中, 較上層的樣式依舊會向下作用, 但作用域內的樣式設定絕不會外泄。遺憾的是這個規範很短命, 而原本有支援的瀏覽器也撤回了實作。像是 Vue.js 之類的框架依舊使用 scoped 語法來達成樣式分離, 但它們底層會使用自動的選擇器前綴詞, 好在瀏覽器中達成這種效果。

備註 在現代瀏覽器中, 你倒是能透過 JavaScript 和 Shadow DOM API 設下壁壘分明的樣式作用域。**Shadow DOM** 是 Web Component 規範的一環, 我們會在第 5 章介紹。

譯者註 Firefox 63 版以上、Chrome、Opera、Safari 以及 Edge (以 Chromium 為基礎) 79 版以上都支援 Shadow DOM。

有鑑於 CSS 的規則預設就是全域的, 最務實的解決辦法是將所有 CSS 選擇器加入命名空間。有很多 CSS 設計模式 (CSS methodologies), 比如『BEM』(區塊 Block、元素 Element、修飾符 Modifier), 都採用嚴格的命名規則, 好避免元件之間樣式洩漏。但兩組團隊可能會碰巧想出相同的元件名稱, 像是我們範例中的標題元件。因此, 一個好辦法是添加額外的團隊層級前綴詞。表 3.1 顯示採用這個解決辦法之後, 命名空間看起來可能會是什麼樣子。

表 3.1 在所有 CSS 選擇器前面加上團隊名稱

團隊名稱	團隊前綴詞	範例 CSS 選擇器
決策團隊	decide	.decide_headline 和 .decide_recos
促銷團隊	inspire	.inspire_headline和 .inspire_recommendation__item
結帳團隊	checkout	.checkout_minicart 和 .checkout_minicart-empty

備註 為了不讓 CSS 和 HTML 變得太冗長, 我們一般傾向使用兩個字母的簡寫作為前綴詞, 像是 de 代表決策團隊、in 代表促銷團隊、ch 代表結帳團隊。但本書中, 為了便於理解, 我還是選擇了較長、但更好展示其義的前綴詞。

當每組團隊都遵循這些命名規範, 並只使用基於 CSS 類別名稱的選擇器時, 應該就能避掉樣式覆蓋的問題。前綴詞也不必手動作添加, 有些工具對此能派上用場, 像是 CSS Modules、PostCSS 或 SASS 都是不錯的選擇。而若採用將 CSS 寫在 JS 內的 CSS-in-JS 解決方案, 它們大多都允許你設定在每一個類別名稱前面套上前綴詞。不過選擇使用哪一個工具不重要, 只要所有選擇器都有加上前綴詞即可。

JavaScript 分離

在我們的範例中，頁面區塊並沒有包含任何在客戶端執行的 JavaScript 程式。但這還是需要跨團隊的協調，以免程式在瀏覽器中發生衝突。慶幸的是，在 JavaScript 中要撰寫非全域 (non-global) 的程式碼，其實是挺容易的事。

常見的做法是將程式包在**立即呼叫函式表達式** (immediately invoked function expression, IIFE) 裡，也就是一個定義後就當場被呼叫的函式。如此一來，該函式中所宣告的變數和函式，便不會被添加到全域視窗物件中。反而，我們將其作用域限制在這個匿名函式裡。經過修改後，決策團隊的 static/page.js 檔看起來會像下面這樣 (許多建置工具也已經會自動處理這件事)：

■ \MFE\03_ajax\team-decide\static\page.js

```
(function() {
  const element = document.querySelector(".decide_recos");
  ...
})();
```

變數 (或常數) 不會被新增至全域範圍

立即調用的函數表達式

但有些時候你會需要一個全域變數，典型的範例是將結構化的資料 (如 JSON) 和伺服器生成的標記檔案一併傳送，這就需要使用全域變數，好讓客戶端 JavaScript 能夠存取。好的替代方法之一是，將資料格式宣告在標記檔內。例如，本來你會這樣寫：

```
<script>
  const MY_STATE = {name: "Porsche"};
</script>
```

比起上面的範例，若改寫成下面這樣，除了明確宣告資料格式，還能避免新增一個全域變數：

```
<script data-inspire-state type="application/json">
  {"name":"Porsche"}
</script>
```

若要存取以上 JSON 資料，你可以查看 DOM 樹狀結構中的 <script> 標籤並加以解析：

```
(function () {
  const stateContainer = fragment.querySelector("[data-inspire-state]");
  const MY_STATE = JSON.parse(stateContainer.innerHTML);
})();
```

但有少數幾個地方無法設定實際作用域，這時就必須回頭使用命名空間及規範。像是 cookie、本地端儲存的資料、事件及必須不得不用到的全域變數，都應該加入命名空間。這裡便可以沿用先前所介紹的 CSS 類別名稱前綴詞規則——表 3.2 列出了幾個範例。

功能	範例
Cookies	document.cookie = "decide_optout=true";
本地端資料	localStorage["decide:last_seen"] = "a,b";
Session 資料	sessionStorage["inspire:last_seen"] = "c,d";
自訂事件	new CustomEvent("checkout:item_added"); 或 window.addEventListener("checkout:item_added", …);
無可避免的全域變數	window.checkout.myGlobal = "needed this!"
<meta> 標籤	<meta name="inspire:feature_a" content="off" />

命名空間的好處，不僅是能避免衝突。對日常開發來說，命名空間另外一項重要的功能是表明了所有權；當一個龐大的 cookie 出錯時，只要看一眼 cookie 名稱，就知道該找哪一個團隊來修復問題。

以上所介紹避免程式碼相衝突的方法，不僅有助於整合 Ajax，幾乎也適用於所有其他整合技巧。我大力推薦，當你在創始一個微前端專案時，就制定好全域命名空間的規則。這會替所有人省下很多時間和麻煩。

3.1.3 以 h-include 做宣告式載入

在我們前面的範例中，決策團隊得先查看 DOM 元素，執行 fetch() 方法，並將所生成的 HTML 放到 DOM 中，才能載入頁面區塊的內容。不過還有一個方法能讓 Ajax 整合變得更為容易。

第三方 JavaScript 函式庫 h-include (https://github.com/gustafnk/h-include) 讓我們能用宣告的方式載入頁面區塊，而且就像把 iframe 添加到 HTML 中一樣簡單。你不必管如何尋找 DOM 元素並發送實體 HTTP 請求；這個 JavaScript 函式庫會新增一個名為 h-include 的 HTML 元素，替你處理上述一切。

載入推薦商品區塊的程式碼會變成如下 (我們用範例 03_ajax_h_include 來展示)：

■ \MFE\03_ajax_h_include\team-decide\product\porsche.html

```
<html>
  ...
    <aside class="decide_recos">
      <h include src="http://localhost:3002/recommendations/porsche">
      </h include>
    </aside>
  ...
</html>
```

h-includes 自 src 屬性取得 HTML，並放到自己的 include 標籤裡面

執行這個範例：

```
\MFE> npm run 03_ajax_h_include
```

這個函式庫還有其他功能, 像是逾時設定, 將多個嵌入區塊綁在一起以減少回流 (reflow, 重新渲染網頁內容), 以及延遲載入 (lazy loading) 等功能。

小編補充

範例專案本身已經裝有 h include, 並會在你執行 npm install 時下載套件。若要在自己的 Node.js 專案安裝, 語法如下：

```
npm install h-include
```

3.1.4 Ajax 整合的優點

Ajax 整合技巧不僅實作容易, 也易於理解。而且與 iframe 比較, 使用 Ajax 有諸多優點。

頁面元素能夠自然排列

和 iframe 不一樣的是, 我們將所有內容都整合到一個 DOM 裡。推薦頁面區塊現在已是產品頁面的組成部分。這意味著頁面區塊能精確取得所需要的空間；當團隊要添加頁面區塊到自己的頁面中, 不必事先得知區塊的高度。不管促銷團隊是顯示一張還是三張推薦商品圖片, 產品頁都能自動調整高度。

搜尋引擎及存取度

儘管整合發生在客戶端的瀏覽器內, 頁面最初的 HTML 內還沒有頁面區塊存在, 這個模式依舊適用於搜尋引擎。Google 網路搜尋爬蟲會自行執行 JavaScript, 並替整合好的頁面建立索引。像是螢幕閱讀器這類輔助科技也支援這套做法。然而重要的是, 整合的 HTML 整體語意要通順, 所以務必確保網頁的標記階層正確。

漸進增強原則

基於 Ajax 的解決辦法, 通常都符合『漸進增強』(progressive enhancement) 的開發原則。伺服器渲染的內容, 無論是以頁面還是頁面區塊的形式, 都不會產生太多額外的程式碼。

除此以外, 為了因應 JavaScript 失效或逾時的情況, 你可以提供一個可靠的備用辦法。產品頁的 JavaScript 如果出錯, 就改而讓使用者看到**顯示推薦商品**的連結, 這個超連結會指向獨立的推薦商品頁面。只要能未雨綢繆地設想出錯時如何處理, 這便是深具價值的開發技巧, 能讓你的應用程式運作上更為穩健。

具備彈性的錯誤處理

使用 Ajax 來整合, 你也會有更多應付錯誤的管道。當 fetch() 請求失敗或逾時, 你可以決定怎麼應對——顯示漸進增強的備援內容, 將整個頁面區塊從版面上拿掉, 或者準備靜態的替代內容, 在網頁出錯時顯示。

3.1.5 Ajax 整合的缺點

Ajax 模式也有一些缺點。最顯著的就如同其開頭字母 A 所代表的含意, Ajax 是非同步的 (asynchronous) 。

非同步載入

你可能有注意到, 前面的範例頁面在載入時有點卡, 因為這種延遲是 JavaScript 做非同步載入時造成的。我們可以修改載入區塊的方式, 讓它擋下整個頁面的渲染, 一直到頁面區塊成功載入才顯示頁面。但這只會讓整個瀏覽體驗變糟。

非同步載入內容總會換來一些缺點, 像是內容延遲載入。要是區塊位於頁面較下方看不見的地方, 延遲就不是問題, 但對檢視區內的區塊內容來說, 就會造成不好看的網頁抖動。下一章要介紹的伺服器端整合就能夠解決這個問題。

缺少分離

Ajax 模式並沒有任何分離性。為了避免衝突, 團隊必須就跨團隊的命名空間規範達成協議。每個人都遵照規範是最好, 但這方面可沒有技術上的保障。當某個地方出錯, 所有團隊都會受到影響。

需要對伺服器提出請求

更新或刷新 Ajax 頁面區塊, 就跟最初載入時一樣容易。但若你只仰賴 Ajax 為整合辦法, 這意味著使用者每一個互動都會對伺服器發出新請求, 好產生新的 HTML。對許多應用程式來說, 伺服器往返是可被接受的, 但有些時候你的網站會需要更迅速地對使用者輸入做出回應。特別是當網路狀況不佳時, 伺服器往返時間就會讓網站顯得很不順暢。

程式沒有生命週期

一般來說，頁面區塊也需要客戶端 JavaScript。假設來說，你想要讓一個工具提示框能夠彈出來，就必須在觸發該功能的 HTML 標籤內附加一個事件處理器 (event handler) 。當外層頁面自伺服器取得新的 HTML 和更新頁面區塊，而且會覆蓋上述的 HTML 標籤時，你就得先手動移除事件處理器，再將事件處理器重新套用至新的 HTML 標籤。

擁有此頁面區塊的團隊，就必須知道自家程式碼應在何時執行。實作方式有很多種，像是使用 MutationObserver 來觀察 DOM 的變動、透過 data-* 屬性添加 annotation、自行定義元素或事件。不過這些機制都必須手動操作。我們會在本書第 5 章探索，Web Components 如何能在此派上用場。

3.1.6 何時適合使用 Ajax 整合？

透過 Ajax 做整合很單純，是穩健且容易實作的方法。Ajax 整合幾乎不會造成額外效能問題，特別是和 iframe 整合相比，因為 iframe 對每一個頁面區塊都會產生一個新的瀏覽環境。

如果 HTML 是在伺服器端生成，就很適合做 Ajax 整合。這也符合伺服器端包含 (server-side includes, SSI) 的概念，我們將在下一章介紹 SSI。

但若頁面區塊具有許多互動性，而且要記錄局部狀態的話，Ajax 整合可能就不太適合。原因是每次互動都會從伺服器端重讀網頁，這還可能因為網路延遲而變得很不順暢。替代解決辦法包括使用網頁元件和客戶端渲染，本書之後會將就這方面做介紹。

3.1.7 總結

我們重新複習一下目前已介紹的三種整合技巧。圖 3.3 是以開發人員和使用者的角度出發, 分別就超連結、iframe 及 Ajax 這三種整合方式做比較。

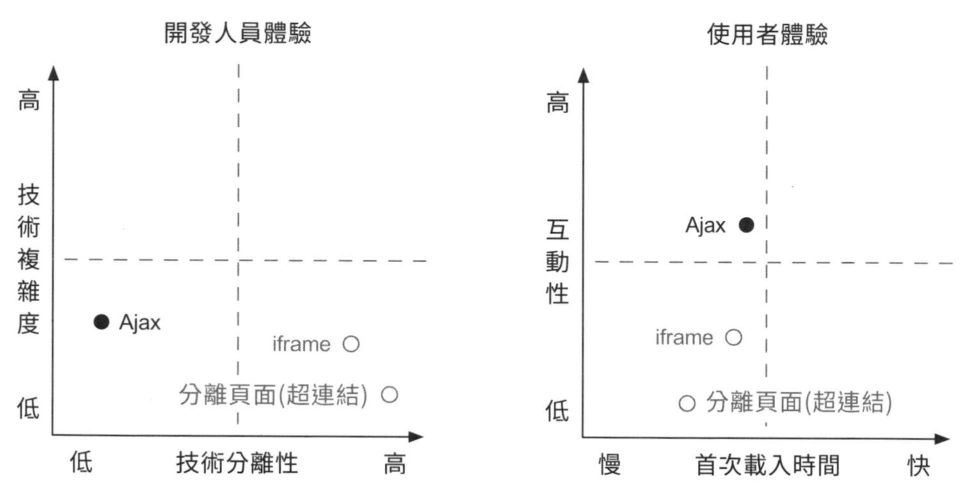

圖 3.3 是不同整合技巧的比較。與使用 iframe 和超連結來整合的方式相較, 採用 Ajax 整合有可能開發出性能與操作性都較好的解決辦法。但缺少技術分離的部分需要靠跨團隊規範來彌補, 像是使用 CSS 前綴詞。

我決定從技術複雜度、技術分離性、互動性, 以及首次載入時間這四大面向, 比較這三種整合方式：

1. 『技術複雜度』意味著此種整合辦法建置和開發的難易程度。

2. 『技術分離性』代表了原生的頁面分離程度。

3. 『互動性』代表這個整合方法是否適合開發速度快的應用程式, 以便對使用者的輸入迅速作出反應。

4. 『首次載入時間』代表網站效能。使用者若欲觀看某個網頁的內容, 需要等多久？

請注意這僅僅是在既定的條件內, 就這三種整合技術做比較。因此, 以上結果其實並不具代表性, 而且你也總是能找到相反的例子。

接著我們將探究, 如何更進一步整合我們的範例應用程式。目標是將所有團隊的應用程式, 都放在同一網域內。

3.2 透過 Nginx 做伺服器端路由

現在我們的購物網站捨棄 iframe 而改投 Ajax 的懷抱, 果然帶來了正面效益。不僅搜尋引擎排名更前面了, 受視覺障礙所苦的使用者也透過電子郵件向我們表示, 新網頁現在更適合搭配螢幕閱讀器使用。但我們也收到一些負面回應：部分客人抱怨商店的網址太長、不好記。

目前決策團隊選擇採用 Heroku 作為主機代管平台, 並將網址設為 team-decide-tractors.herokuapp.com。促銷團隊則選擇使用 Google Firebase 架設網站, 網址設為 tractor-inspirations.firebaseapp.com。這種雙頭馬車的架設方式運作上沒問題, 但每點擊一次就得切換網域, 並不是很理想。

拖曳機模型公司的執行長嚴正看待這件事。他決定, 該公司所有網頁都應該位在同一網域。經過長時間磋商後, 他拿到了 the-tractor.store 網域。

團隊面臨的下一項任務, 是要讓各自的應用程式都能透過 https://the-tractor.store 存取。在動手開發前, 他們需要制定一套計劃 —— 他們需要一個共享的網頁伺服器, 而所有傳給 https://the-tractor.store 的請求都會先送抵該伺服器。圖 3.4 描繪了這個概念。

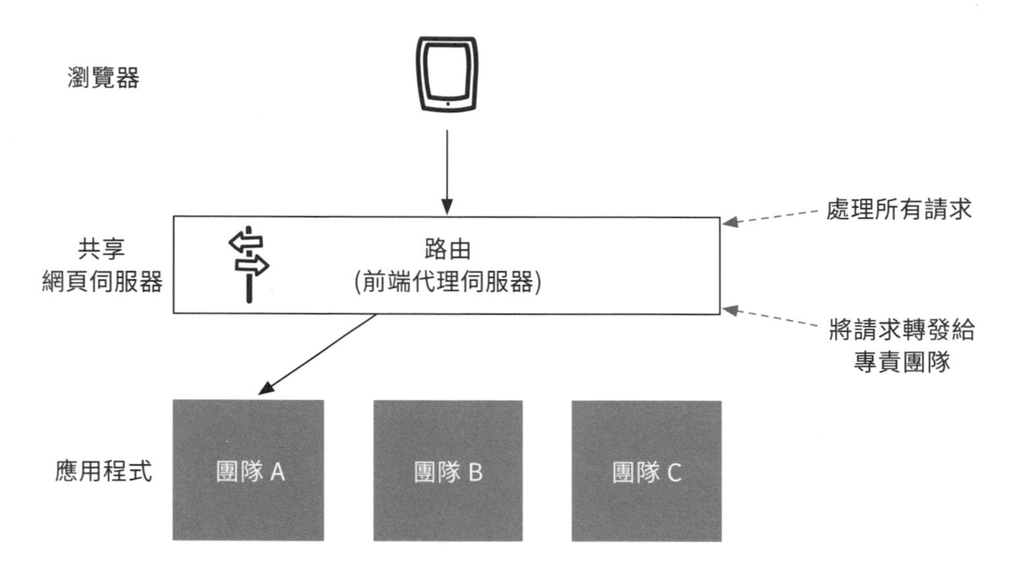

圖 3.4 共享的網頁伺服器被安插到瀏覽器與團隊的應用程式之間。這個伺服器扮演代理的角色, 把 網頁請求分派給專責團隊。

伺服器會將所有請轉給相對應的應用程式, 除此之外並沒有牽涉到任何商業邏輯。這個路由伺服器, 通常被稱作**前端代理伺服器 (frontend proxy)**。每組團隊都應該取得自己的路徑前綴詞——比如, 所有以 /product/ 為開頭的請求, 前端代理伺服器應將它們導向決策團隊的伺服器, 以 /recommendations/ 為開頭的請求則得轉給促銷團隊, 以此類推。

在我們的開發環境中, 我們再次使用不同的通訊埠來代表不同的應用程式, 而不是設置真實的網域。前端代理伺服器將設在通訊埠 3000。表 3.2 是前端代理伺服器應該實作的路由規則。

規則	路徑前綴詞	團隊	應用程式
規則 #1 (靜態檔案)	/decide/	決策團隊	localhost:3001
規則 #2 (靜態檔案)	/inspired/	促銷團隊	localhost:3002
規則 #3 (頁面)	/product/	決策團隊	localhost:3001
規則 #4 (頁面)	/recommendations/	促銷團隊	localhost:3002

圖 3.5 描述如何處理網路請求處理。步驟如下：

1. 顧客打開 /product/Porsche 的網址, 請求送抵前端代理伺服器。
2. 前端代理伺服器根據路由表, 找尋相對應的路徑 /product/Porsche, 發現表中的規則 #3 就符合。
3. 前端代理伺服器將請求轉給決策團隊的應用程式。
4. 應用程式產生回應, 並回傳給前端代理伺服器。
5. 前端代理伺服器將回應傳送給用戶。

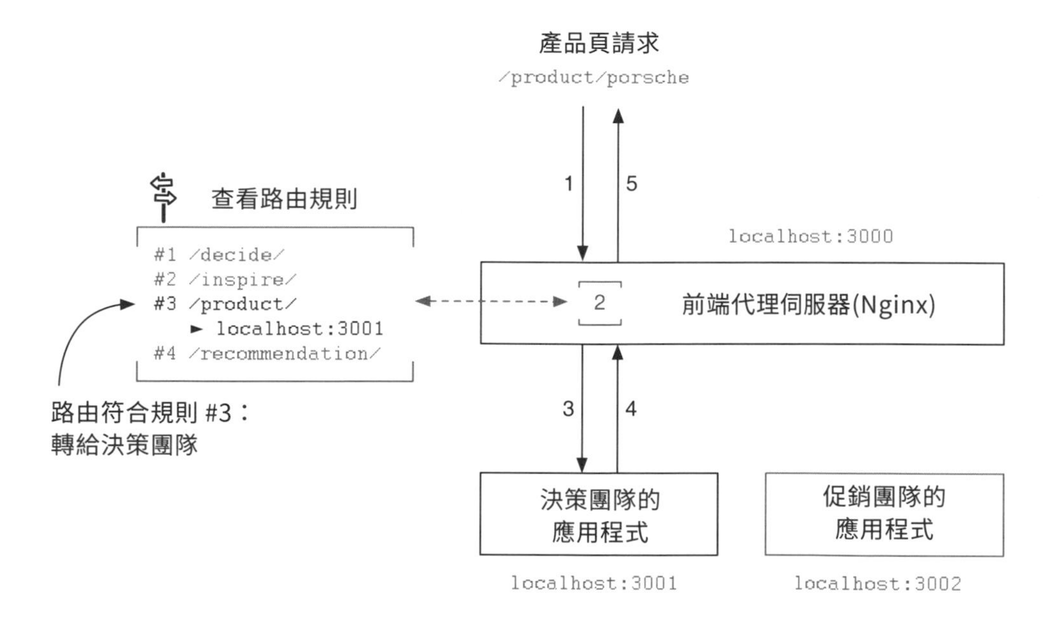

我們現在來了解, 如何打造這樣的一個前端代理伺服器。

小編註 這種伺服器也稱為反向代理 (reverse proxy) 伺服器。

3.2.1 實作前端代理伺服器

在我們的範例中，所有團隊達成了共識，選擇熱門的 Nginx 網路伺服器來執行這個任務，不僅容易使用、速度還相當快。你之前沒用過 Nginx 也沒關係，我們會解釋跟路由運作相關的基本概念。

在本機安裝 Ngnix

如果你要在本機運行範例程式，就需要在裝置上安裝 Nginx。Windows 使用者可以不必做任何事情，因為我已經在範例程式碼目錄加入了 Nginx 的 Windows系統執行檔 (你也可以從 https://nginx.org/ 下載最新版)。

如果你使用 macOS 系統，最簡單的方式是透過 Homebrew 套件管理工具來安裝 Nginx (指令：『brew install nginx』)。Linux 平台大多都有正式的 Nginx 套件可用，Debian 或 Ubuntu 版本的 Linux 作業系統可以透過『sudo apt-get install nginx』指令來安裝。

Nginx 執行檔只要存在於系統中，不需要額外設定就能執行我們的範例程式碼；我是先設立的專案 npm 指令會自動啟動 Nginx 和兩個團隊的應用程式。

啟動應用程式

運行下述程式碼，以啟動三種服務：

```
\MFE> npm run 04_routing
```

小編註　注意本機專案路徑不能有非英數字元，否則 Nginx 會無法順利啟動。

瀏覽器應該會出現你很熟悉的 Porsche Diesel Master 拖曳機。接著查看命令列中的輸出日誌：

```
[decide ] :3001/product/porsche
[nginx ] :3000/product/porsche 200
[decide ] :3001/decide/static/page.css
[decide ] :3001/decide/static/page.js
[nginx ] :3000/decide/static/page.css 200
[nginx ] :3000/decide/static/page.js 200
[inspire] :3002/inspire/fragment/recommendations/porsche
[nginx ] :3000/inspire/fragment/recommendations/porsche 200
[inspire] :3002/inspire/static/fragment.css
[nginx ] :3000/inspire/static/fragment.css 200
```

備註 在 Windows 系統上, nginx的日誌訊息 (以 [nginx] 開頭) 不會顯示, 因為 nginx.exe 執行檔沒辦法很容易的寫入訊息到 stdout。你只能相信 nginx 真的有如期運作, 或者在 nginx.conf 檔內重新指定 access_log, 把日誌寫入到指定的本地端檔案。

從中可看到, 每一個請求都有兩筆紀錄。其中一個來自決策或促銷團隊 ([decide] 或 [inspire]), 另外一個來自前端代理伺服器 ([nginx]) 。從中可見, 所有請求都會經過 Nginx. 而以上這些服務在產生回應時才會寫入日誌。這解釋了, 為何我們總是會先看到團隊的應用程式訊息, 接著才是 Nginx 的訊息。

我們接著來看前端代理伺服器的設置。你會需要了解有關 Nginx 的兩大概念：

1. 把請求轉到另外一台伺服器 (proxy_pass/upstream) 。
2. 分辨新的請求 (位置) 。

專案中的 /webserver/nginx.config 是 Nginx 的設定檔。

Nginx 的 **upstream** 概念，讓你可以列出一份伺服器清單，作為 Nginx 轉傳請求的目標。決策團隊的 upstream 設置如下：

```
upstream team_decide {
    server localhost:3001;
}
```

接著你可以使用 location 區塊來分辨新的請求。該區塊有套比對規則，對每一個新進的請求加以比對。這邊的這個 location 程式碼區塊，符合所有以 /product/ 為開頭的請求：

```
location /product/ {
    proxy_pass http://team_decide;
}
```

看到 location 區塊內的『proxy_pass』指令吧？這讓 Nginx 將所有通過比對的請求，轉給決策團隊 (team_decide) 的 upstream。你可參閱 Nginx 文件了解更多細節，但現階段知道這些就足以讀懂大部分的 /webserver/nginx.config 設置檔了。

■ \MFE\04_routing\webserver\nginx.conf

```
daemon off;

events {}

http {
  upstream team_decide {    ← 將決策團隊的應用程式，以 team_decide 命名，設為一個 upstream；其他團隊以此類推
    server localhost:3001;
  }

  upstream team_inspire {
    server localhost:3002;
  }
```

→ 接下頁

```
  log_format compact ':3000$uri $status';

  server {
    listen 3000;

    # windows 使用者可移除下一行的 # 來讓 Nginx 寫入日誌檔
    #access_log /dev/stdout compact;

    location /product/ {
      proxy_pass  http://team_decide;
    }

    location /decide/ {
      proxy_pass  http://team_decide;
    }

    location /recommendations {
      proxy_pass  http://team_inspire;
    }

    location /inspire/ {
      proxy_pass  http://team_inspire;
    }
  }
}
```

處理所有開頭為 /product/ 的請求，並將這些請求傳送給 team_decide 的 upstream

備註 在我們的範例中，我們使用本機端路徑，比如讓 upstream 指向 localhost:3001，但這邊你也可以設定自己想要的位址：決策團隊的 upstream 可以是 team-decide-tractors.herokuapp.com。必須注意的是，Nginx 網路伺服器會產生額外的跳轉 (hop) 時間。若要降低延遲，你或許可把網站和應用程式的伺服器設在同一個資料中心裡。

3.2.2 命名空間資源

現在既然兩個應用程式都位在相同的網域底下，網址結構就不得重複。以我們的範例來看，頁面本身的路由設定不變，依舊為 /product/ 和 /recommendations。但其他所有資源 (CSS 與 JS 檔) 都被移往 decide/ 或 inspire/ 資料夾底下了。

我們需要調整 CSS 和 JS 檔的內部引用路徑。兩組團隊所協議遵循的網址樣式規範，也需要再次更新。現在有了前端代理伺服器，團隊就再也不需要知道其他團隊的應用程式位在哪一個網域 (這已經包含在 Nginx 的 upstream 設定)，只要知道資源路徑就夠了。而所有請求都應該會通過前端代理伺服器，我們就可以將網域的部分去掉：

1. 產品頁面

   舊: http://localhost:3001/product/<sku>

   新: /product/<sku>

2. 推薦商品頁面

   舊: http://localhost:3002/recommendations/<sku>

   新: /recommendations/<sku>

3. 推薦商品頁面區塊

   舊: http://localhost:3002/fragment/recommendations/<sku>

   新: /inspire/fragment/recommendations/<sku>

備註 推薦商品頁面區塊的網址，前面會加上團隊名稱 (/inspire)。

當多個團隊共同開發同一個網站時，採用網址命名空間是很重要的一環。這使得網頁伺服器的路由設定易於理解：所有開頭為『/<團隊名稱>/』的請求，都會傳到『<團隊名稱>』的 upstream。這樣也讓除錯更容易，因為比如 CSS 檔出錯時，只要看其路徑就知道是哪一個團隊該負責。

3.2.3 路由設置方式

隨著專案規模增加，路由設定檔中的資料筆數也會增加，很快就會變得複雜。這種問題有不同的應付方式。首先回顧一下，我們可以在範例應用程式中看到兩種不同的路由設定：

1. 頁面限定的路由 (像是 /product/)
2. 團隊限定的路由 (像是 /decide/)

策略一：只使用團隊路由

簡化路由最簡單的方法是，在每一個網址前面都加上團隊名稱。這樣一來，最主要的路由設定只在專案加入新團隊時才會有變更。這種設定方式看起來如下：

```
● /decide/   -> 決策團隊
● /inspire/  -> 促銷團隊
● /checkout/ -> 結帳團隊
```

這種方式對內部網址 (API、資源或頁面區塊的路徑) 不成問題，因為客戶看不到。但瀏覽器網址列上顯示的網址、搜尋結果、或是行銷文宣上的網址，那就不一樣了 —— 這樣的網址會暴露專案的內部團隊結構，而且你也會讓搜尋引擎爬蟲把 decide、inspire 這類字眼讀出來當成搜尋索引。

選擇較短、一兩個字母的前綴詞，多少可以化解這個問題。經改善的網址看起來會如下：

- /d/product/porsche -> 決策團隊
- /i/recommendations -> 促銷團隊
- /c/payment -> 結帳團隊

策略二：動態設定路由

如果你沒辦法在所有網址前面添加前綴詞，那麼你就別無選擇，得在前端代理伺服器的路由表上清楚載明頁面的所屬團隊：

- /product/* （產品） -> 決策團隊
- /wishlist （願望清單） -> 決策團隊
- /recommendations （推薦商品） -> 促銷團隊
- /summer-trends （夏季潮流趨勢） -> 促銷團隊
- /cart （購物車） -> 結帳團隊
- /payment （付款） -> 結帳團隊
- /confirmation （確認） -> 結帳團隊

若一開始清單不大，這樣通常不會有什麼問題。但這個列表可能會快速增長：特別是其中不只有前綴詞，還包含正規表達式時，便會變得難以維護。

既然路由是微前端架構的重要組成部分，你最好多下點功夫做品質確認及測試。你自然不會希望新的路由設定搞砸網站的其他部分吧。

處理路由的方法有很多種，Nginx 只是選項之一。德國電子零售商 Zalando 把他們的路由解決方案 Skipper 開源 (https://github.com/zalando/skipper)，它能夠用來處理超過 30 萬筆路由定義。

3.2.4 基礎設施所有權

在建立微前端式的基礎架構時，所要考量的兩大關鍵因素便是團隊自主、以及端對端 (end-to-end) 權責。不管你做什麼抉擇，都務必考量到這兩方面。若要讓團隊能盡可能完成任務，他們就該擁有一切所需的權力和工具。在微前端架構中，為了降低耦合，我們寧願接受冗餘的情況。

拿一個網路伺服器作為中樞的作法，並不適合低耦合的模式。若要將所有東西架設在同一網域，技術上會需要用一個服務扮演共同端點的角色，但這就會衍生出單點故障 (single point of failure) 的問題：網路伺服器一旦掛掉，就算應用程式仍在運作，客戶還是看不到任何東西。因此，此類中央化的元件能少用就少用。只有在遍尋不得替代辦法時，才該使用中央網路伺服器。

為了確保這些中心元件能夠平穩運行，並得到所需的關注，關鍵就是清楚界定所有權。在典型的軟體專案中，會有專責的平台團隊來負責這部分。這種團隊的宗旨是提供並維護這些共享的服務。但實務上，這類平行團隊會產生許多分歧。

但若將運營整個基礎設施的責任，分配給不同的產品團隊，便有助於聚焦在顧客價值 (見圖 3.6)。在我們的範例中，決策團隊可以肩負運行和維護 Nginx 的責任。決策團隊和促銷團隊都樂見服務穩定運行並受到完好維護；他們不會有動機要畫蛇添足，把服務搞得太過精美。就我過去參與過的專案來看，使用這套做法能帶來很好的體驗，有助於把焦點維持在顧客身上。本書第 12 和 13 章將針對中心化和去中心化做更深的討論。

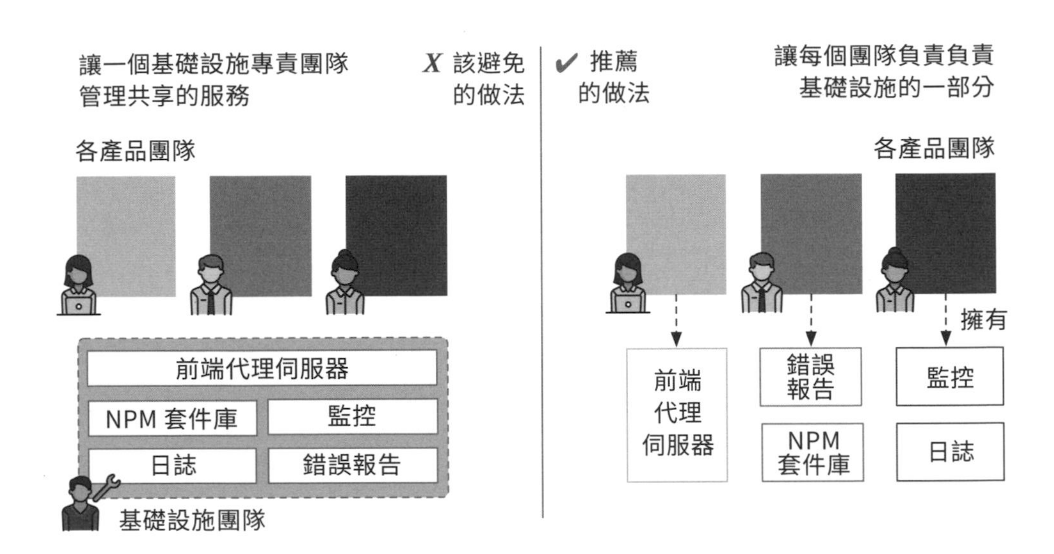

圖 3.6 避免設立專門負責基礎設施的團隊；比較好的做法是將共享服務的管理責任分派給各個產品團隊。

3.2.5 什麼時候適合使用共享基礎設施？

透過單一網域來呈現多個團隊所提供的內容, 其實是相當常見的作法。畢竟顧客會預期, 瀏覽器內的網址不會隨著每次點擊而改變。

這樣做也有技術上的好處：

- 避免瀏覽器安全問題 (跨來源資源共用, CORS (Cross-Origin Resource Sharing))
- 得以透過 cookie 分享登入狀態等資訊
- 提高效能 (只要做一次 DNS lookup, SSL handshake 等)

如果你打造的是面對顧客的網站, 需要被搜尋引擎加入索引, 你就肯定得採用一個共享的網頁伺服器。對企業內部的應用程式而言, 若略過額外的基礎設施、讓每個團隊使用自己的子網域, 這樣也是可行的。

現在我們已探討過了伺服器端路由。Nginx 只是其中一種方式，尚有其他工具，像是 Traefik (docs.traefik.io) 或 Varnish (varnish-cache.org)，都提供類似的功能。在本書第 7 章，你將學到如何將這些路由規則套用到瀏覽器，我們屆時也能透過客戶端路由，開發一個整合的單頁應用程式。但在那之前，我們將先繼續探討伺服器端整合，並學習更為複雜的技巧。

重點摘要

- 你可以透過 Ajax 載入多個頁面，將其內容整合為單一文件。
- 更深層的 Ajax 整合與 iframe 的整合方法相比，不管是在網頁存取度、搜尋引擎相容性和效能上都更勝一籌。
- Ajax 整合將頁面區塊都放到同一文件內，因此可能會導致樣式起衝突。
- 為了避免樣式衝突，可為 CSS 類別加上團隊命名空間。
- 你可以用一個前端代理伺服器把請求轉給多個應用程式，並透過同一網域呈現所有內容。
- 在使用前端代理伺服器時，比較簡單的路由設定方法是在網址前面加上團隊名稱前綴詞，這樣偵錯也更容易。
- 網站的每一個部分，都應該明確界定權責和歸屬。平行單位能免則免，例如設立基礎設施平台的專責團隊。

MEMO

CHAPTER

04

伺服器端整合：SSI 與代理伺服器

本章重點提要

- 探討使用 Nginx 和 SSI 的伺服器端整合方式
- 探討如何以逾時和備援機制，處理頁面區塊壞掉或是運行緩慢的問題
- 比較不同整合技巧的效能特性
- 探索 Tailor、Podium 及 ESI 等替代解決辦法。

先前章節介紹了如何以超連結、iframe 及 Ajax 等客戶端整合技巧，來打造一個微前端式的網站。你也學到如何架一個共享的網路伺服器，將請求轉派給負責應用程式某部分的團隊。本章我們將更進一步探討微前端的**伺服器端整合** —— 在伺服器上整合不同頁面區塊的檔案，是廣泛被使用的熱門解決方案。舉凡 Amazon、IKEA 及 Zalando 在內的許多電子商務巨擘都選擇這套做法。

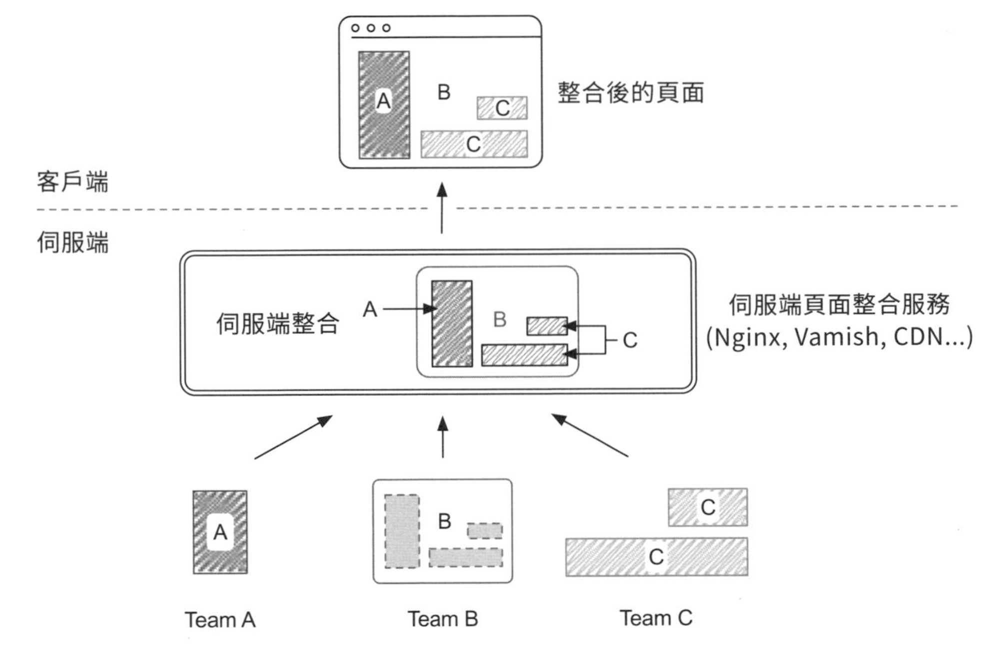

圖 4.1 伺服器端頁面區塊整合。客戶端收到的是一個已經組合好的網頁。

如圖 4.1 所示，伺服器端整合通常是在瀏覽器和實體應用程式伺服器之間架一個服務，來完成這種動作。伺服器端整合最顯著的好處，是頁面在抵達客戶端瀏覽器時，就已經組裝完成，因此頁面首次載入的速度極快，這是單單使用客戶端整合技巧所無法匹敵的。

另一個重要因素是穩健性：在伺服器端組合應用程式，有助於採用漸進增強的開發原則。團隊可以視情況為頁面區塊添加客戶端 JavaScript，以提升使用者體驗。

4.1 透過 Nginx 與伺服器端內嵌 (SSI) 來整合

在開發的上一個迭代期間，我們的團隊捨棄了 iframe、改採用基於 Ajax 的整合辦法，這使得網站在搜尋引擎的排名大幅提升。拖曳機模型公司為了驗收成果，定期做顧客調查。一位客服主管負責跟世界各地的模型迷接洽，聽取他們的意見和回饋。

整體來說，使用者認為專案團隊表現出色，他們已經等不及收到真正的拖曳機模型了。但許多使用者對於網頁載入速度也頗有微詞，覺得 the-tractor.store 網站不如競爭者的線上商店那樣流暢。比如，推薦商品的條狀區塊在顯示時會出現明顯的延遲。

這位客服主管於是跟開發團隊安排了一場面對面會議，分享她從電話訪談得知的事。開發人員聽到網頁效能不佳的反應都很驚訝；因為在他們的裝置上，所有頁面的載入速度都相當快，從沒出現過使用者所說的頁面延遲。但這可能是因為使用者不像開發人員，全都坐擁台幣十萬塊的高級筆電，或是擁有光纖連線。消費者居住的國家也可能不是資料中心所在地，事實上他們會來自五大洲的每個角落。

為了測試網路條件欠佳時的網頁效能，一位開發人員按下 F12 打開瀏覽器的開發人員工具，將網路速度限制在 3G 並載入頁面。開發人員很驚訝地發現，這回頁面載入花了 10 秒鐘！但開發人員很有把握能改善這個問題，計畫改採用伺服器端整合技巧。這樣一來，第一個 HTML 回應就會包含網站需要參考的所有資源，瀏覽器會更快取得頁面的全貌，早一步平行載入資源。而既然他們已經在使用 Nginx 伺服器，專案團隊選擇使用 Nginx 底下的 SSI 功能來做整合。

4.1.1 實作方式

SSI 的歷史

伺服器端內嵌 (Server-Side Includes, SSI) 是源自 1990 年代的舊技術，當時人們用 SSI 來將當前時間嵌入到到靜態頁面中。SSI 規格很穩定，近年來都沒有改變，在熱門網路伺服器中的實作都非常可靠，也不太需要額外管理。本書將著眼於 Nginx 伺服器的 include 指令。

我們這就上工吧。這次促銷團隊可以稍作休息，他們能重複使用先前 Ajax 章節介紹的推薦商品區塊端點。

決策團隊則需要做出兩項改變：

1. 在 Nginx 伺服器設定啟用 SSI 支援。
2. 在商品樣板中加入一個 SSI 指令；SSI 網址必須指向促銷團隊現有的推薦商品端點。

SSI 如何運作

我們來了解一下 SSI 是如何運作的。SSI 的 include 指令看起來如下：

```
<!--#include virtual="/url/to/include" -->
```

在將 HTML 傳送到客戶端之前，Nginx 伺服器會讀取這行指令參照的 URL，拿其內容取代指令本身，再將頁面傳給客戶端。

圖 4.2 顯示我們這個系統會如何使用 SSI 來產生並組合產品頁。我們跟著箭頭來依序了解，看看從最初請求到最終回應由上往下的步驟：

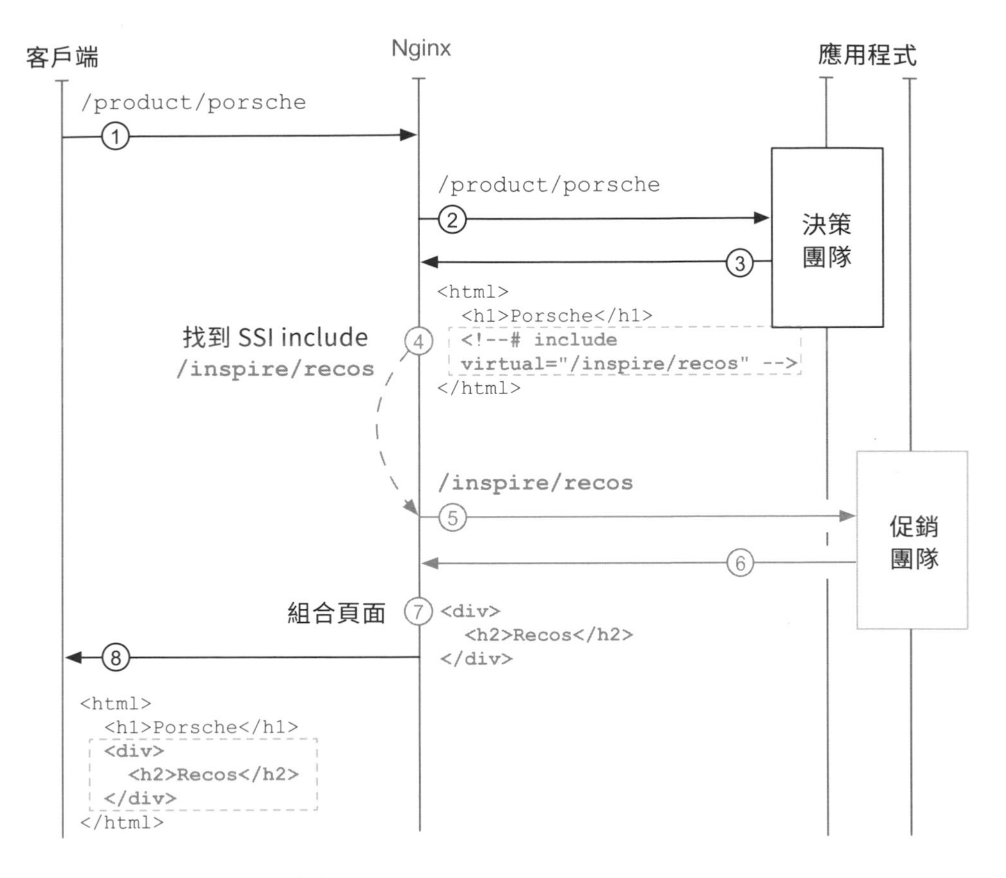

圖 4.2 Nginx 底下 SSI 的處理過程。

① 客戶端請求 /product/porsche。

② 因為請求的開頭是 /product/, Nginx 將請求轉給決策團隊。

③ 決策團隊產生產品頁的 HTML, 這當中包含一個 SSI 指令, 代表推薦商品區塊在產品頁上的位置, 並將這個 HTML 傳送給 Nginx。

④ Nginx 解析決策團隊的回應內容, 找到 SSI include, 並取得 include 的虛擬 (virtual) 路徑 (指向資源的部分路徑)。

⑤ Nginx 向促銷團隊要求這個內容, 因為虛擬路徑是以 /inspire/ 為開頭。

⑥ 促銷團隊產生頁面區塊的 HTML 並回傳。

⑦ Nginx 拿該頁面區塊的 HTML 置換掉產品頁的 SSI 指令。

⑧ Nginx 將最終組合好的頁面傳送給客戶端瀏覽器。

在此 Nginx 扮演了兩個角色：**轉發請求** (request forwarding) 以及**取得／整合頁面區塊** (fetching and integrating fragments)。

使用 SSI 整合頁面區塊

我們就來在範例應用程式裡試著套用 SSI 整合吧。Nginx 的 SSI 支援預設是關閉的，若要開啟這項功能，可以在 nginx.conf 檔內的 server{…} 區塊加上『ssi on;』。

■ \MFE\05_ssi\webserver\nginx.conf

```
...
server {
  listen 3000;
    ssi on;   ← 開啟 Nginx 的伺服器端內嵌功能
  ...
}
```

現在，我們必須在產品頁的 HTML 內加上 SSI include 指令，其結構很簡單，而且本質上就是個 HTML 註解。指令中參照的頁面區塊虛擬網址，也跟先前的 Ajax 範例網址相同：

■ \MFE\05_ssi\team-decide\product\porsche.html

```
<html>
    ...
    <aside class="decide_recos">
      <!--#include virtual="/inspire/fragment/recommendations/porsche"
    </aside>
  </body>
</html>
```

（Nginx 會以網址的內容取代這裡的 SSI 指令）

現在執行以下指令, 來啟動這個範例：

```
\MFE> npm run 05_ssi
```

現在瀏覽器會顯示拖曳機商店的整合頁面。不一樣的是, 我們這回不需要靠客戶端 JavaScript 來做整合了。頁面在抵達客戶的裝置之前, 就已經整合了所有 HTML。你也可以透過瀏覽器的『檢視原始碼』功能加以確認。

4.1.2 更佳的載入時間

我們來看一下頁面載入速度。以 Google Chrome 為例, 在啟動專案後, 於該頁面按 F12 打開瀏覽器的開發者工具, 於上排的頁籤 (比如 Element, Console, Recorder...) 尋找 Network (網路), 再把第二排的 No throttling 改成 Slow 3G (慢速 3G 網路)。接著手動重整網頁, 觀察它完成載入需要多少時間, 如圖 4.3 所示。

在此種限制下, Ajax 整合的版本 (範例 04_routing) 載入時間約為 10 秒鐘, 相較之下 SSI 整合的頁面 (範例 05_ssi) 載入只用了 6 秒, 載入時間整整快了 40%。但我們究竟是在哪裡省下時間的呢？我們來更深入了解一下。

3G 網速模式限縮了頻寬, 但也會將所有請求延遲約 2 秒。在 SSI 整合中, 我們不需要另外為了載入頁面區塊而發送 Ajax 請求, 因此能省下這些時間。推薦商品區塊一開始就已經被塞進產品頁面內, 這替我們省下了 2 秒鐘。再來是在 Ajax 整合中, 瀏覽器必須等待 JavaScript 執行完成 (觸發 Ajax 載入內容) 才能載入頁面區塊。SSI 整合在這部分便另外省下了 2 秒。

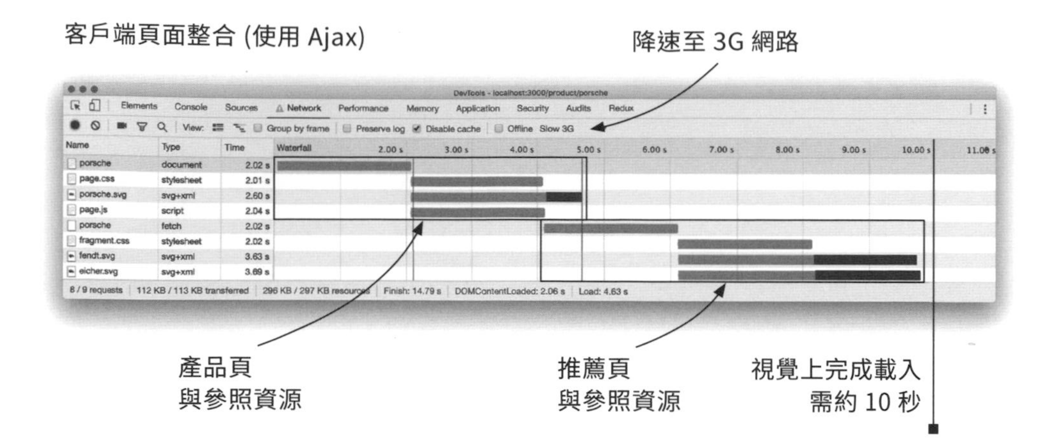

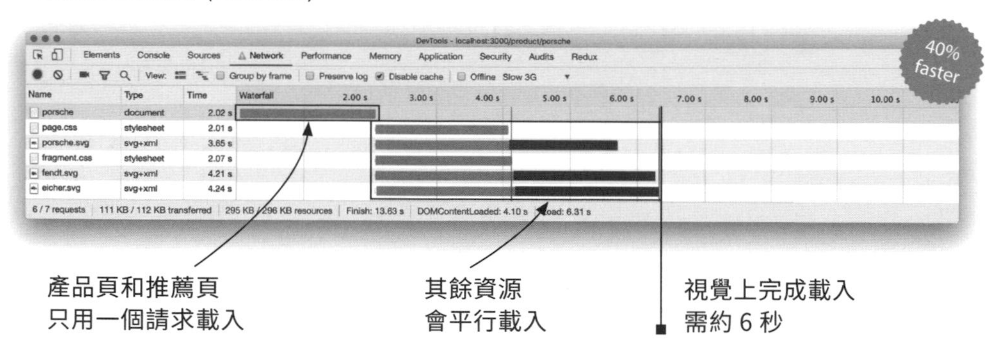

圖 4.3 客戶端和伺服器端整合，產品頁載入速度之比較。伺服器端整合能夠取得最佳的關鍵路徑，故載入速度較快。

開發工具的 3G 限速將所有請求都延遲 2 秒，感覺確實很苛刻，這也不見得能如實呈現顧客的平均連線速度。但這突顯了網站資源的相依性，或稱為**關鍵路徑 (critical path)**。重點在於儘早讓瀏覽器知道頁面的所有重要組成部分，像是圖片和樣式。若要達成這個目的，伺服器端整合就非常重要。

前端整合和後端整合的真正差異在於，後者的延遲發生在資料中心內，不僅程度小得多也更好預測 (服務與服務之間的延遲只有幾毫秒)；相對的，資料中心和終端使用者在網路上的一來一往就很難說得準了，情況好時可能是 50 毫秒，狀況壞時則可能長達數秒。

4.2 頁面區塊出錯的處理方式

網站修改完成後, 決策團隊的開發人員錄製了一段影片, 展示採用伺服器端整合前後的頁面載入實況, 並將影片上傳到公司的 Slack 開發人員頻道上。一如預期, 大家的回應都極為正面。

但若某個應用程式運作緩慢、拖垮整個網站, 或是出了技術問題該怎麼辦？本節我們將進一步深入伺服器端整合, 並了解逾時及備援 (fallbacks) 機制如何能派上用場。

4.2.1 頁面區塊出錯

當決策團隊努力開發伺服器端整合的同時, 促銷團隊也沒閒著, 打造了『在你附近』新功能的雛型。如果拖曳機迷所在地附近的田野中, 有他們喜歡的真實版拖曳機型號在運作, 這個新功能會發送通知給他們。開發這項功能並不容易, 必須先和農民協會商議, 分發全球定位系統 (GPS) 器材給農民, 以便蒐集實時數據。

當使用者拜訪該功能的網頁, 而系統偵測到使用者的方圓 100 公里內有拖曳機在運作的話, 產品頁上便會跳出一個小資訊框。這個功能的最初版本只會限定在歐洲和俄羅斯推出, 並根據使用者的 IP 位址來定位。位置資訊並非總是正確的, 更何況決策團隊也打算之後好好利用瀏覽器原生的地理定位和通知 API。

兩組團隊碰頭討論如何整合這項功能。促銷團隊只需要產品頁版面上騰出第二塊空間, 用來放置『在你附近』新功能。決策團隊同意在產品頁的標頭下方安插一個長條型的橫幅。當促銷團隊的系統無法找到附近有拖曳機時, 橫幅就不會顯示。

決策團隊不需要知道橫幅的商業邏輯，也不必管該區塊要如何實作。使用者定位、拖曳機的匹配項目尋找，乃至於新功能上線的計畫等事宜，都由促銷團隊一手包辦。圖 4.4 顯示了橫幅的樣貌。

促銷團隊表示，頁面區塊的網址格式會是 /inspire/fragment/near_you/<sku>。沒想到在兩組團隊分頭展開開發之前，促銷團隊一名開發人員表示：『我們的資料處理功能仍有一點問題。回應時間有時候會連續好幾分鐘內都超過 500 毫秒。在最後一波測試時，伺服器偶爾還會掛掉重開機』。

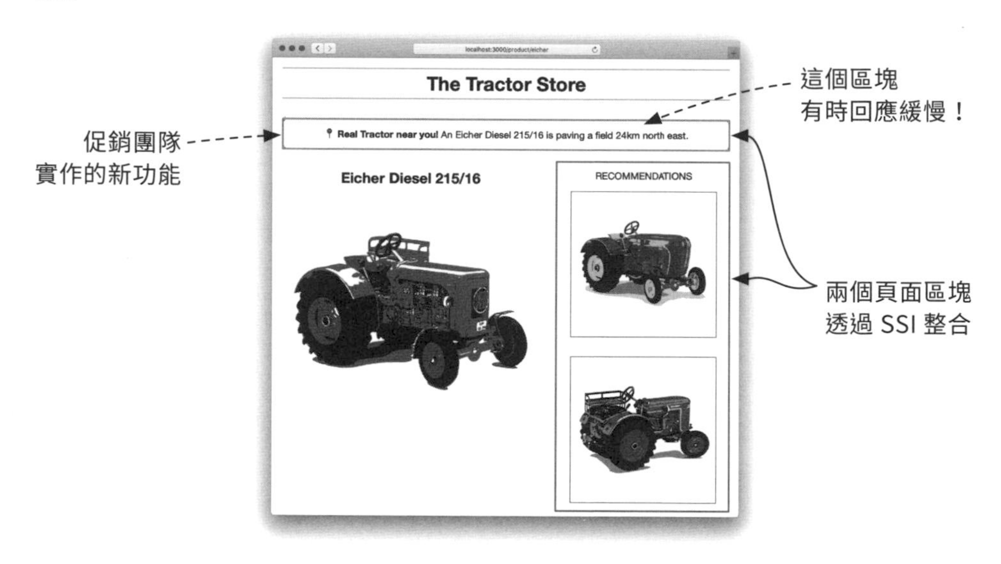

圖 4.4 『在你附近』功能會以橫幅的形式添加到頁面頂部。

這樣的不穩定性確實是個問題。就單單一個頁面區塊來說，500 毫秒的回應時間太久了，這會拖慢整個產品頁生成 HTML 的時間。但考慮到這個功能沒有重要到會影響網站運作，兩組團隊同意，當回應時間過長時，就不顯示這個區塊。

4.2.2 整合『在你附近』頁面區塊

我們來看一下促銷團隊的新頁面區塊 (見範例 06_timeout)：

■ \MFE\06_timeouts\team-inspire\inspire\fragment\near_you\eicher.html

```
<link href="/inspire/static/fragment.css" rel="stylesheet" />

<div class="inspire_near_you inspire_fragment">
  ! <strong>Real Tractor near you!</strong>
  An Eicher Diesel 215/16 is paving a field 24km north east.
</div>
```

頁面區塊的樣式

頁面區塊的內容

目前只有世界各地的 Eicher Diesel 215/16 這款拖曳機裝配有 GPS, 其他拖曳機的頁面區塊像是 porsche.html、fendt.html 都還只是空白檔案。為了顯示這個頁面區塊, 決策團隊將相關的 SSI 指令放入產品頁, 如以下程式碼所示。

■ \MFE\06_timeouts\team-decide\product\eicher.html

```
<html>
  ...
  <body class="decide_layout">
    <h1 class="decide_header">The Tractor Store</h1>
    <div class="decide_banner">
        <!--#include virtual="/inspire/fragment/near_you/eicher" -->
    </div>
  ...
  </body>
</html>
```

因為這是靜態 HTML 檔案, 頁面區塊的反應時間肯定很快。我們來模擬一個反應慢的頁面區塊：你能在 06_timeouts 資料夾底下找到原始碼。就這個範例, 我們要測試三種情境：

- 促銷團隊的應用程式發生短暫延遲 (約 300 ms)。
- 促銷團隊的應用程式延遲了許久 (約 1000 ms)。
- 促銷團隊的應用程式掛了。

我為了這三種情境, 各自新增了一個 npm 的執行指令。我們來看第一種情況 (300 毫秒的延遲), 請執行下述指令：

```
\MFE> npm run 06_timeouts_short_delay
```

現在, 頁面花了明顯較久的時間才載入。在 05_ssi 範例中, 載入 HTML 文件僅需花幾毫秒的時間, 結果現在一加上促銷團隊緩慢的頁面區塊, 瀏覽器從伺服器接收資料的時間就暴增到超過 300 毫秒。這些潛在的延遲, 是伺服器端整合本身就會有的問題, 畢竟你必須等待所有必要的頁面區塊載入完成。

和 Ajax 整合 (各頁面區塊是透過非同步方式抓取) 相較, 伺服器端整合只要有一個頁面區塊不給力, 就會拖慢整個頁面。也就是說, 伺服器端載入速度最慢的頁面區塊, 決定了網站最終的回應時間。因此, 所有團隊都得監控自家頁面區塊的回應時間, 才能取得最佳效能。

我們接著來看其他兩種情況：延遲許久和掛掉的情況。

4.2.3 逾時及備援機制

就算頁面的各個組成部分大多時跑起來很快, 準備一個安全網仍然是好主意。微前端架構中, 你會想盡可能降低使用者介面的耦合 —— 某個系統的錯誤不應該波及到其它系統。Nginx 具有定義 upstream (上游伺服器) 逾時的基本機制：當一個 upstream 變慢，或完全沒有回應，Nginx 就會停止等待，並傳送不包含 SSI 指令的網站給客戶端。

我們來看一下，當一個團隊的應用程式完全沒回應時，Nginx 如何因應。執行下述指令，模擬促銷團隊未能如常運作時的情境：

```
\MFE> npm run 06_timeouts_down
```

頁面很快就載入了，但促銷團隊的頁面區塊沒有一併載入，因為 Nginx 連不上促銷團隊的應用程式，它就乾脆不等了。

但現實世界的狀況不全是非黑即白。有些時候，伺服器的確有接受新的連線，只是回應很慢而已。你可以透過 Nginx 的 proxy_read_timeout 屬性指定逾時時間，Nginx 會依此判定要等待上游伺服器多久，超過就將它視為無回應。逾時時間預設為 60 秒，就我們的使用案例來說這樣實在太久了。兩組團隊先前已經達成共識，以 500 毫秒作為最長反應時間，因此我們可以針對所有以 /inspire/ 開頭的請求，將其 proxy_read_timeout 屬性設為 500 毫秒。

Nginx 設定變成如以下程式碼所示：

■ \MFE\06_timeouts\webserver\nginx.conf

```
  ...

  server {
    ...

    location /inspire/ {
      proxy_pass  http://team_inspire;
        proxy_read_timeout 500ms;
    }
  }
}
```

必須注意的是，這個設定是針對個別 upstream 而非請求本身。當該伺服器的請求等待時間逾時時，Nginx 便會將該伺服器視為無效，在接下來 10 秒的時間也不會嘗試跟它連線。我們可執行以下指令來測試這個逾時設定：

```
\MFE> npm run 06_timeouts_long_delay
```

在這個情境下，我們將所有傳送給促銷團隊的請求延遲 1000 毫秒。這超出我們所設定的逾時時間，於是 Nginx 會直接忽略促銷團隊的頁面區塊。你可查看開發者工具底下的 Network 頁籤，會發現 HTML 文件首次載入花了大約 500 毫秒，但在接下來 10 秒鐘，Nginx 對於所有的產品頁請求都能在 10 毫秒內做出回應。等這 10 秒過去，Nginx 才會再度嘗試向促銷團隊請求資料。

備註 我們沒辦法針對偶爾幾個回應時間過長的請求設定逾時時間。只要有某個請求逾時，Nginx 就會將這個上游伺服器視為失效。本章稍後我們會來看其他的伺服器端整合技術，它們將能提供更有彈性的逾時設定。

4.2.4 備援內容

在前面的試驗中，若『在你附近』的頁面區塊載入速度過慢，就會直接被 Nginx 略過。但你應該有注意到，推薦商品的版面並沒有因此完全被拿掉，而是改放了一個『顯示推薦商品』(Show Recommendations) 的頁面區塊。

Nginx 有個因應 SSI 指令失效的內建機制：SSI 指令中有個名為 stub 的參數，讓你定義要參考的區塊。當 SSI 出錯時，Nginx 便會拿這個區塊的內容來替代。備援內容區塊的定義方式是將內容包在『block』和

『endblock』的註解內。以下是決策團隊為推薦商品區塊所設定的備援內容：

■ \MFE\06_timeouts\team-decide\product\eicher.html

```
<html>
  ...
  <body class="decide_layout">
    ...
    <aside class="decide_recos">
        <!--# block name="reco_fallback" -->
      <a href="/recommendations/eicher">
        Show Recommendations
      </a>
        <!--# endblock -->
      <!--#include virtual="/inspire/fragment/recommendations/eicher"
stub="reco_fallback" -->
    </aside>
  </body>
</html>
```

定義備援內容 (reco_fallback 區塊)

備援內容 reco_fallback 的程式碼區塊, 透過 stub 參數指派給 SSI

✪ 提示 你可以在 upstream 設定中設定 max_fails (連線失敗幾次算逾時, 預設 1 次) 和 fail_timeout (逾時後等待的時間, 預設 10 秒) 參數。細節請參閱 Nginx 官方文件：http://nginx.org/en/docs/http/ngx_http_upstream_module.html#upstream。

不過, 你也不見得永遠得定義有意義的備援內容。對於可顯示可不顯示的內容, 實作上也很常用一個空區塊代替：

■ \MFE\06_timeouts\team-decide\product\eicher.html

```
    ...
    <div class="decide_banner">
      <!--# block name="near_you_fallback" --><!--# endblock -->
      <!--#include virtual="/inspire/fragment/near_you/eicher"
  stub="near_you_fallback" -->
    </div>
    ...
```

名為 near_you_fallback 的備援內容留空

指派 near_you_fallback 區塊作為備援內容

> ✪ 提示 備援內容放在文件內的哪個地方都沒關係，但你必須先定義其程式碼區塊，再透過 stub 參照之。

在做伺服器端整合時，先想好如何設定備援及逾時機制至關重要。否則，一個表現失常的頁面區塊可能會破壞整個頁面。以上介紹的 Nginx 設定只是其中一種方法，但同樣的概念能套用在其他大多數解法。

4.3 深入了解標記檔整合的效能

我們在先前的範例中提到，一個有問題的頁面區塊會拖慢整個網頁的效能。我們現在就來更深入了解，同時載入多個頁面區塊、處理巢狀區塊的幕後機制，以及如何實作延遲載入。然後，我們則會探索 Nginx 的回應行為，以及其他解決辦法。

4.3.1 平行載入

我們已觀察到 Nginx 如何解讀並取代 SSI 指令的內容。但如果要讀取的頁面區塊有好幾個，會發生什麼事呢？

圖 4.5 是產品頁的網路圖，產品頁由兩個頁面區塊構成。Nginx 取得產品頁的 HTML 之後，會解析內容並找到兩個待轉換的 SSI 指令 (A 和B)。Nginx 接著會同時對所有頁面區塊發出請求。等到所有頁面區塊都抵達後，Nginx 將完整的 HTML 組合起來 (這過程稱為標記檔整合，markup assembly)，並將回應傳回給客戶端。由此可見 SSI 的處理過程分為兩個步驟：

1. 讀取頁面 HTML

2. 同時載入所有頁面區塊

等待完整頁面回應的時間, 也稱為『首位元組時間』(time to first byte, TTFB), 也就是開始傳送網頁第一個位元的時間。這個時間由產生頁面的總時間, 以及最慢的頁面區塊回應時間所決定。

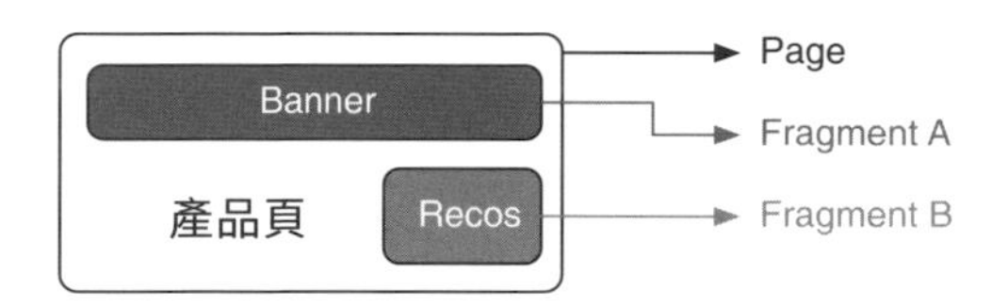

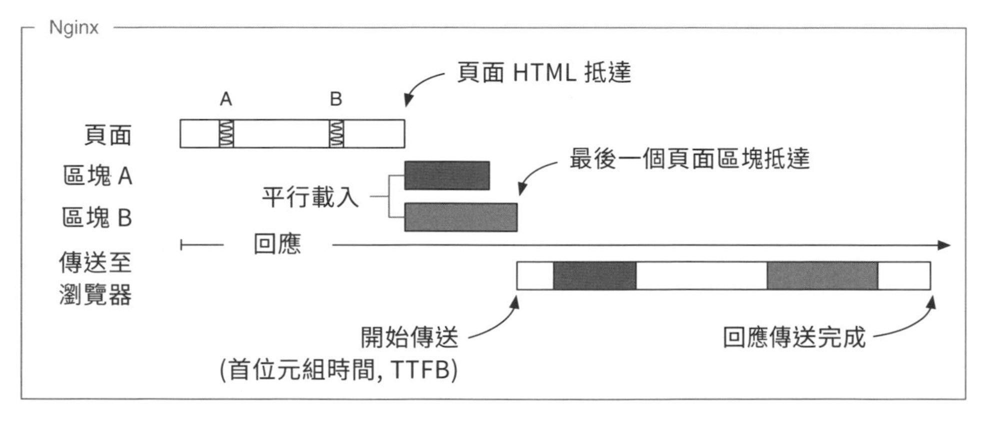

圖 4.5 Nginx 同時讀取多個 SSI 的內容。

4.3.2 巢狀頁面區塊

SSI 指令也能是巢狀結構的, 亦即一個頁面區塊內會嵌入另外一個頁面區塊。Nginx 會檢查所有收到的回應, 包括它收到的區塊, 並在找到 SSI 指令時處理之。在我自己參與過的專案中, 我們總是設法避免巢狀 SSI, 因為每增加一層巢狀結構, 載入時間就會更長。原本兩步驟就可以做到的事, 變成要三、四甚至五個步驟。當然, 你的專案是否可接受巢狀頁面區塊, 還是取決於你的效能目標, 以及生成頁面區塊所花費的時間。

頁面標頭總是使用巢狀頁面區塊。許多頁面都有標頭的區塊。但標頭本身是由其他不同頁面區塊所組成, 舉例來說, 迷你購物籃、頁面導覽, 或是登入情況。圖 4.6 繪製了這個巢狀結構。

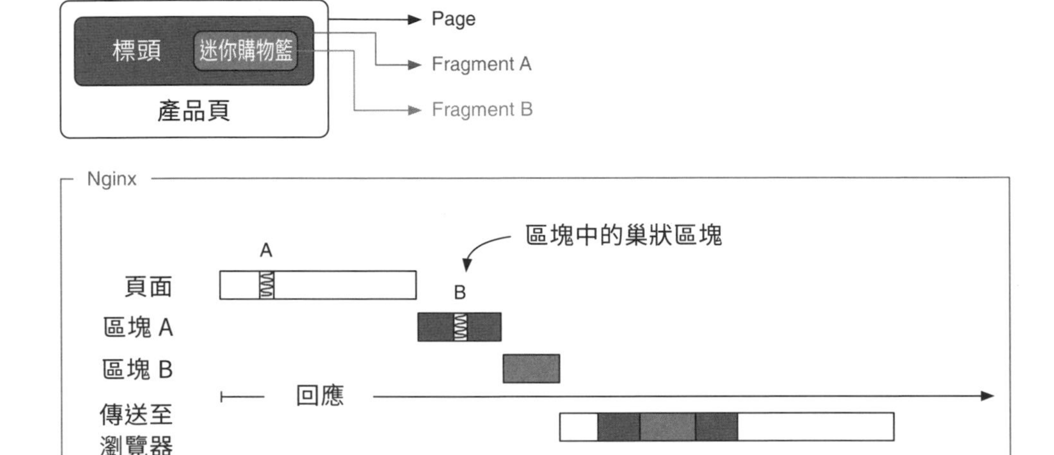

圖 4.6　這回產品頁包含了標頭區塊, 而標頭內還放了迷你購物車區塊。

由於標頭的內容通常相當靜態且可放入快取 (比如頁面導覽列), 或是小型、能夠快速生成的功能 (比如迷你購物車、登入狀態), 所以我們通常能接受在標頭使用巢狀區塊。

4.3.3 延遲載入

伺服器端整合是很優秀的工具, 可以提升頁面載入速度, 但在生成大型頁面時就務必小心。一般的良好做法是對網頁的重要部分採用伺服器端整合——通常是網頁上方或行動裝置上的可視區 (viewport)。至於網頁比較下方或是不影響網站功能的部分 (如訂閱電子報、促銷訊息等), 則可以使用**延遲載入 (lazy-loaded)**, 比如透過 Ajax 載入。延遲載入能減少客戶端最初需要載入的 HTML 大小, 如此一來瀏覽器就能早點渲染網頁。

我們前面已經看過，如果要在頁面內添加頁面區塊，可以用 SSI 指令指定：

```
<div class="banner">
  <!--#include virtual="/fragment-a" -->
</div>
```

如果要把這個區塊改成延遲載入，則可以改用客戶端 JavaScript 發出 Ajax 呼叫，好把其內容讀進來：

```
const banner = document.querySelector(".banner"):
window
  .fetch("/fragment-a")
  .then(res => res.text())
  .then(html => { banner.innerHTML = html; });
```

既然頁面區塊在 SSI 整合跟 Ajax 整合時，其端點都可以是一樣的，要切換和測試結果就很容易。

4.3.4 首位元組時間 (TTFB) 及串流

我們接著來認識一些最佳化技巧，看整合服務如何能減少頁面載入時間。我們已經看過 Nginx 的運作方式，它會先載入主要檔案，接著等待所有被參照的頁面區塊抵達，最後將整合完畢的頁面回應給客戶端。

不過，其實還有其他更好的方式。頁面整合伺服器可以提早送出第一批資料：例如，它可以先送出網頁模板開頭到第一個頁面區塊之間的部分，接著等到頁面區塊陸續抵達後，才傳送剩餘的部分。這種分段傳送 (partial sending) 的方法有助於提高效能，因為瀏覽器可以提早載入樣式等資源，並早點渲染頁面的開頭部分。Varnish (Nginx 之外的另一種選擇) 的 ESI 機制就是這樣的運作模式；我們後面會再進一步介紹 ESI。

串流樣板模式則更進一步 —— 上游伺服器會以串流的形式產生並傳送 HTML，產品頁會立即送出樣板的開頭，同時請求剩餘頁面所需的資料，像是產品名稱、圖片及售價等。頁面整合伺服器可以直接把資料轉給客戶端，並開始載入區塊內容，就算主頁的其他部分還沒從上游送來也一樣。頁面跟頁面區塊的載入是重疊的，於是能縮短開始送出頁面的時間 (即 TTFB)。我們在下一節接著就來認識 Tailor 和 Podium，這兩者都支援串流整合。

圖 4.7 是這兩種方法的示意圖。請注意這張圖有一些簡化的地方：

- 這裡沒有考慮到使用者頻寬有限。
- 串流模式假設回應的生成是線性過程。但只有在呈現靜態文件時，這樣的前提才成立。大多數的應用程式會在產生樣板之前從資料庫抓資料，而這通常會占去回應時間的大部分。

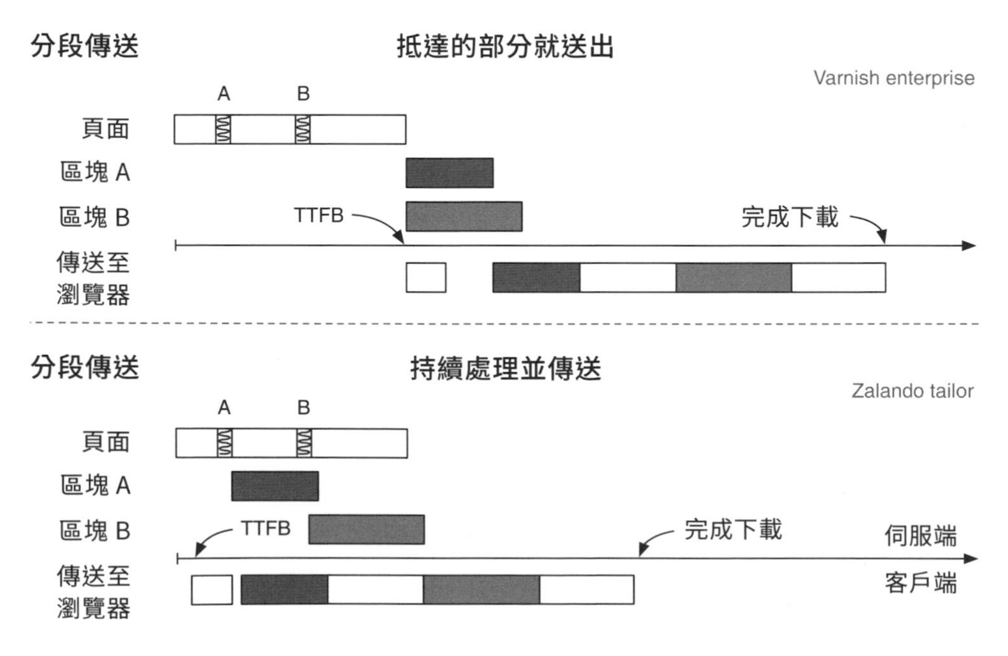

圖 4.7 另外兩種伺服器端整合辦法，能以不同方式在內部處理頁面區塊載入及 HTML 組合。分段發送及串流法能夠縮短載入時間，使瀏覽器提早取得內容、可更快渲染之。

4.4 其他解決方案的快速介紹

截至目前為止，我們都專注在如何使用 SSI 做整合，也著重在使用 Nginx 實作。我們現在則來快速檢視一些替代方案，重點會在於這些替代方案的主要優點。

4.4.1 邊緣內嵌 (ESI)

邊緣內嵌 (Edge-Side Includes，簡稱為 ESI) 是一套規範，用來定義統一組合標記檔的方式。諸如 Akamai 這類內容傳遞網路 (Content Delivery Network, CDN) 雲端平台，以及 Varnish、Squid 及 Mongrel 這類代理伺服器都支援 ESI。

若要在我們的範例使用 ESI 整合，效果會很類似，但與其在瀏覽器跟我們的應用程式之間架一個 Nginx 伺服器，我們可以把它換成 Varnish 伺服器。ESI 指令看起來會如下：

```
<esi:include src="https://tractor.example/fragment" />
```

備援機制

以上指令的 src 屬性所填入的網址，必須是絕對路徑，此外你可以透過 alt 屬性指定一個備援網址 (同樣是絕對路徑)。相關程式碼看起來會如下：

```
<esi:include
  src="https://tractor.example/fragment"
    alt="https://fallback.example/sorry" />
```

如果 src 的頁面區塊無法載入，就以 alt 的備援區塊替代顯示。

逾時機制

標準的 ESI 和 SSI 一樣，無法針對特定的頁面區塊定義逾時標準。但 Akamai 平台在其非標準外掛套件中允許你加入一個 maxwait 屬性，定義頁面區塊載入超過多久時就略過它：

```
<esi:include
  src="https://tractor.example/fragment"
    maxwait="500" />
```

頁面區塊的載入時間如果超過 500 毫秒，就會被略過

首位元組時間

不同的工具實作方式不同，所以回應行為也各異。Varnish 會依序載入頁面區塊，平行載入與分段載入則只有 Varnish 商用版支援。

4.4.2 Zalando Tailor

線上零售商 Zalando 自從參與 Project Mosaic (2009-2016 年的非營利教育推廣活動) 以來，就拋棄了單體式應用程式，改採微前端架構。Zalando 把他們使用的一部分伺服器端整合基礎設施公開，當中包含 Tailor (github.com/zalando/tailor, Node.js 函示庫)，能解析頁面 HTML 來尋找特殊的 <fragment> 標籤，並將其參照的內容放入頁面的 HTML 內。

<fragment> 標籤

我們不會鉅細靡遺講解如何寫一個基於 Tailer 的整合方案，但這邊會介紹一些程式碼，讓你有粗淺的認識。Tailor 套件可以透過 npm 安裝 (語法是 npm install node-tailor)。

```
const http = require('http');
const Tailor = require('node-tailor');
const tailor = new Tailor({ templatesPath: './views' });
const server = http.createServer(tailor.requestHandler);
server.listen(3001);
```

上面的程式有兩個功能，首先是產生一個 tailor 物件，並將樣板頁面資料夾設為 ./views (其他選項請參閱其官方文件)。接著 tailor 會被加到標準的 Node.js 伺服器，後者的連接埠為 3001。

相關的樣板看起來會像這樣：

```
<fragment
  src="http://localhost:3002/recos"
  timeout="500"
  fallback-src="http://localhost:3002/recos/fallback"
/>
```

這段範例程式碼是產品頁的簡化版本。決策團隊在自家的 Node.js 應用程式執行 Tailor 服務，Tailor 會處理發送給 http://localhost:3001/product 的請求，並使用 ./views/product.html 樣板來產生回應。接著 Tailor 以 http://localhost:3002/recos 端點 (由促銷團隊運營) 所傳回的 HTML 內容來取代 <fragment> 標籤。

備援與逾時機制

如上所見，Tailor 也有內建機制來處理載入緩慢的頁面區塊。若區塊載入失敗或逾時，便會呼叫 fallback-src 參數的網址來載入備援內容。

首位元組時間及串流

Tailor 最強大的功能是支援串流樣板。它會在頁面模板解析、區塊陸續送達時就把結果傳給瀏覽器。這樣的串流方式使得首位元組時間能壓得很短。

資源處理

除了提供網頁內容之外，頁面區塊端點也能拿來指定區塊使用的樣式和 JavaScript。Tailor 使用 HTTP 標頭來實現這個功能：

```
$ curl -I http://localhost:3002/recos
HTTP/1.1 200 OK
Link: <http://localhost:3002/static/fragment.css>; rel="stylesheet",
      <http://localhost:3002/static/fragment.js>; rel="fragment-script"
Content-Type: text/html
Connection: keep-alive
```

以上在 macOS 或 Linux 系統使用 curl 指令來對 http://localhost:3002/recos 端點發出請求，它也回應了兩個 HTML 標頭。Tailor 會讀取這些標頭，好將樣式和 JavaScript 加入到文件中。把資源的標頭隨著 HTML 碼一併傳送是很棒的做法，而且能促成最佳化，像是不會重複引用資源，而且還會把所有 <script> 標籤移到網頁底部 (這樣一來就能讓瀏覽器更早渲染 HTML)。

不過，Tailor 實作上做的一些假設不見得適用於多數情況，比如團隊必須將所有 JavaScript 碼包裝成 AMD (Asynchronous Module Definition，非同步模組定義)，並透過 require.js 模組來載入。你也沒什麼空間能掌控 Tailor 如何在 HTML 中添加 <script> 和 <style> 標籤的方式。

4.4.3 Podium

分類廣告平台 Finn.no 若按頁面瀏覽次數排名的話, 是挪威規模最大的網站。該公司將組織劃分成一個個小型、自主的開發團隊, 網站即是以這些團隊的區塊 (他們稱之為 podlet, 小豆莢) 組成。

Finn.no 在 2019 年初釋出其基於 Node.js 的整合函式庫——Podium。Podium 是基於 Tailor 改良而成,稱頁面區塊為 podlet, 頁面則稱為版面 (layout)。

podlet manifest

Podium 的中心概念便是 podlet manifest 檔。每一個 podlet 都有一個 JSON 格式的元資料端點, 這個檔案中包含了名稱、版本以及真正端點的網址：

■ http://localhost:3002/recos/manifest.json

```
{
  "name": "recos",
  "version": "1.0.2",
  "content": "/",
  "fallback": "/fallback",
  "js": [
    { value: "/recos/fragment.js" }
  ],
  "css": [
    { value: "/recos/fragment.css" }
  ]
  ...
}
```

小編註 後面你可以啟動範例程式 07_podium, 並從瀏覽器觀看這個結果。

在這份文件中，"content" 代表真正的端點路徑，"fallback" 是可存入快取的備援內容路徑，"js" 及 "css" 則提供了相關的資源檔參照。如同圖 4.8，podlet manifest 扮演了 podlet 擁有人和區塊整合者之間可由機器解讀的契約。

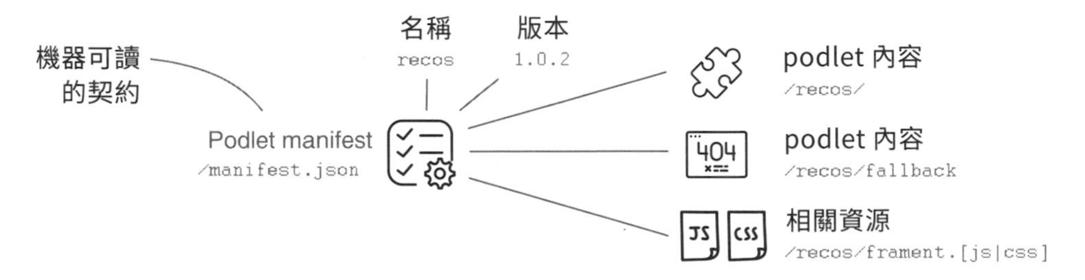

圖 4.8 每一個 podlet 都有自己的 manifest.json 檔案。檔案中除了包含基本的元資料之外，也可以包含備援內容以及資源檔的參照。manifest 檔代表不同團隊(圖中為促銷團隊)之間所簽訂的技術契約。

Podium 架構

Podium 包含兩大部分：

- 版面配置函式庫 (layout library) 在負責傳送頁面的伺服器內運作，實作了能替頁面取得區塊內容的一切功能。這個函式庫讀取所有用到的 podlet 的 manifest.json 端點，並實作快取等概念。
- podlet 函式庫 (podlet library) 由提供區塊的團隊使用，它能為所有區塊生成一個 manifest.json檔。

圖 4.9 描述了上述函式庫如何協同作用。決策團隊使用 @podium/layout 套件，並登記了促銷團隊的 manifest 檔端點。促銷團隊則使用 @podium/podlet 套件來提供 manifest 檔。

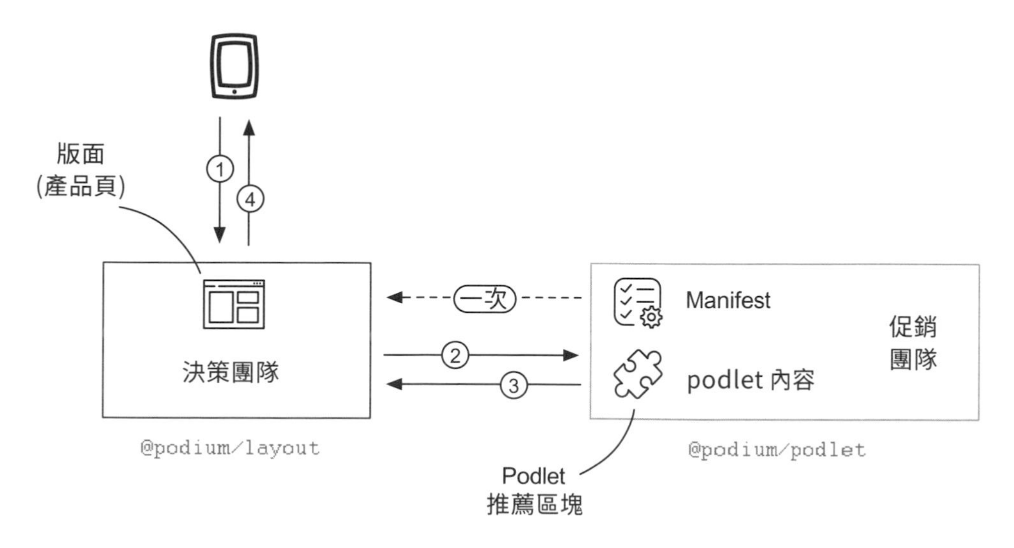

圖 4.9 是 podium 架構經簡化的全貌。負責提供頁面 (版面) 的團隊會與瀏覽器溝通，並直接從其他團隊取得區塊 (potlet) 的內容。與 potlet 相關的 manifest 檔只會被請求一次。

決策團隊只需讀一次推薦產品區塊的 manifest 檔，取得做整合所需的所有元數據。我們就跟著以下步驟，來檢視請求的處理過程：

- 瀏覽器想要拜訪產品頁，決策團隊也直接收到這項請求。
- 決策團隊的產品頁需要向促銷團隊取得推薦產品的區塊。產品頁於是請求取得 podlet 內容的端點。
- 促銷團隊回應，傳回 HTML 內容 (這跟先前的 Nginx 的範例一樣)。
- 決策團隊將收到的 HTML 放入產品頁，並根據 manifest 檔取得所需的 JS/CSS 參照路徑。最後決策團隊的應用程式將組裝好的 HTML 傳送給瀏覽器。

Podium 實作

受限於篇幅, 我們無法詳細講解 Podium 的完整使用方式。但我們會簡短介紹它的關鍵部分, 好讓各位了解 Podium 是如何實現整合。

每一個團隊都得自行建立一個基於 Node.js 的伺服器。我們使用熱門的 Express 框架作為網路伺服器, 但用其他函式庫也行得通。以下是決策團隊的 Node.js 專案相依套件清單：

■ \MFE\07_podium\team-decide\package.json

```
...
  "dependencies": {
    "@podium/layout": "^4.5.0",
    "express": "^4.17.1",
  }
...
```

為了讓伺服器運行, 以及設定 Podium 版面服務, 在 Node.js 上執行的主程式碼如下：

■ \MFE\07_podium\team-decide\index.js

```
const express = require("express");
const Layout = require("@podium/layout");

const layout = new Layout({
  name: "product",
  pathname: "/product",
});

const recos = layout.client.register({
  name: "recos",
  uri: "http://localhost:3002/recos/manifest.json"
});
```

設定版面服務, 以便與 podlet 溝通。這裡也設定 HTTP 標頭, 並傳遞上下文資訊。

註冊促銷團隊的推薦商品 podlet。應用程式會從此處的 manifest.json 檔讀取元資訊。name (名稱) 則是偵錯及內部參考用。

→ 接下頁

```
const app = express();
app.use(layout.middleware());

app.get("/product", async (req, res) => {
  const recoHTML = await recos.fetch(res.locals.podium);
  res.status(200).podiumSend(`
    ...
    <body>
      <h1>The Tractor Store</h1>
      <h2>Porsche-Diesel Master 419</h2>
      <aside>${recoHTML}</aside>
    </body>
    </html>
  `);
});

app.listen(3001);
```

生成一個 express 物件，並把 podium 版面的中介軟體掛上去

定義取得產品頁的 /product 路由

recos 是先前註冊的 podlet 的參照物件。.fetch() 方法自促銷團隊的伺服器取得 HTML，傳回一個 Promise，並以一個上下文物件作為參數。

上下文物件 res.locals.podium 是由版面服務提供，可能包含語系、國碼或使用者狀態等資訊。我們將這個參數傳給促銷團隊的 podlet 伺服器。

回傳產品頁的 HTML。其中 recoHTML 包含了 .fetch() 方法所傳回的區塊 HTML。

如同先前所說，我們不會深入這段程式碼的所有細節，但以上註解應該就足以讓你看出程式的作用。你可以啟動範例 07_podium 來看完整的應用程式運作：

```
\MFE> npm run 07_podium
```

而從前面那段程式碼可以觀察到，Podium 最有趣的一點是它不會對樣板抱持立場，你可以自由選用想要的 Node.js 樣板。Podium 只提供 await recos.fetch() 這項功能來取得區塊的 HTML，至於要如何將結果配置到版面上，完全由你做主。為了簡單起見，我們這裡使用平凡無奇的樣板字串。此外，recos.fetch() 呼叫也包含了逾時和備援機制。

我們現在換一個角度，來看看促銷團隊實作其推薦內容的 podlet 而需要撰寫的程式碼。以下為促銷團隊的專案相依套件：

■ \MFE\07_podium\team-inspire\package.json

```
...
  "dependencies": {
    "@podium/podlet": "^4.3.2",
    "express": "^4.17.1",
  }
...
```

促銷團隊的應用程式本身則如下：

■ \MFE\07_podium\team-inspire\index.js

```
const express = require("express");
const Podlet = require("@podium/podlet");

const podlet = new Podlet({
  name: "recos",
  version: "1.0.2",
  pathname: "/recos",
});

const app = express();
app.use("/recos", podlet.middleware());

app.get("/recos/manifest.json", (req, res) => {
  res.status(200).json(podlet);
});

app.get("/recos", (req, res) => {
  res.status(200).podiumSend(`
    <h2>Recommendations</h2>
    <img src=".../fendt.svg" />
    <img src=".../eicher.svg" />
  `);
});

app.listen(3002);
```

定義一個 podlet。必要參數包括名稱、版本號及路徑名稱。

生成一個 express 物件，並把 podlet 中介軟體掛上去

定義 manifest.json 的路徑

替實際內容實作路由。podiumSend 相當於 express 的一般傳送功能，只是在回應中還加上了額外的版本標頭。podiumSend 還有一些功能，能讓本機開發變得更為容易。

這個檔案中必須定義 podlet 資訊、連結至 manifest.json 檔的路徑 (伺服器啟動後, 你可以透過 http://localhost:3002/recos/manifest.json 存取它), 以及產生實際內容的 /recos 路徑。這邊我們使用 Express 標準的 app.get 方法。

Podium 備援及逾時機制

Podium 的備援機制相當有趣。Nginx 的做法是在頁面樣板中定義備援的資訊, ESI 和 Tailor 則是讓負責頁面的團隊提供第二個連結, 以便在主網址沒有回應時呼叫。Podium 的做法則稍有不同：

- 備援方案由頁面的負責團隊提供。
- 需要使用到該區塊的團隊, 會將備援方案以快取形式儲存在自己的伺服器端。

如此一來就能產生更有意義的備援機制。比如促銷團隊可以定義一個清單, 像是『最受歡迎推薦』, 看起來跟動態產生的推薦內容很像。決策團隊將這個清單快取起來, 好在促銷團隊的伺服器沒有回應或逾時的時候顯示。圖 4.10 展示了這種備援機制是如何運作。

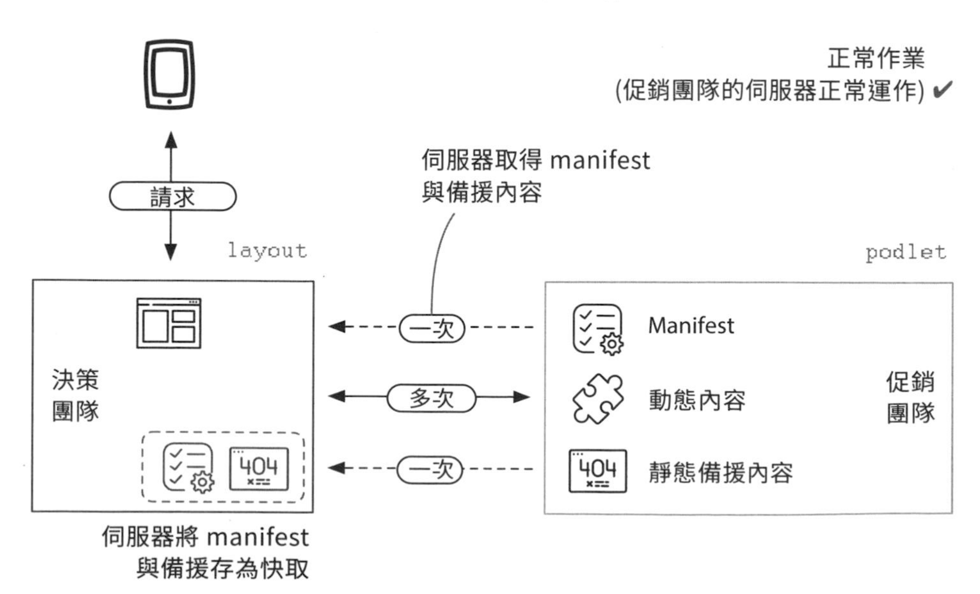

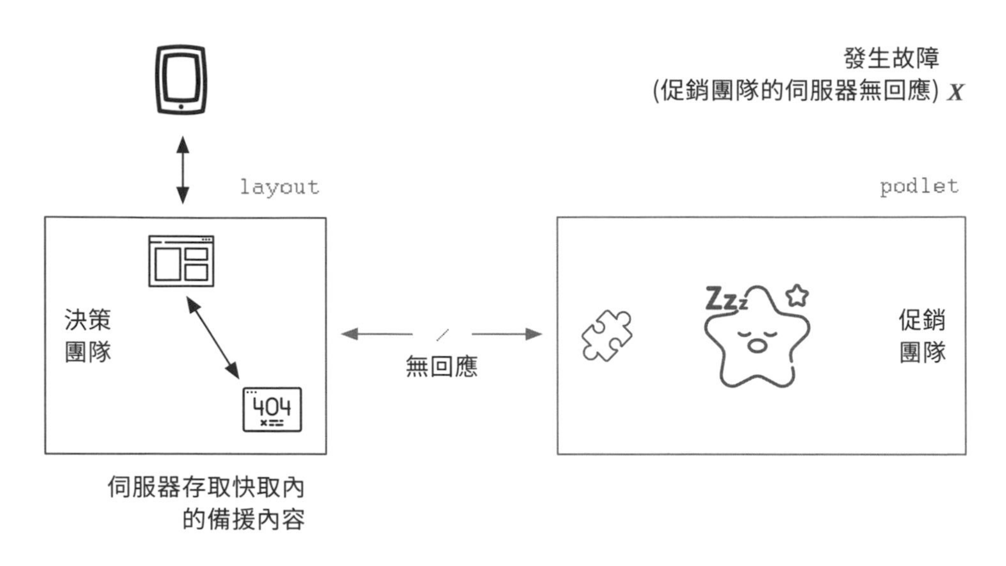

圖 4.10 Podium 的備援機制。podlet 擁有者可在 manifest 檔中載明備援內容。版面服務只會讀取備援內容一次，並在自己的伺服器產生快取。當 podlet 伺服器掛掉時，備援內容就會取代動態內容。

在促銷團隊的應用程式內，載明備援資訊的程式碼範例如下：

■ \MFE\07_podium\team-inspire\index.js

```
...
const podlet = new Podlet({
  ...
  pathname: "/recos",
  fallback: "/fallback",
});
...

app.get("/recos/fallback", (req, res) => {
  res.status(200).podiumSend(`
    <a href="http://localhost:3002/recos">
      Show Recommendations
    </a>
  `);
});
...
```

在 podlet 設定中添加備援屬性

實作備援內容的請求處理器。這個路徑只被版面服務請求一次，回應會被存入快取。

你必須在 Podlet 建構子中加入備援網址，並在應用程式內實作相應的路徑 /recos/fallback，才能讓備援機制起作用。

這種提供一個 manifest.json 檔、載明區塊整合的一切所需內容的做法，確實相當方便，格式也很簡單明白。縱使你決定停止使用 @podium/library，或是要以 JavaScript 之外的程式語言來實作決策團隊的伺服器，只要你能產生或讀取 manifest 檔的端點，你還是能使用這種機制。

Podium 也包含了其他概念，像是 podlet 的開發環境，以及版本控管。如果你想更深入了解 Podium，不妨先從官方文件下手 (podium.readthedocs.io/en/latest/)。

4.4.4 哪種解決方案適合我？

你可能已經猜到，在選擇整合技術時，並沒有統一的答案或是一勞永逸的解決辦法。Tailor 和 Podium 等工具，將頁面區塊當作第一方 (first-party) 概念來實作，這讓備援、逾時和資源處理等日常任務的處理變得輕鬆許多。團隊直接將整合機制內建在自己的應用程式內，不需增加額外的基礎設施。這對於在本地端開發尤其好用，因為你不必在每一位開發人員的機器上都架一個獨立的網路伺服器 (參考圖 4.11)。反過來說，這些解決方案的缺點是會產生相當多的程式碼，並增加內部複雜度。

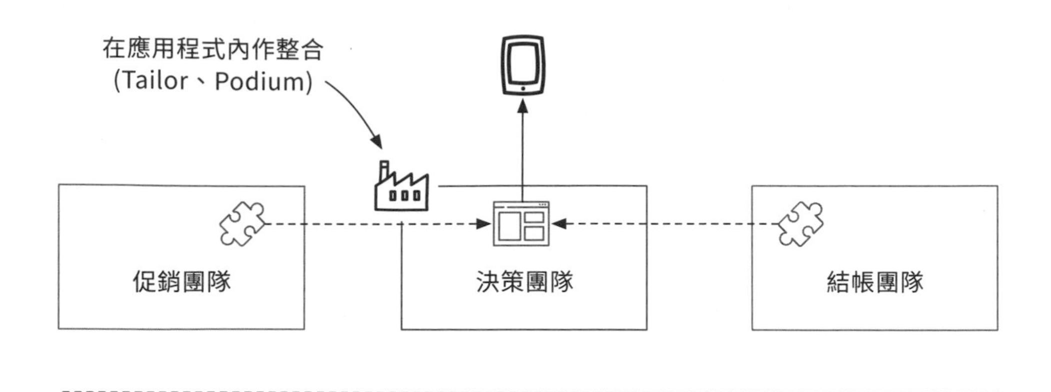

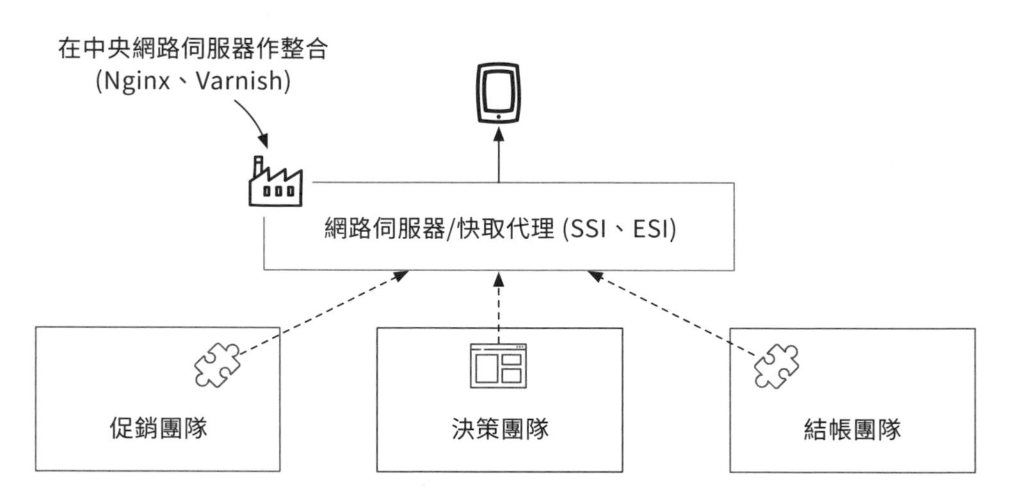

圖 4.11　上方為在應用程式內整合頁面的示意圖。
下方則是透過中央網路伺服器做整合。

SSI 和 ESI 都是舊技術，沒有實質的創新可言，但這點恰恰是這兩項技術的最大優勢 —— 採用穩定、平凡無奇且易於理解的整合辦法，有時能帶來很大的好處。

整合方案的選擇是項長期決策，所有團隊日後的運作都將仰賴它，因此務必三思而後行。

4.5 伺服器端整合的優缺點

現在你已經了解伺服器端整合的重要面向。我們來回顧這套做法的優點及缺點。

4.5.1 伺服器端整合的好處

因為瀏覽器取得的是已經組裝好的頁面，便能得到極佳的首次載入效能，更何況資料中心內的網路延遲程度低很多。這也使得你能整合許多頁面區塊，又不至於對客戶的裝置造成額外壓力。

若想打造一個擁抱漸進增強策略的微前端式應用程式，伺服器端整合可以打下良好的基礎：你能在客戶端加入 JavaScript 來進一步增加互動功能。

SSI 和 ESI 是經過驗證及完好測試的技術。設定上可能不一定很方便，但當系統架好後，運行起來速度快且可靠，也不需要太多維護作業。

在伺服器端生成 HTML，對於提高搜尋排名也有助益。現今所有大型的搜尋引擎也能夠執行 JavaScript，至少基本上是如此，但若能擁有一個載入速度快、且不需要用到大量客戶端程式碼來做渲染的網站，依舊有助於取得良好的搜尋引擎排名。

4.5.2 伺服器端整合的缺點

如果你正在開發一個大型、完全透過伺服器端渲染的頁面, 首位元組回應的時間可能會不甚理想。此外, 瀏覽器會花很多時間下載網頁可視區的 HTML, 而不是載入所需的樣式跟圖片資源。但這個問題並不只限於微前端專案; 只要是從伺服器端渲染的頁面, 都有這個通病。因此請在真正合適的地方使用伺服器端整合, 並在有必要時結合客戶端整合。

伺服器端整合就和 Ajax 整合一樣, 沒辦法提供瀏覽器內的技術分離性。你必須仰賴 CSS 類別前綴詞以及命名空間, 才能避免程式碼名稱衝突。此外取決於你選擇的整合技術, 本機端開發會變得更加複雜: 若要測試整合頁面, 每名開發人員的電腦上都要裝一個支援 SSI 或 ESI 的伺服器。不過像是 Podium 和 Tailor 等基於 Node.js 的解決方案, 因為能將整合機制挪到前端應用程式中, 稍微緩解了這種問題。

如果要打造一個互動性的應用程式, 快速對使用者輸入做出回應, 純粹的伺服器端整合就無法辦到。對此你還是需要結合客戶端整合技巧, 像是 Ajax 或網頁元件。

4.5.3 伺服器端整合適用於何種情況?

如果專案的優先訴求是良好的載入效能以及更高的搜尋引擎排名, 你就非得使用伺服器端整合不可。而就算你是在開發一個內部應用程式, 不需要大量互動, 伺服器端整合依舊可能是個好選項 —— 就算客戶端 JavaScript 未能如常運作, 網站仍然能穩健運作。

但若如上所提, 專案需要的是一個類似應用程式的使用者介面, 可以快速對使用者輸入做出回應, 那就不適合採用伺服器端整合了。這時完全改用客戶端整合, 實作上可能會容易得多。但你也可以混用兩種方法, 打造一個通用／同構 (universal/isomorphic) 的應用程式。本書第 8 章將會討論如何做到這點。

圖 4.12 是第 3 章出現過的比較表, 我們添加了伺服器端整合的部分。

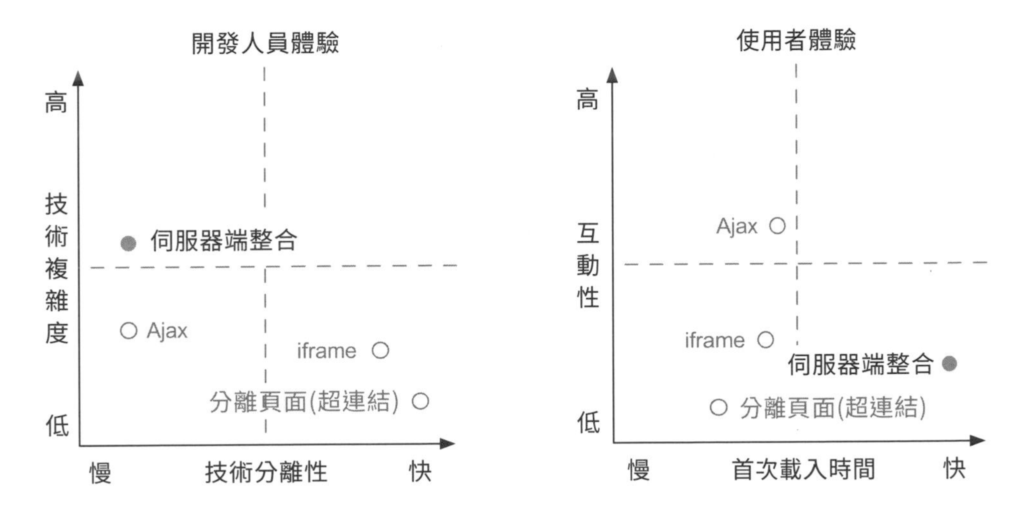

圖 4.12 伺服器端整合與其他整合技巧的比較。伺服器端整合使用到額外的基礎設施, 增加了複雜度。和 Ajax 整合一樣, 伺服器端整合沒有技術分離。依舊需要依賴手動設定命名空間。但頁面加載時間表現良好。

重點摘錄

- 在伺服器端做整合，通常會得到較佳的頁面載入效能，因為在資料中心內的延遲會比在客戶端短得多。
- 你應該擬定計畫，在應用程式伺服器掛掉時該怎麼辦。這時你能應用備援內容和設置逾時時間。
- Nginx 伺服器會平行載入所有 SSI 指令包含的內容，但會等到最後一個頁面區塊抵達之後，才開始發送資料給客戶端。
- Tailor 和 Podium 這類包裝成函式庫的整合方案，可直接整合在團隊的應用程式中，因此需要的基礎設施較少，有利於本機端開發。缺點是這些套件會帶來不小的相依性。
- 整合方案是整個專案架構的核心，因此最好選擇一個穩定、易於維護的辦法。
- 若要打造採納漸進增強原則的微前端網站，伺服器端整合就是不可或缺的基礎。

CHAPTER

05

客戶端整合：使用 Web Components 及 Shadow DOM

本章重點提要

- 探討 Web Components 做為客戶端整合技術的用途
- 探討如何透過微前端，在同一頁面上整合不同的前端框架
- 探索如何利用 Shadow DOM 在老舊系統上安全地導入微前端，且不會造成樣式衝突

上一章介紹了不同的伺服器端整合技巧，包括 SSI 和 Podium：若網頁想要快速載入，就必須使用這些技術。但是對許多應用程式來說，首次載入時間不是唯一的考量點。使用者會期望網站除了用起來順暢、還能對輸入做出立即反應，不想因為單單更改產品設定的某個選項，就得等待完整頁面重新載入。如果網站反應迅速，操作起來就像普通應用程式一樣，那麼使用者就會願意花更多時間待在網站上。

有鑑於此，以 React、Vue.js 或 Angular 框架做客戶端渲染，近年來就熱門起來了。這種模式的 HTML 會直接在瀏覽器內產生和更新，而這點是伺服器端整合仍然無法相提並論的。

在傳統架構中，我們拿一個特定版本的框架打造一個單體式前端。但在微前端架構中，我們的目的是要讓各個團隊的使用介面都自成一體，並且能獨立升級。我們不能只依賴特定框架的頁面元件 (component) ——這會讓整個網站被一個統一的軟體發行週期綁死，框架一變更就會導致整個前端得同步改寫。

> **小編註** 在大多數現代前端框架中，頁面內容可以用所謂的元件構成。一個元件會包含它用到的 HTML、內部狀態資料以及相關的邏輯。通常元件的資料會跟 HTML 元素綁定，並在你更改資料時自動重新渲染 HTML。

這時我們便可運用 **Web Components** 規範，讓它在不涉及特定技術下扮演不同前端／微前端的整合媒介。各個獨立的前端應用程式，就算使用不同技術， Web Components 也讓它們得以共存在同一頁面上。圖 5.1 介紹了這樣的前端整合方式。

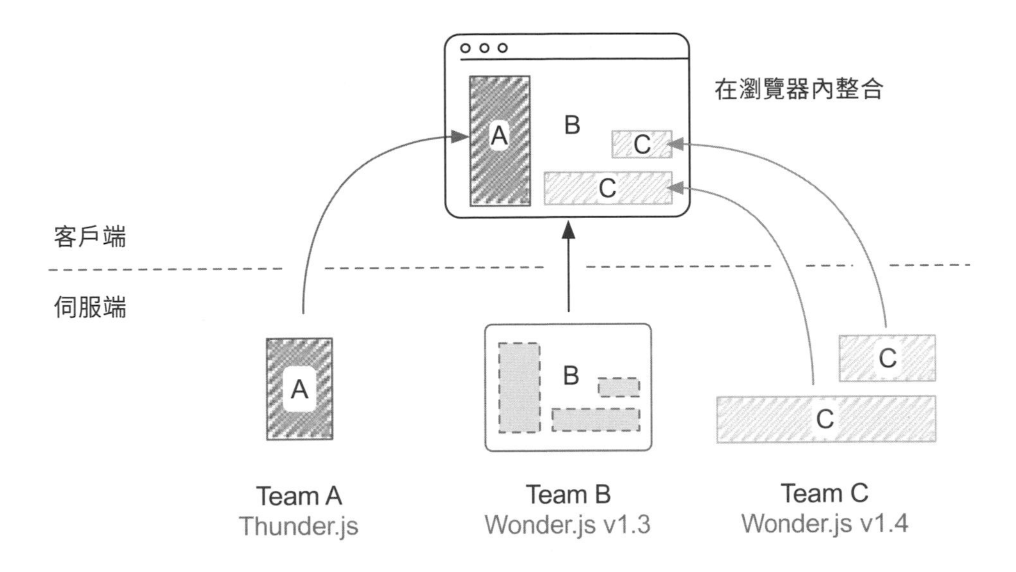

圖 5.1 在瀏覽器做微前端整合。每一個頁面區塊都是一個迷你應用程式，可以獨立渲染與更新自己的部分。這邊的 Thunder.js 和 Wonder.js 只是虛構技術，你可以換成屬意的任何前端框架。

5.1 以 Web Components 封裝微前端區塊

過去數週以來，Tractor Models, Inc. 公司在拖曳機模型的社群中掀起廣大熱潮。工廠加快生產腳步，該公司也得以送出首批模型供人評測。媒體好評報導加上網紅在 YouTube 上發布的開箱影片，都為線上商店帶來大批訪客。

但線上商店還是缺少一樣最重要的功能：『購買』按鈕。截至目前為止，拜訪網頁的顧客只能看到拖曳機和相關推薦商品。模型公司最近成立了第三支團隊 —— 結帳團隊。結帳團隊如火如荼地設立基礎設施，並開發軟體來處理付款、儲存顧客資料，以及和物流系統整合。結帳流程的頁面已經備妥，現在就獨缺一項功能，那就是讓顧客從商品頁將拖曳機放入購物籃。

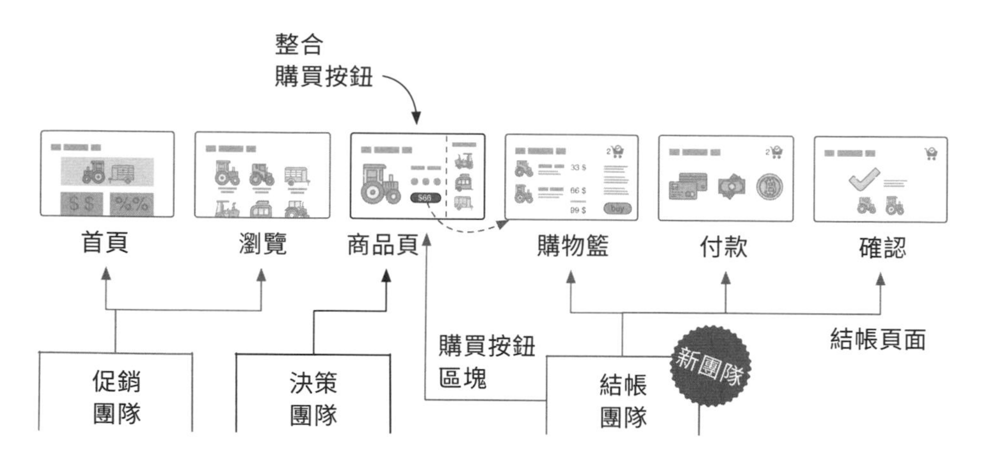

圖 5.2　整個結帳流程由結帳團隊一手包辦。決策團隊不需要知曉結帳過程，只需要把結帳團隊的購買按鈕，加到產品細節頁上，好讓使用者可以購買商品。結帳團隊將購買按鈕，做成獨立的微前端區塊，提供給決策團隊做整合。

結帳團隊決定要從客戶端渲染自家的使用者介面。他們將結帳頁面做成單頁應用程式 (single page app, SPA)，購買按鈕則做成獨立的Web components 頁面元件 (見圖 5.2)。我們來了解這樣的解決方案意味著什麼，以及我們該如何將購買按鈕整合到產品細節頁上。

為了讓整合得以順利進行，結帳團隊把必要資訊都提供給決策團隊，這即為兩組團隊之間要共同遵守的約定 (contract between both teams)：

- **購買按鈕**

  標籤名稱：checkout-buy

  屬性：sku=[sku]

  範例：<checkout-buy sku="porsche"></checkout-buy>

結帳團隊透過一個 JS/CSS 檔，提供 checkout-buy 元件的實體程式碼和樣式。結帳團隊的應用程式會在 3003 通訊埠上運行。

- **需要參照的 JS 和 CSS 檔**

  http://localhost:3003/static/fragment.js

  http://localhost:3003/static/fragment.css

5.1.1 實作前端整合

決策團隊已經做好準備，要來把結帳團隊的購買按鈕加到產品頁上。他們不用去管這個鈕的內部運作方式，只要在產品頁的 HTML 某處加上 <check out-buy sku="porsche"></checkout-buy>，購買按鈕就會神奇地出現了，而且馬上就能用。結帳團隊日後可以自行更改這個購買按鈕的實作，不需要和決策團隊協調。

在正式看程式碼之前，我們先來了解一下何謂 Web Components 。如果你已經熟悉 Web Components ，可以跳過接下來的兩小節，直接學習如何透過 DOM 元素加入商業邏輯。

Web Components 及自訂元素

W3C 在制定 Web Components 規範花了很長的時間，目的是用更好的方式封裝 HTML 程式碼，並提升不同函式庫或框架的互通性。在我撰寫本書時，市面上所有主要的瀏覽器都已經實作了 Web Components 的第一版規範。你也可以使用 polyfill (能模擬新功能的 JavaScript 函式庫)，讓較舊的瀏覽器也相容於 Web Components 規範。

Web Components 其實是個總稱，底下涵蓋了三種截然不同的 API：**自訂元素 (Custom Elements)**、**Shadow DOM** 以及 **HTML 樣板 (HTML Templates)**。本章的重點在自訂元素，這使我們能用宣告的方式透過 DOM 提供新功能。建立自訂元素以後，你就能把它當成正規 HTML 元素一樣互動。

我們來看典型的 HTML 按鈕元素。按鈕內建許多功能，比如可以透過 <button>hello</button> 語法設定按鈕文字，也可以透過 disabled 屬性 (<button disabled>...</button>) 將按鈕切換成失效狀態，按鈕顏色會變暗、且不再回應點擊事件。開發人員不需要了解瀏覽器內部是如何實現這些功能的。

自訂元素使開發人員能夠建立類似的 HTML 控制項。創建 HTML 規格中所缺少的通用元素。例如，GitHub 就替自己的網站開發了一系列 Web Components 控制項，以 github-elements 的名稱發布 (www.webcomponents.org/author/github)。下面是能複製文字到剪貼簿的 copy-to-clipboard 元素：

```
<clipboard-copy value="/repo-url">Copy</clipboard-copy>
```

這個元素封裝了針對特定瀏覽器的程式碼，並提供一個宣告式的介面。使用者只需要在自己的網站中加入該元素的 JavaScript 定義，就可以使用該元素。出於同理，我們可以善用這套機制，為我們的微前端應用定義一個新元件。

以 Web Components 做為容器格式

你也可以用 Web Components 來封裝商業邏輯。我們回頭看拖曳機商店的範例：結帳團隊掌握了關於產品售價、存貨盤點以及可否供應的領域知識，而擁有產品頁的決策團隊不需了解這些概念。決策團隊的職責在於提供消費者所需的產品資訊，好協助他們做出適當的購買決策。產品頁需要的商業邏輯 —— 結帳按鈕 —— 會封裝在 checkout-buy 自訂元件內，如圖 5.3 所示：

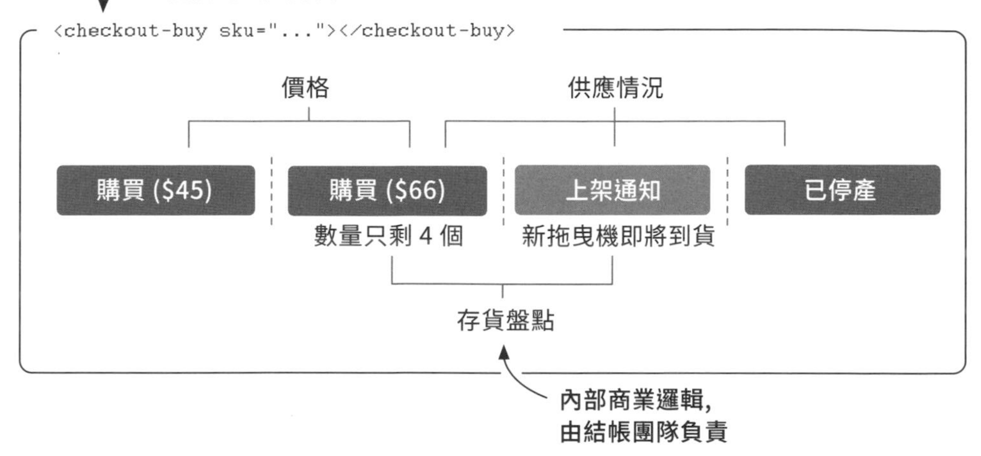

圖 5.3 自訂元素可用來封裝商業邏輯，並提供相關的使用者介面。購買按鈕的外觀可依產品而有所不同，或者能依據內部價格和庫存狀況而改變。至於使用該自訂元素的團隊，則不需要知道這些細節。

定義一個自訂元素

我們來看一下如何實作購買按鈕：

■ \MFE\08_web_components\team-checkout\static\fragment.js

```
class CheckoutBuy extends HTMLElement {   ← 為自訂元素定義一個 JavaScript ES6 類別
  connectedCallback() {
    this.innerHTML = "<button>buy now</button>";   ← HTML 中所有的購買按鈕都會呼叫這行程式，並渲染出一個簡單的按鈕元素
  }
}
window.customElements.define("checkout-buy", CheckoutBuy);   ← 將自訂元素註冊在 check-buy 這個名稱底下
```

以上程式碼以最精簡的幅度定義了一個自訂元素 (實作時必須使用 JavaScript 在 ES6 版加入的類別)。這個類別會透過全域的 window.customElements.define 功能註冊。瀏覽器只要在 HTML 文件中看到 <checkout-buy> 元素, 就會產生這個類別的一個實體物件。該物件的 this 關鍵字會指向其對應的 HTML 元素。

> **備註** customElements.define 並不需要在瀏覽器解析 HTML 之前呼叫。類別定義一旦註冊, 既有的自訂標籤就會被**升級**成自訂元素。

自訂元素的名稱也可以自由決定。規格中唯一的要求, 就是名稱得包含至少一個分號 (-)。這樣一來, 就算日後 HTML 標準加入了新元素, 也不會造成衝突。我們專案的命名模式是採『團隊名稱-頁面區塊』(例如 checkout-buy)。這樣一來, 你就確立了命名空間, 可以避免跨團隊的命名衝突, 且所有權歸屬也很明白。

使用自訂元素

我們將 checkout-buy 元件添加到產品頁中, 該頁的 HTML 看起來如下：

■ \MFE\08_web_components\team-decide\product\porsche.html

```
<html>
  <head>
    <title>Porsche-Diesel Master 419</title>
    ...
    <link
      href="http://localhost:3003/static/fragment.css"   } 匯入區塊樣式
      rel="stylesheet"
    />
  </head>
  <body class="decide_layout">
    ...
```

→ 接下頁

```
    <div class="decide_details">
      <checkout-buy sku="porsche"></checkout-buy>
    </div>
    ...
    <script src="http://localhost:3003/static/fragment.js" async></script>
  </body>
</html>
```

放置購買按鈕

匯入區塊程式碼

需要特別注意的是，自訂元素需要一個表示結束的標籤 (</checkout-buy>)。此外由於頁面區塊完全是在客戶端渲染，結帳團隊只需要提供 fragment.css 及 fragment.js 這兩個檔案。

促銷團隊依樣畫葫蘆，重新修改了自家推薦商品的微前端區塊。圖 5.4 是更新後的資料夾結構。

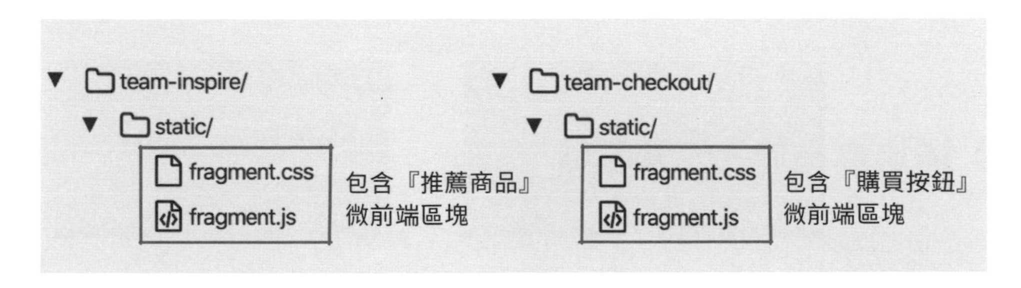

圖 5.4 促銷及結帳團隊都透過 CSS 和 JavaScript 檔案，讓自家的區塊以微前端形式呈現。決策團隊可以在其頁面引用這些檔案。

各位可執行以下指令來啟動三組團隊的應用程式：

```
\MFE> npm run 08_web_components
```

瀏覽器會自動打開 http://localhost:3001/product/porsche 並顯示產品頁，上頭有在客戶端渲染的購買按鈕，如圖 5.5 所示。

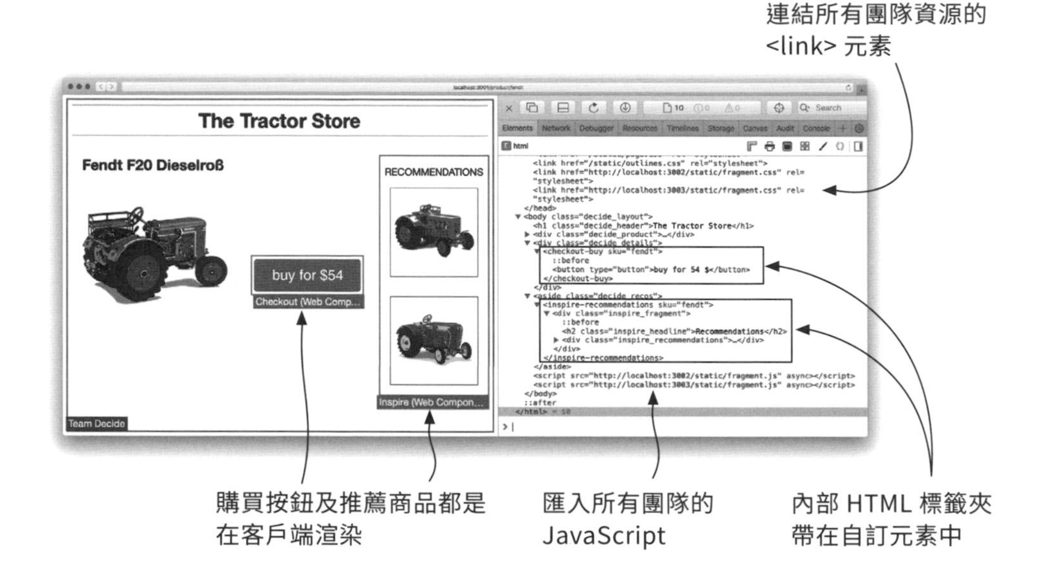

圖 5.5　自訂元素在瀏覽器內透過 JavaScript 渲染, 生成了內部 HTML (<button>), 並透過 this.innerHTML="..." 將其掛到 DOM 子樹上。

通過屬性加入元素參數

我們來讓購買按鈕的元素變得更實用吧。按鈕上應該顯示商品價格, 而且在使用者點擊按鈕後提供簡單的對話框做為回饋。以下範例就會指定 SKU 屬性的值, 好顯示不同價格。

■ \MFE\08_web_components\team-checkout\static\fragment.js

```
const prices = {
  porsche: 66,
  fendt: 54,
  eicher: 58,
};
```

拖曳機價格清單

→ 接下頁

```
class CheckoutBuy extends HTMLElement {
  connectedCallback() {
    const sku = this.getAttribute("sku"); ◄—— 從自訂元素屬性取得 SKU 值
    this.innerHTML = `
      <button type="button">buy for $${prices[sku]}</button>
    `;                                  查詢價格並顯示於按鈕上
  }
}
window.customElements.define("checkout-buy", CheckoutBuy);
```

為了簡化起見, 我們直接在 JavaScript 程式碼內定義價格。若是在真正的應用程式內, 你可能會從 API 端點抓取價格資訊, 而該端點也會由同一團隊擁有。

至於讓按鈕能對使用者做出回饋, 辦法也很單純。我們要給按鈕附加一個標準的事件監聽器, 它會對點擊事件產生反應, 並顯示一個成功將商品加入購物籃的訊息。

■ \MFE\08_web_components\team-checkout\static\fragment.js

```
...
this.innerHTML = `
  <button type="button">buy for $${prices[sku]}</button>
`;
this.querySelector("button").addEventListener("click", () => {
  alert("Thank you ♥!");
});
...
```

再次提醒, 這個實作是簡化的版本；實務上, 你大概會呼叫 API 將購物車的變更寫入伺服器, 然後根據這個 API 的回應顯示成功或失敗的訊息。反正概念你懂的嘛。

5.1.2 將框架包覆在 Web Components 中

我們的範例在創造自訂元素時，使用的是 innerHTML 和 addEventListener 這類標準的 DOM API。實務上，你可能會使用更高階的函式庫或前端框架來代替，這通常會讓開發過程更為輕鬆，並具有 DOM diffing 或宣告事件處理等功能。無論如何，前述的自訂元素 (this 指向的對象) 扮演了迷你應用程式的基礎。這個迷你應用程式有自己的狀態，不需要頁面其他部分就能作用。

小編註 有些框架會產生虛擬 DOM (Virtual DOM)，並且跟實際的 DOM 物件比較差異 (此即 DOM diffing)，以便決定要更新哪些部分。這些框架也能藉此控制更新次數，好避免 JavaScript 頻繁改寫 DOM 而造成效能下降。

Web Components 的自訂元素 API 帶來了建構子、connectedCallback、disconnectedCallback 及 attributeChangedCallback 等一系列生命週期方法。你只要實作這些方法，而當有人將你的微前端區塊添加到 DOM、移除它或是更改其中某個屬性時，你就能在自己的微前端區塊中收到通知。你能輕易將這些生命週期方法跟你使用的框架／函式庫的初始化、反初始化功能連結起來 (請見圖 5.6)。

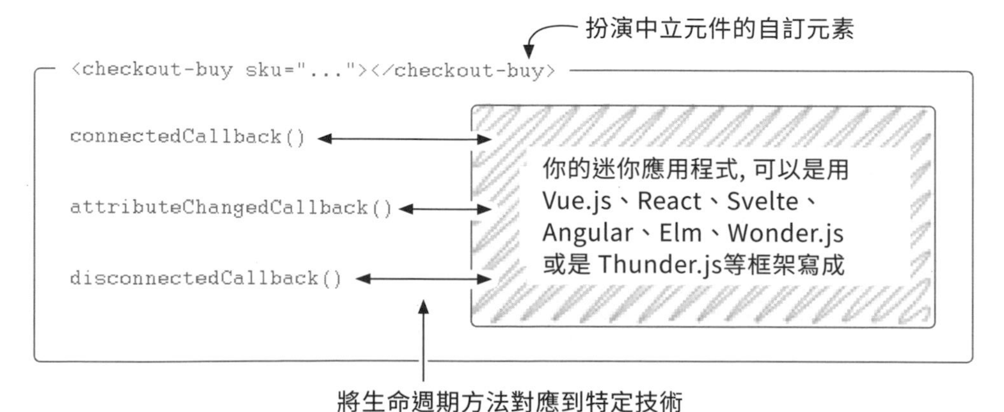

圖 5.6 自訂元素引入了生命週期方法。你需要將這些方法跟微前端區塊的特定技術連結起來。

Web Components 隱藏了框架的實作細節，使得其擁有者不需要更改元素的寫法，就可以變更實作內容。因此，自訂元素可以拿來當成中立的技術介面。

某些較新的框架，像是 Stencil.js，已經將 Web Components 當作輸出前端應用程式的主要管道。Angular 有個名為 Angular Elements 的功能，這會自動生成程式碼，好將應用程式和自訂元素的生命週期方法連起來，而且它還支援 Shadow DOM。Vue.js 也透過官方的 @vue/web-component-wrapper 套件提供了類似的解決方案。

既然 Web Components 是網頁規範，市面上所有熱門框架都找得到相關的函式庫或教學。本章節的範例程式碼則經過特別簡化，也不包含前端框架。各位可參考第 11 章的範例 20_shared_vendor_rollup_absolute_imports，就會看到 React 應用程式被包在自訂元素內。

5.2 使用 Shadow DOM 做樣式分離

Web Components 規範的另外一個部分是 **Shadow DOM**。它能讓你把 DOM 的一部分子樹與頁面其他部分分離。我們可以使用 Shadow DOM 來減少樣式外洩，這點也能使我們的微前端應用程式更加穩健。

目前結帳團隊的 fragment.css 檔是在全域的 head 元素被匯入，因此該檔案中的所有樣式都可能會影響到整個頁面。所有團隊必須謹守 CSS 命名空間的規則，以免樣式相衝。但 Shadow DOM 的概念提供了一個替代選項，使我們實作樣式時再也不用加上前綴詞、或是明確界定範圍。

5.2.1 建立一個 Shadow DOM 的 root

你可以在 JavaScript 中對一個 HTML 元素呼叫 **.attachShadow()**, 好在這個元素上新建一個分離的 DOM 子樹, 這即為 Shadow DOM。多數人使用它時會一併使用自訂元素, 但這並非必要。你可以將 Shadow DOM 掛到 div 之類的標準 HTML 元素上。

以下是如何建立並使用 Shadow DOM 的範例：

```
class CheckoutBuy extends HTMLElement {

  connectedCallback() {
    const sku = this.getAttribute("sku");
    this.attachShadow({ mode: "open" });          ◄── 建立一個 open 模式的 Shadow DOM
    this.shadowRoot.innerHTML = "buy ...";        ◄── 將內容寫入新建立的 shadowRoot
  }
}
```

.attachShadow 方法會初始化 Shadow DOM, 並傳回一個參照物件, 可以透過該 HTML 元素的shadowRoot 屬性來取得。除此之外, Shadow DOM 的使用方式就和任何 DOM 元素相同。

open 與 closed 模式

新建一個 Shadow DOM 時, 有 open 與 closed 這兩種模式可選擇。若使用 mode: "closed", 可以對外部 DOM 隱藏 shadowRoot, 進而避免其他 JavaScript 程式對該 Shadow DOM 做出更動。但這也將導致輔助科技 (如螢幕閱讀器) 和搜尋引擎同樣看不到你的內容。所以除非有特殊需求, 不然建議你一率採用 open 模式。

5.2.2 為樣式設定作用域

我們把 fragment.css 的樣式，轉移到實際的元件中。我們可以在 Shadow DOM 的 root 內，定義一個 <style>…</style> 的區塊。Shadow DOM 內定義的樣式不會洩露，影響到頁面其他部分。反之亦然，外部文件的 CSS 定義，不會在 Shadow DOM 內作用。我們來看一下購買按鈕的程式碼。

■ \MFE\09_shadow_dom\team-checkout\static\fragment.js

```
...
class CheckoutBuy extends HTMLElement {
  connectedCallback() {
    const sku = this.getAttribute("sku");
    this.attachShadow({ mode: "open" });
    this.shadowRoot.innerHTML = `
      <style>
        button {}
        button:hover {}
      </style>
      <button type="button">
        buy for $${prices[sku]}
      </button>
    `;
    ...
  }
  ...
}
window.customElements.define("checkout-buy", CheckoutBuy);
```

為購買按鈕的元素建立一個 Shadow DOM

將內容寫到 shadowRoot，而不是直接夾帶到購買按鈕上

以行內 CSS 定義樣式，這些樣式只在 shadowRoot 內作用

用以下指令執行這個範例程式：

```
\MFE> npm run 09_shadow_dom
```

你應該會看到熟悉的產品頁出現。現在按 F12 使用瀏覽器的開發者工具, 然後點『Element』頁籤, 來看一下 DOM 結構。如同圖 5.7, 可以看到這回每一個微前端區塊都是在 shadowRoot 內渲染內部標記和樣式檔 (節點出現在『#shadow-root』底下)。

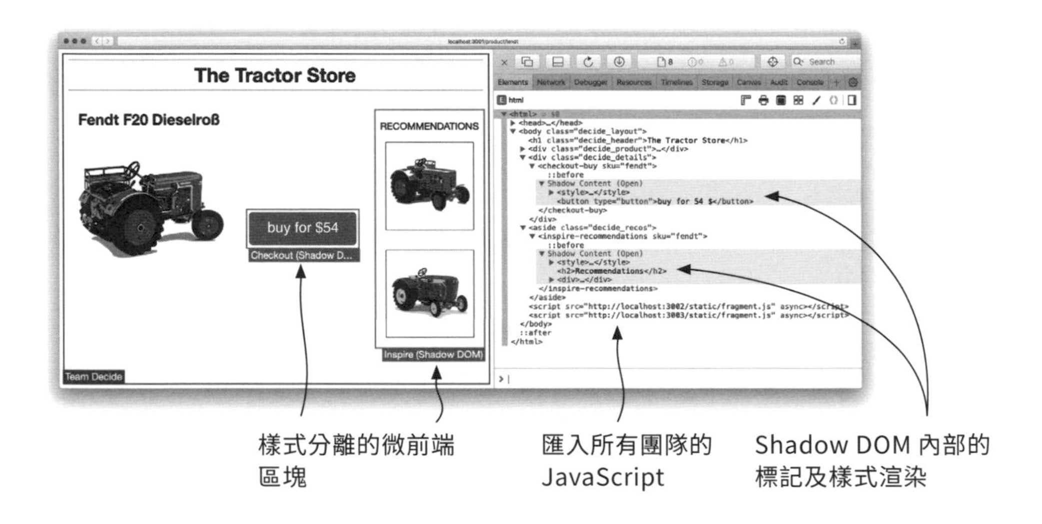

圖 5.7 現在微前端區塊能夠在 shadowRoot 內渲染其標記和樣式。這有助於實現樣式分離, 並降低樣式衝突或洩漏的風險。

現在我們消除了樣式衝突的風險。圖 5.8 展示了 shadowRoot 虛擬邊界的效果, 這個邊界也稱為影子邊界 (shadow boundary)。

如果你使用過 CSS 模組, 或任何其他 CSS-in-JS (從 JavaScript 來產生並指定樣式) 的解決方案, 你應該會很熟悉對這種撰寫 CSS 的方式。這些工具讓你在不用擔心作用域的前提下撰寫 CSS, 他們會自動生成特定的選擇器或行內樣式, 來替你的程式碼設下作用域。

由上可知, Shadow DOM 能在不同團隊的微前端區塊之間達成可靠的樣式分離, 且不需要訂定命名規範或使用額外的工具。

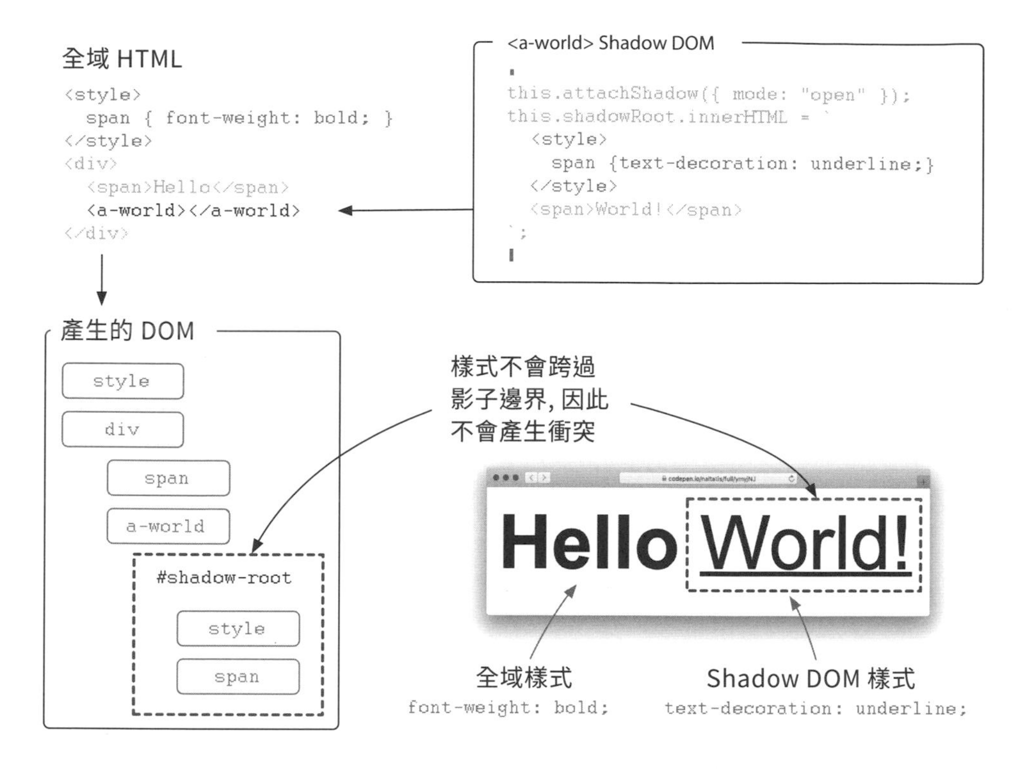

圖 5.8 shadowRoot 會產生一個稱為 shadow boundary 的邊界，提供雙向的樣式分離。Shadow DOM 內的樣式不會外洩，而 Shadow DOM 也不受其餘頁面的樣式影響。

5.2.3 什麼時機適合使用 Shadow DOM？

Shadow DOM 還有非常多細節可以研究，此外 Shadow DOM 事件往上傳遞到一般的 DOM (也稱為 Light DOM) 時 —— 這種事件傳遞稱為『事件冒泡』(event bubbling) —— 事件的行為也會有所不同。不過，本書的主旨是介紹微前端而非 Web Components，故我們會在此打住，不會繼續深究下去。

對於在微前端專案使用 Shadow DOM，以下我們列出優缺點：

優點

- 具備類似 iframe 的強大樣式分離效果, 無須使用命名空間。
- 避免全域樣式洩漏到微前端區塊, 很適合搭配老舊應用程式使用。
- 能降低對 CSS 工具鏈的需求。
- 頁面區塊自成一體, 不必引用其他的 CSS 檔。
- 較舊的瀏覽器不提供支援。你可以用 polyfills 函式庫補足, 但這類函式庫都很肥大, 而且得倚賴客戶端注入 (hydration)。

小編註 hydration 也稱 rehydration (有人譯為二次渲染), 是指網頁的靜態 HTML 基本部分先在伺服器端產生, 再由 JavaScript 於客戶端修改 DOM 文件, 等於是混合了伺服端與客戶端渲染。hydration 的優點是瀏覽器顯示網頁的時間 —— 首次內容繪製 (First Contentful Paint, FCP) —— 較短, 但使用者必須等待 JavaScript 跑完, 也就是可互動時間 (Time To Interactive, TTI) 會拉長。

缺點

- 需要 JavaScript 才能運作。
- 不符合漸進增強的開發原則, 也不是從伺服器端渲染。Shadow DOM 無法透過 HTML 來宣告。
- 不同的 Shadow DOM 之間難以分享共同樣式。主題樣式得透過 CSS 屬性來設定。
- 沒辦法套用全域 CSS 類別, 因此你無法使用像是 Bootstrap 樣式套件 (最初由推特 (Twitter) 開發, 現為開源套件)。

5.3 使用 Web Components 做整合的優缺點

客戶端整合的方法有很多種，Web Components 其實只是其中一種選項。你也可以用元框架或自定義的實作方式達到相似的結果。下面我們來探討用 Web Components 做整合的優缺點。

5.3.1 優點

使用 Web Components 整合的最大優點，便在於它已是被廣泛實作的網路技術標準。通常直接操作瀏覽器 API 不太方便，可是 Web Components 讓開發變得更為容易。網路規範的演變步調緩慢，而且永遠相容於舊版。這也是為什麼網頁規範很適合做為共同的開發基礎。

自訂元素及 Shadow DOM 都提供了額外的分離功能，這些功能是 Web Components 出現之前無法做到的。這種分離性質能使微前端應用程式更為穩健。你不一定要兩種技術都用，可以視專案需要選擇。

自訂元素帶來的生命週期方法，也讓不同應用程式的程式碼能以同樣的標準封裝起來。接著你就能用宣告的方式來啟用這些應用程式。若沒有這套規範，團隊就必須針對初始化、反初始化及更新計畫達成協議。

5.3.2 缺點

Web Components 最為人所詬病之處在於，它必須仰賴客戶端 JavaScript 才能運行。你可能會想，現今大多數網頁框架都是這樣，但主流框架也都會提供在伺服器端渲染內容的方法。當你需要快速的頁面首次載入時間、或是想以漸進增強原則來開發, 少了伺服器端渲染就會是個問題。有些人自行研發了可從伺服器宣告並渲染 Shadow DOM、並在客戶端注入 JavaScript 的技術, 但這些並非標準。

過去數年間, 瀏覽器對 Web Components 標準的支援有了大幅改進。現在要在較舊的瀏覽器加上自訂元素的支援並不難, 不過要用函式庫模擬 Shadow DOM 的功能就比較棘手了。若你的目標是較新的瀏覽器, 就不須考量這個問題。但如果你的應用程式也需要在較舊的瀏覽器上運行, 那些瀏覽器又不支援 Shadow DOM 的話, 你可能得考慮使用替代方案, 比如手動添加命名空間。

5.3.3 什麼時候適合運用客戶端整合？

如果你開發的是一個具備互動性、像 app 一樣的應用程式, 得把不同團隊的使用者介面整合到同一個畫面上的話, Web Components 是很可靠的出發點。但有趣的問題來了：『互動性』(interactive) 究竟是指什麼？我們將在第 9 章討論這個主題。此外, 你開發的是網站還是應用程式？如果是目錄網站或以內容為重的網頁, 這些較簡單的使用案例採用 SSI 或 Ajax 這類伺服器端渲染, 通常運作得宜且較好維護, 不需要動用客戶端整合。

此外, 使用 Web Components 也不代表你完全只能使用客戶端渲染。我們已經成功地將自訂元素當成不同團隊之間的契約來使用 —— 這些自訂元素實作了基於 Ajax 的更新, 會自伺服器取得生成的 HTML。要是某個使用案例需要更多互動性, 團隊可以將這個頁面區塊改成更複雜的客戶端渲染方式。既然自訂元素扮演的是個溝通端點, 其他團隊就不用管這個區塊內部是如何運作的。

你其實也能將自訂元素 (不是 Shadow DOM) 與伺服器端整合技巧整合。我們將在第 8 章探討這個部分。若你的使用案例會需要開發一個完全從客戶端渲染的應用程式，你則應該考慮使用 Web Components，做為各團隊使用者介面的黏著劑。

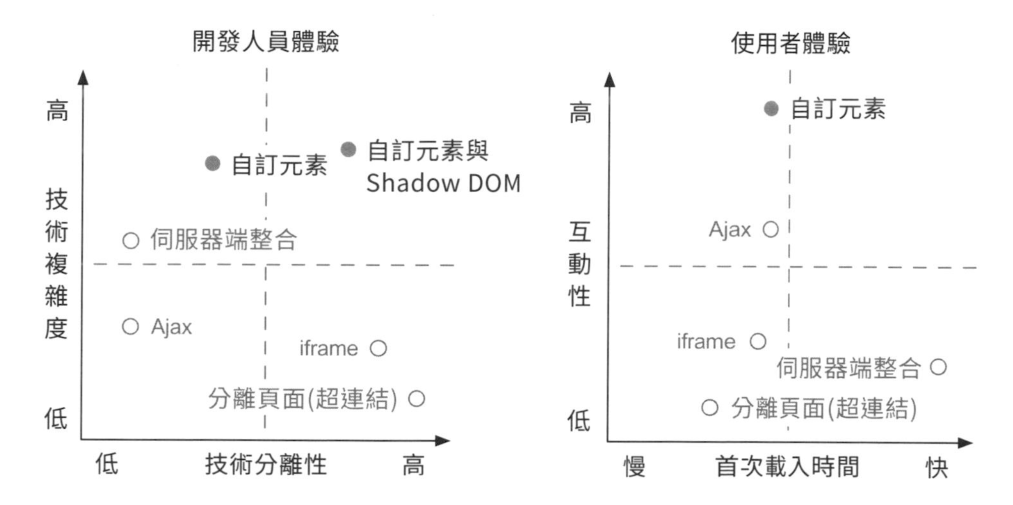

圖 5.9 自訂元素提供了一個很好的方式來封裝你的 JavaScript 應用程式，並讓這些應用程式得以透過標準的方式存取。Shadow DOM 引入了額外的分離機制，並降低樣式起衝突的風險。你可以用自訂元素打造高互動性的客戶端渲染應用程式；但因為這類網站需要 JavaScript 才能運行，首次載入的表現會不如從伺服端渲染自訂元素。

重點摘錄

- 你可以將一個微前端應用程式封裝到一個頁面的 Web Components 中, 也就是透過 Web Components 封裝商業邏輯和實作細節。其他團隊可以用宣告的方式使用瀏覽器的 DOM API、和這個區塊互動。
- 多數現代 JavaScript 框架都有一套標準方法, 能將應用程式輸出成 Web Components。這使得你能更輕鬆地開發客戶端微前端專案。
- Shadow DOM 帶來了強大、類似 iframe 的 CSS 樣式分離功能, 降低不同團隊的使用者介面相互衝突的風險。
- Shadow DOM 不只能避免樣式對外洩露, 也能防範全域樣式滲入。這種樣式邊界 (影子邊界) 很適合拿來整合舊有應用程式成為微前端的方案。

CHAPTER

06

溝通模式：網址、屬性與事件

本章重點提要

- 檢視使用者介面中，如何在不同的微前端個體之間交換事件的溝通模式。
- 探討管理微前端個體狀態的各種方法，並討論共享狀態的議題。
- 說明如何在微前端架構之下組織伺服器溝通及資料擷取。

有時候，不同團隊所擁有的使用者介面需要彼此溝通。當使用者按下購買按鈕，將商品放入購物籃內時，其他微前端個體 (像是迷你購物籃) 便需要接收通知，以便適時更新內容 (比如更新購物籃內容)。本章的第一部分會更深入地介紹這個主題。

但在微前端架構下，尚有其他溝通模式可考慮 (如圖 6.1 所示)。我們將在本章第二部分探討，這些不同的溝通方式如何相互搭配。我們會討論如何管理狀態、分送必要的上下文資訊，以及在不同團隊的後端之間複製資料。

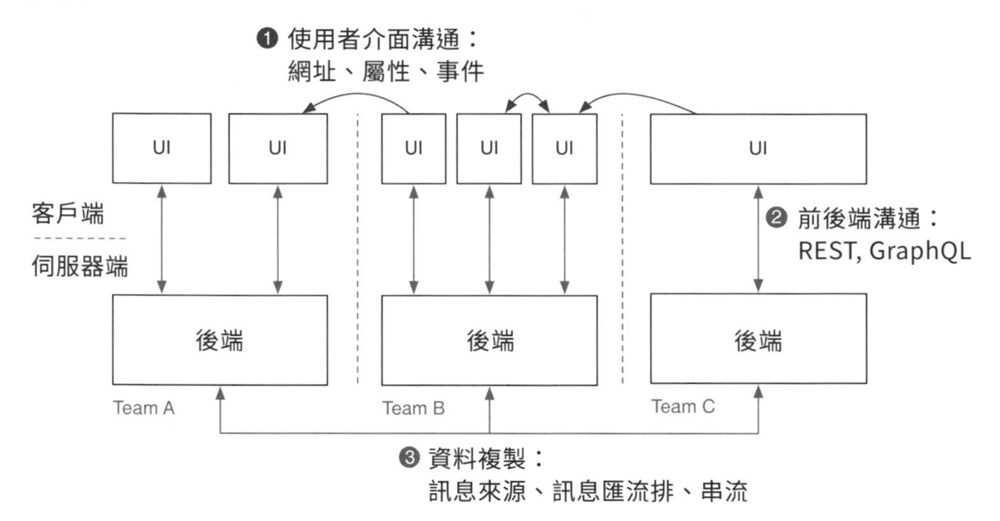

圖 6.1　一覽典型微前端架構中的各種溝通機制。瀏覽器中的不同前端應用程式要能夠互相溝通，我們稱之為使用者介面溝通 ❶。每一個前端應用程式會向自己的後端擷取資料 ❷，而且在某些情況下，不同團隊的後端還必須複製彼此的資料 ❸。

6.1 使用者介面溝通

不同團隊的使用者介面究竟要怎麼相互溝通呢？**先假設你已經規劃好團隊間彼此的職責界線，我們會在第 13 章更深入討論這點**。不過一般來說，你很少會需要在瀏覽器內做大規模的跨使用者介面溝通。顧客若要完成一項作業，理想情況下應該只需接觸一個團隊的介面。

在本書的電子商務範例裡，顧客的流程是相當線性的：找到一樣商品，決定是否購買，然後結帳。我們根據這些階段來區分團隊職責。而顧客在從一個階段跨到下一個階段的分界點時，團隊之間可能需要做些溝通。

這類溝通可以很簡單。我們在第 2 章已經運用過**頁面對頁面**的溝通方式 —— 用一個簡單的超連結從產品頁連到推薦商品頁。我們的做法是透過網址或查詢字串 (query string) 來傳遞 SKU，也就是作為產品參考的貨號。事實上，大部分的跨團隊溝通都是靠超連結實現的。

但若你在開發一個更豐富的使用者介面，一個頁面上包含了多重使用案例，那光靠超連結來溝通是不夠的。你需要一套標準做法，讓使用者介面上不同的區塊能彼此溝通。圖 6.2 列出了三種常見的溝通模式。

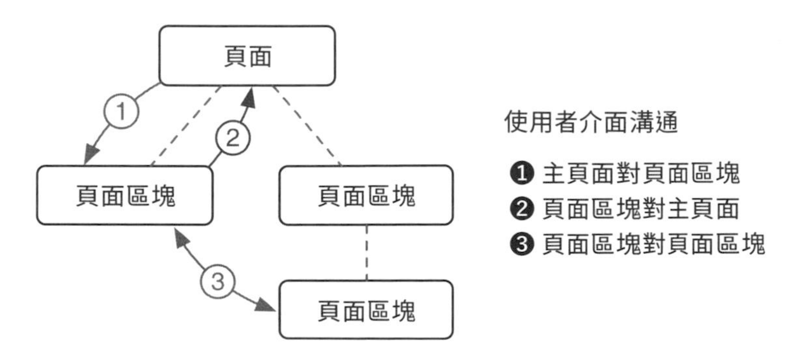

圖 6.2 在同一個頁面的跨團隊使用者介面之間，可能發生的三種通訊方式

我們將拿本書的產品頁當成實際使用案例，逐一介紹這三種溝通形式。我們也會在範例中著重於瀏覽器的原生功能。

6.1.1 主頁面對頁面區塊

在上一章中，我們的拖曳機模型網站在產品頁加上了購買按鈕，而光是一個周末就帶來可觀的銷售量。Tractor Model, Inc. 公司也沒有閒著——執行長請來兩名頂尖的金匠，為所有拖曳機設計了特製的白金版模型。

為了銷售這些白金版拖曳機模型，決策團隊決定在產品頁面上加上一個**升級至白金版**的選項。按下這個鈕，就能將一般款的產品圖片切換成白金版。決策團隊可以在自家應用程式中實作這項功能，但重點是結帳團隊的購買按鈕也需要同步更新，好顯示白金版模型的售價。請見圖 6.3。

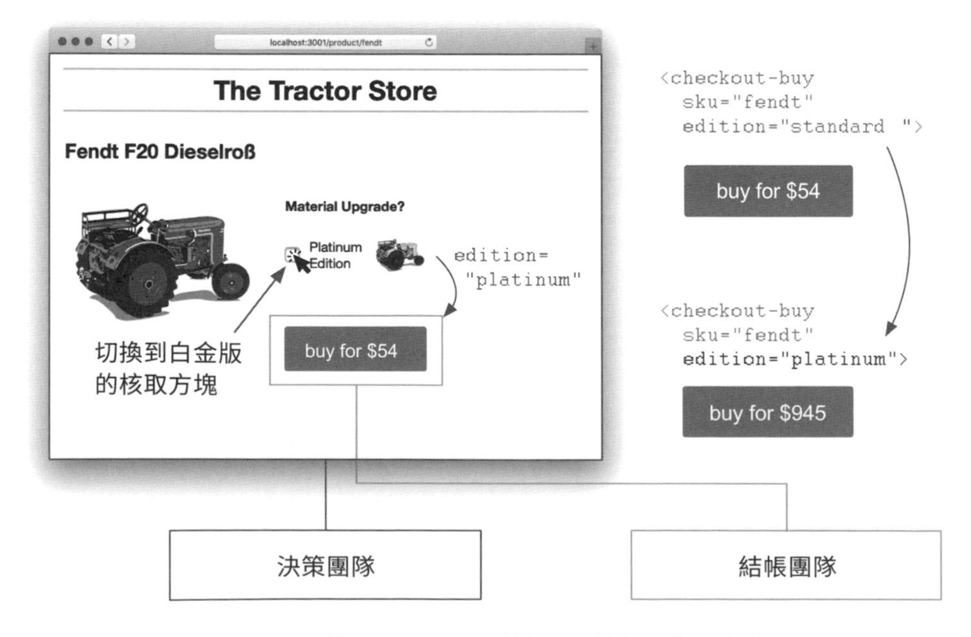

圖 6.3　主頁面與子項目之間的溝通。主頁面的變更 (比如切換到白金版) 要能向下傳遞到頁面區塊，這樣區塊才能更新其狀態 (改變購買按鈕上的顯示售價)。

兩個團隊經過討論、擬定了一項計畫。結帳團隊會擴充購買按鈕，新加入一個名為 edition 的屬性。決策團隊則會設定這個屬性，並在使用者切換產品時做出相應的更新：

更新後的購買按鈕
標籤名稱: checkout-buy
屬性: sku=[sku], edition=[standard|platinum]
範例: <checkout-buysku="porsche"edition="platinum"></checkout-buy>

實作白金款模型升級選項

產品頁 HTML 中新增的選項 (一個核取方塊) 會如下：

■ \MFE\10_parent_child_communication\team-decide\product\fendt.html

```
<html>
  ...
  <body class="decide_layout">
    ...
      <img
        class="decide_image"

        src="https://mi-fr.org/img/fendt_standard.svg"
      />
    ...
      <label class="decide_editions">
        <p>Material Upgrade?</p>
        <input type="checkbox" name="edition" value="platinum" />
        <span>Platinum<br />Edition</span>
        <img src="https://mi-fr.org/img/fendt_platinum.svg" />
      </label>
      <checkout-buy sku="fendt" edition="standard"></checkout-buy>
    ...
</html>
```

切換到白金版的核取方塊

購買按鈕新增 edition 屬性

決策團隊加入一個簡單的核取方塊，好讓顧客選擇升級材料，購買按鈕元件也多了個 edition 屬性。現在團隊需要寫一點 JavaScript，把這兩個元素連結起來。核取方塊一旦有任何更動，edition 屬性和頁面上的主要圖片也應該隨之改變。

■ \MFE\10_parent_child_communication\team-decide\static\page.js

```
const platinum = document.querySelector(".decide_editions input");
const image = document.querySelector(".decide_image");
const buyButton = document.querySelector("checkout-buy");

platinum.addEventListener("change", e => {
  const edition = e.target.checked ? "platinum" : "standard";
  buyButton.setAttribute("edition", edition);

  image.src = image.src.replace(/(standard|platinum)/, edition);
});
```

選擇需要被監看或改變的DOM元素

對核取方塊的更動做出回應

決定選擇的版本

更新結帳團隊的購買按鈕自定義元素的 edition 屬性

更新主要商品圖片

以上就是決策團隊所需要做的一切了。現在輪到結帳團隊，他們得對改變的 edition 屬性做出反應並更新元件。

隨著屬性改變作更新

在前一章，購買按鈕自定義元素的第一個版本只用到了 connected Callback 方法。但 Web Components 自定義元素仍提供了一些其他的生命週期方法。

就我們的案例來說，最有趣的莫過於 **attributeChangedCallback (name, oldValue, newValue)** 方法：當自定義元素的屬性一有變更，這個方法就會被觸發。你會收到經變更的屬性名稱 (name)、這個屬性改變

之前的值 (oldValue)、以及更新後的值 (newValue)。而為了要讓這個方法運作，你必須先註冊要監看的屬性清單。這個自定義元素的程式碼現在看起來如下。

■ \MFE\10_parent_child_communication\team-checkout\static\fragment.js

```
const prices = {
  porsche: { standard: 66, platinum: 966 },
  fendt: { standard: 54, platinum: 945 },
  eicher: { standard: 58, platinum: 958 },
};

class CheckoutBuy extends HTMLElement {
  static get observedAttributes() {
    return ["sku", "edition"];
  }
  connectedCallback() {
    this.render();
  }
  attributeChangedCallback() {
    this.render();
  }
  render() {
    const sku = this.getAttribute("sku");
    const edition = this.getAttribute("edition") || "standard";
    this.innerHTML = `
      <button type="button">buy for $${prices[sku][edition]}</button>
    `;
    ...
  }
}
window.customElements.define("checkout-buy", CheckoutBuy);
```

加入白金版模型售價

監看 SKU 及 edition 屬性的變更

將渲染功能抓出來，放到另一個方法內

屬性一經更動就重新渲染元件

渲染方法

自 DOM 取得目前的 SKU 及 edition 屬性的值

根據 SKU 及 edition 屬性的值，顯示相應的價格

✪ 提示 這邊以 render 命名渲染方法，並沒有特殊含義。我們也可以用其他名稱來命名，像是 updateView 或 gummibear (小熊軟糖 :P)。

你可用以下指令執行這個範例：

```
\MFE> npm run 10_parent_child_communication
```

現在只要 SKU 或 edition 屬性一有變更，購買按鈕就會自行更新。執行這個範例，在瀏覽器打開http://localhost:3001/product/fendt 並按 F12 啟動開發者工具，於『Element』頁籤下展開 DOM 樹 (按鈕在 <div class="decide_details"> 元素底下)。當你勾選或取消勾選白金版模型時，你會看到 check-buy 元素的 edition 屬性會隨之改變，元件的內部標記程式碼 (innerHTML) 也會跟著改變。

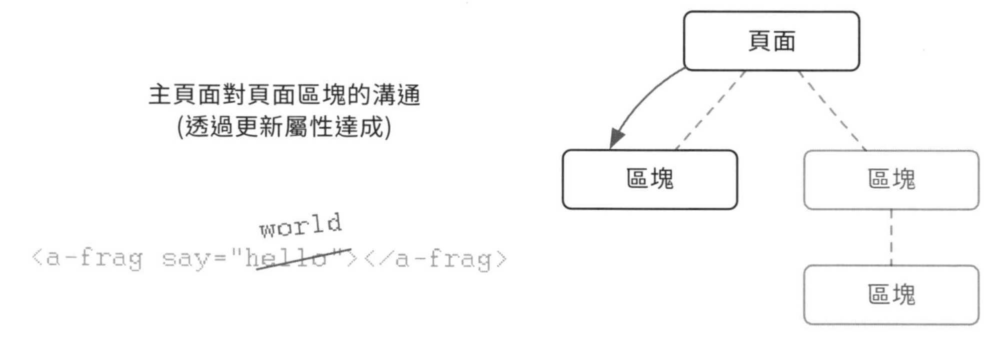

圖 6.4 若要達成主頁面與頁面區塊的溝通，你可以明確地將所需上下文資訊當成屬性向下傳遞。頁面區塊可以針對屬性的改變做出回應。

圖 6.4 展示了資料流程。我們將外層應用程式 (產品頁) 的狀態變更，傳遞給內層的應用程式 (購買按鈕) 。這遵循了**單向資料流 (unidirectional dataflow)** 的模式。事實上，React 框架及 Redux 狀態管理庫普及了『props down, events up』(往下傳遞屬性、往上傳遞事件) 的做法：更新的狀態會視需要透過屬性傳遞給子元件，而子元件的事件則會往上傳給父元件，因此這也稱為『父子元件溝通』。事件正是另一種方向的溝通方式，也是我們接下來要講解的部分。

6.1.2 頁面區塊對主頁面

白金版拖曳機模型推出之後, 在 Tractor Model, Inc. 的使用者討論區引起不少爭議。有些使用者抱怨白金版太貴, 也有人敲碗說想要純黑、透明及黃金款。但無論如何, 第一批 100 台白金款拖曳機在第一天就全數出貨完畢。

決策團隊一位使用者體驗 (UX) 設計師很喜歡新的購買按鈕, 但不是很滿意使用者互動的體驗。顧客點擊購買鈕後, 會看到系統跳出的警示對話框, 然後得手動關閉才能繼續下一步。設計師想要改變這種互動, 以一種更友善的替代構想取而代之：以一個綠色勾號動畫來確認商品已經加入購物籃。

但這種請求有點問題。加入購物籃的行為是由結帳團隊負責, 當有商品被成功加入購物籃時, 結帳團隊確實會知情。若結帳團隊想要在購買按鈕本身的區塊中顯示確認訊息, 或者是在購買按鈕上顯示動畫做為回應, 這都不是難事。問題在於, 他們沒辦法在不屬於他們的頁面部分 (像是主要產品圖片) 加入這種動畫。

好吧, 技術上其實辦得到, 因為 JavaScript 可以存取頁面的整個 DOM 物件, 但你不應該這麼做, 否則會在兩個使用者介面之間引入嚴重的耦合。結帳團隊必須事先猜測產品頁的運作方式, 且產品頁日後的任何變更, 都可能會讓動畫失效。沒有人會想維護這樣的程式。

若要乾淨俐落的解決這問題, 這個動畫必須由決策團隊開發, 兩組團隊也必須攜手合作, 明確地約法三章。當使用者成功將商品加入購物籃時, 結帳團隊必須通知決策團隊, 決策團隊的回應則是觸發動畫。

於是，兩組團隊達成共識，要透過購買按鈕的事件實作這項通知功能。購買按鈕更新後的規則如下：

更新後的購買按鈕
標籤名稱: checkout-buy
屬性: sku=[sku], edition=[standard|platinum]
向外傳遞事件 (emit event): checkout:item_added

購買按鈕現在會在被點擊時發出 checkout:item_added 事件，通知其他元件說有商品被成功加到購物籃內。請見圖 6.5。

❶ 使用者點擊按鈕商品被加入購物籃

❷ 主頁面收到事件觸發動畫

❸ 購買按鈕傳遞事件 checkout:item_added

圖 6.5　當使用者將商品加入購物籃時，結帳團隊的購買按鈕會往外傳遞一個事件。決策團隊的頁面會做出回應，在主要商品圖片上顯示動畫。

傳遞自訂事件

我們來看一下達成這個互動所需撰寫的程式碼。我們會使用瀏覽器原生的 **CustomEvents** API。所有瀏覽器都支援它，包括較舊版本的 Internet Explorer。這功能讓你能自訂事件，運作起來就像原生的 click 或 change 事件一樣，但你可以自由命名之。

以下是購買按鈕加入事件後的範例程式碼：

■ \MFE\11_child_parent_communication\team-checkout\static\fragment.js

```
...
class CheckoutBuy extends HTMLElement {
  ...
  render() {
    ...
    this.innerHTML = `
      <button type="button">buy for $${prices[sku][edition]}</button>
    `;
    this.querySelector("button").addEventListener("click", () => {
      this.dispatchEvent(new CustomEvent("checkout:item_added"));
    });

  }
}
```

建立一個自定義事件，命名為 checkout:item_added

在自定義元素發送這個事件

提示 我們使用團隊名稱當成前綴詞 ([team_prefix]:[event_name])，標示了事件的所屬團隊。

相當簡單明瞭對吧？此外 CustomEvent 建構子還可填入第二個選擇性參數，當成額外的選項。我們會在下一個範例討論兩種選項。

監聽自定義事件

結帳團隊該做的事已經完成了。我們現在來加入事件發生時得顯示的綠色勾勾動畫。我們不會深入相關的 CSS 程式碼，各位只需要知道綠勾淡入及淡出的功能，是用 CSS 的 Keyframe 來產生動畫效果。我們可以對現有 decide_product 的 div 元素加入一個 decide_product—confirm 的樣式類別，好觸發這個動畫。

```
...
const buyButton = document.querySelector("checkout-buy");   ← 選取購買按鈕的元素
...
const element = document.querySelector(".decide_product");  ← 選取動畫要發生的產品區塊
buyButton.addEventListener("checkout:item_added", e => {    } 監聽結帳團隊的自定義事件
  element.classList.add("decide_product--confirm");
});
    ↑ 添加 decide_product--confirm 這個類別來觸發動畫

element.addEventListener("animationend", () => {              } 清理作業：
  element.classList.remove("decide_product--confirm");        } 在動畫結束後，
});                                                           } 移除掉這個類別
```

監聽自定義的 checkout:item_added 事件，就跟監聽普通的 click 事件是一樣的。選取一個你要監聽的元素 (<checkout-buy>)，透過事件監聽器註冊：**.addEventListener("checkout:item_added", () => {…})**。

你可執行以下指令來啟動這個範例：

```
\MFE> npm run 11_child_parent_communication
```

在瀏覽器開啟 http://localhost:3001/product/fendt，親自試一試。只要點擊購買按鈕就會觸發事件，使決策團隊的頁面收到通知，並動態地添加 decide_product—confirm 這個 CSS 類別，使綠勾動畫開始播放。圖 6.6 展示了區塊是如何透過事件跟主頁面溝通的。

子項目對主頁面的溝通
(透過自定義事件)

```
fragment.dispatchEvent(
  new CustomEvent( "hello" )
)
```

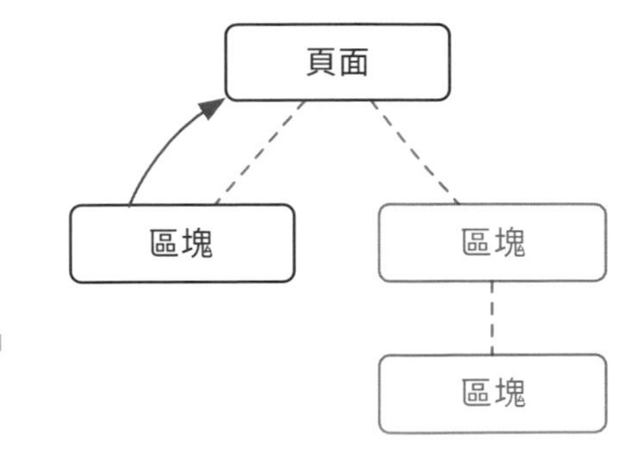

圖 6.6 子項目對主頁面的溝通，可以透過瀏覽器內建的事件機制，加以實作。

使用瀏覽器的事件機制有諸多好處：

1. 你能對自定義事件賦予高階名稱，反映你的專業領域術語。良好的事件名稱比起 click 或 touch 這類技術名稱更容易理解。
2. 頁面區塊不需要知道主頁面是誰。
3. 所有主要的前端函式庫及框架都支援瀏覽器事件。
4. 你能藉此存取原生事件，比如 .stopPropagation 或 .target。
5. 在瀏覽器的開發者工具中偵錯較為容易。

現在我們來看最後一種溝通模式：頁面區塊對頁面區塊。

6.1.3 頁面區塊對頁面區塊

這下拖曳機模型網站用比較友善的打勾圖案取代警告對話框，便帶來了可觀的正面效應。消費者放入購物籃的商品數量平均增加 31%，直接衝高了營收。然而，客服部門的員工回報，有些顧客結了帳才發現不小心買太多了。

因此結帳團隊想在產品頁上加上一個迷你購物籃，以降低退貨數量。這樣一來，顧客能夠隨時看到購物籃內有什麼。結帳團隊將迷你購物籃開發成一個新的頁面區塊，讓決策團隊可以嵌入到產品頁底部。雙方團隊協議好的迷你購物籃規則如下：

迷你購物籃
標籤名稱: checkout-minicart
範例: <checkout-minicart></checkout-minicart>

迷你購物籃不接收任何屬性，也不傳送事件。當迷你購物籃的內容被加入頁面 DOM 時，它會渲染出一份拖曳機清單，列出購物籃內現有的所有拖曳機模型。迷你購物籃目前是將狀態存在區域變數內；結帳團隊稍後可以自後端 API 擷取迷你購物籃的狀態。

這樣聽起來似乎很直接了當，但當顧客按下購買按鈕、在購物籃加入一台新拖曳機時，迷你購物籃也需要收到通知。因此，我們得讓頁面區塊 A 裡面的事件來處發頁面區塊 B 的更新。這有許多不同的實作方法：

- **直接溝通** (Direct communication) —— 頁面區塊找到欲溝通的目標區塊，直接呼叫其方法。既然應用程式是在瀏覽器中運作，頁面區塊能存取完整的 DOM 樹，所以它可以尋找區塊並與之溝通。但**請別這樣做**；直接引用外部 DOM 元素會引來緊密耦合。頁面區塊應該要自成一格，不會知道頁面上有哪些其他的區塊。要是使用直接溝通，之後要改變頁面區塊的組成就會很困難。移除或複製一個區塊，都可能會導致奇怪的副作用。

- **透過主頁面協作** (Orchestration via a parent) —— 我們能將子母及母子機制結合起來。以我們的案例來看，我們能讓決策團隊的產品頁監聽來自購買按鈕的 item_added 事件，並直接觸發迷你購物籃區塊的更新。這是很乾淨俐落的解決辦法，我們明確勾勒出主頁面內的溝通流程。但若這種流程需要變更，兩個團隊都必須修改自己的軟體。

- **事件匯流排／廣播 (Event-Bus/broadcasting)** —— 在這個模式下，你可以引入一個全域溝通頻道。頁面區塊可以發布 (publish) 事件到這個頻道中，其他頁面區塊則可以訂閱 (subscribe) 這些事件並做出回應。這種發布／訂閱機制能夠降低耦合。就我們的範例來說，購買按鈕與迷你購物籃間有哪些溝通，產品頁並不需要知道、也不用去管，因為這些會透過發布／訂閱機制完成。此機制可透過自訂義事件來實作，而大部分瀏覽器也支援新的 Broadcast Channel API，它建立的訊息匯流排能夠橫跨瀏覽器視窗、分頁及 iframe。

團隊們決定使用自定義事件，以事件匯流排的方式做溝通。圖 6.7 描述不同頁面區塊之間的事件流程。

❶ 迷你購物籃收到事件顯示新的拖曳機
❷ 迷你購物籃監聽 window 觀察商品有無增減
❸ 事件沿著 DOM 往上傳遞抵達 window 物件
❹ 購買按鈕傳遞事件 `checkout:item_added{fendt, standard}`
❺ 使用者點擊按鈕商品被加入購物籃內

圖 6.7 透過全域事件實現頁面區塊之間的溝通。購買按鈕發送 item_added 事件，而迷你購物籃則會針對 window 物件監聽這個事件，並在收到事件時自行更新。我們會使用瀏覽器原生的事件機制當成事件匯流排。

迷你購物籃需要知道使用者是否有新增一項商品，也必須知道使用者加到購物籃內的拖曳機是哪一款。因此，我們需要在 checkout:item_added 事件中加入拖曳機貨號及版本等資訊。購買按鈕更新後的協議如下：

更新的購買按鈕
標籤名稱: checkout-buy
屬性: sku=[sku], edition =[standard|platinum]
發送事件: • 名稱: checkout:item_added • payload: {sku: [sku], edition: [standard|platinum]}

警告 如果你想透過事件來交換資料，務必要非常小心，因為這會帶來多餘的耦合。請讓 payload (夾帶的酬載資訊) 越少越好；你應該只用事件來發送通知，而非做資料傳遞。

我們來看一下實作。

透過瀏覽器事件打造事件匯流排

Custom Events API 也有個明確的方式，能將自定 payload 加入事件，也就是透過 options 物件中的 detail 鍵將 payload 傳入建構子：

■ \MFE\12_fragment_fragment_communication\team-checkout\static\fragment.js

```
...
class CheckoutBuy extends HTMLElement {
  ...
  render() {
    ...
    this.querySelector("button").addEventListener("click", () => {
      this.dispatchEvent(
```

→ 接下頁

```
      new CustomEvent("checkout:item_added", {
        bubbles: true,  ◀── 啟用事件冒泡 (bubbling)
        detail: { sku, edition },  ◀── 將自定義的 payload 加到事件中
      })
    ...
  }
}
...
```

自定義事件預設不會在 DOM 內往上傳遞 (冒泡)。我們必須開啟 bubbles 設定, 事件才能傳遞到 window 物件。

以上就是購買按鈕部分需要的所有設定。我們接著來看迷你購物籃的實作, 結帳團隊會在同一個fragment.js 檔內將其定義為自定義元素：

■ \MFE\12_fragment_fragment_communication\team-checkout\static\fragment.js

```
...
class CheckoutMinicart extends HTMLElement {
  connectedCallback() {
    this.items = [];  ◀── 初始化一個區域變數來記錄購物籃內的商品
    window.addEventListener("checkout:item_added", (e) => {
      this.items.push(e.detail);  ◀── 讀取事件 payload 並將商品加入清單
      this.render();  ◀── 更新畫面
    });
    this.render();
  }                                         監聽 window 物件的事件
  render() {
    const text =
      this.items.length === 0
        ? "Your cart is empty."
        : `You've picked ${this.items.length} tractors:`;
    const tractors = this.items
      .map(
        ({ sku, edition }) =>
          `<img src="https://mi-fr.org/img/${sku}_${edition}.svg" />`
      )
```

→ 接下頁

```
      .join("");
    this.innerHTML = `${text} ${tractors}`;
  }
}
window.customElements.define("checkout-minicart", CheckoutMinicart);
```

這個元件將購物籃內的商品儲存在區域陣列 this.items 內，且該元件為 checkout:item_added 事件註冊了一個事件監聽器。一有事件發生，監聽器便會讀取事件內夾帶的 payload (event.detail)，並將商品資訊加入清單。最後它再呼叫 this.render() 方法，好觸發畫面更新。

決策團隊為了觀察這兩個區塊的實際運作效果，必須將新的迷你購物籃區塊放到頁面底端。決策團隊不必知道 checkout-buy 及 checkout-minicart 元素之間的溝通過程。

■ \MFE\12_fragment_fragment_communication\team-decide\product\fendt.html

```
<html>
  ...
  <body class="decide_layout">
    ...
    <div class="decide_details">
      ...
      <checkout-buy sku="fendt"></checkout-buy>
    </div>
    ...
    <div class="decide_summary">
      <checkout-minicart></checkout-minicart>  ◀── 將新的迷你購物籃
    </div>                                         加到頁面底部
    ...
    <script src="http://localhost:3003/static/fragment.js" async></script>
  </body>
</html>
```

各位可執行以下指令來測試這個範例：

```
\MFE> npm run 12_fragment_fragment_communication
```

圖 6.8 顯示, 事件如何從區塊往上傳遞到頂部：

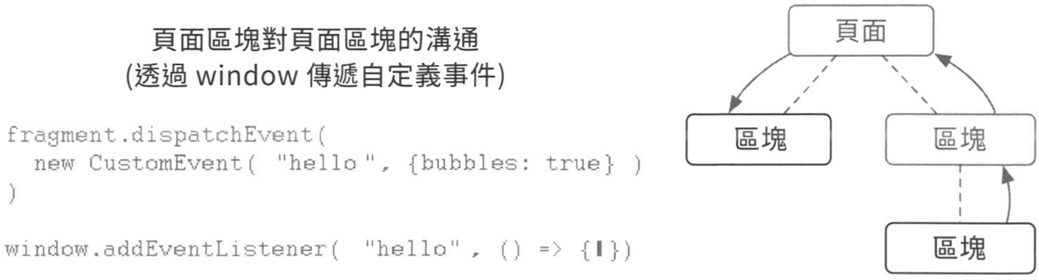

圖 6.8 自定義事件可以傳遞到視窗, 供其他元件訂閱。

直接在 window 物件上發送事件

你其實也可以直接將自定義事件發送給全域的 window 物件, 辦法是使用 window.dispatchEvent 取代 element.dispatchEvent。不過, 讓事件在 DOM 內逐一往上傳遞還是有些好處：

首先, 事件的源頭 (event.target) 會保留。當頁面上的某種頁面區塊有多個實體時, 能夠知道事件是由哪個 DOM 元素傳出來的, 就會很有幫助。有了元素參考, 就可以免去另外手動命名、或者制訂識別名稱規則的麻煩。

其次, 事件往上傳到 window 之前, 父元件可以取消之。你可以對自定義事件使用 event.stopPropagation 方法來取消它, 就跟取消標準的 click 事件一樣。如果你希望事件只會被處理一次, 這個方法就很有用。不過 stopPropagation 機制也可能造成混淆 像是『為何你在 window 看不到我的事件？我明明很確定事件有正確發出去了』。因此使用上要特別小心, 尤其是參與溝通的對象不只有兩方的時候。

6.1.4 以 Broadcast Channel API 來發布／訂閱

在目前為止的範例中, 我們都運用了 DOM 來做溝通。現在要討論的 **Broadcast Channel API** 則是相對較新的技術, 這個 API 提供了另外一種標準溝通辦法。這是一套發布／訂閱系統, 讓同一網域下的頁籤、視窗甚至 iframe 都可以互相溝通。Broadcast Channel API 相當簡單：

- 你可以從新的 BroadcastChannel("tractor_channel") 連結至一個頻道。
- 透過 channel.postMessage(content) 來發送訊息。
- 透過 channel.onmessage = function(e) {...} 來接收訊息。

就我們的案例而言, 所有微前端個體皆可連結到一個中樞頻道 (比如叫做 tractor_channel), 並接收來自其他微前端個體的通知。我們來看一個小範例。

■ team-checkout.js

```
const channel = new BroadcastChannel("tractor_channel");
const buyButton = document.querySelector("button");
buyButton.addEventListener("click", () => {
  channel.postMessage(
    {type: "checkout:item_added", sku: "fendt"}
  );
});
```

結帳團隊連結至中樞廣播頻道

當有人點擊購買按鈕, 就會發布 item_added 訊息 (商品已加入購物籃)。在這個範例中, 我們傳送一個物件, 但你也可以傳送字串或其他型別的資料。

■ team-decide.js

```
const channel = new BroadcastChannel("tractor_channel"); ◄— 決策團隊連結至中樞廣播頻道
channel.onmessage = function(e) {
  if (e.data.type === "checkout:item_added") {
    console.log(`tractor ${e.data.type} added`);
    // -> tractor fendt added
  }
};
```

監聽所有訊息, 每次取得 item_added 的訊息時, 都會印出一條日誌

目前所有主要瀏覽器都支援 Broadcast Channel API (見 caniuse.com/broadcastchannel)。如果你用的舊版瀏覽器沒有支援, 可以另外使用 polyfill 函式庫來模擬該功能。

Broadcast Channel API 與基於 DOM 的自定義事件相比, 最大的優點是可以在不同視窗之間交換訊息。如果你決定採用 iframe, 或是你需要讓不同的頁籤的狀態同步, 這個方法便能派上用場。你也可以使用頻道命名空間, 來明確區分團隊內部及外部溝通的管道。例如除了全域的 tractor_channel 之外, 結帳團隊可以開設自己的 checkout_channel 頻道, 讓自家的微前端個體間能分享訊息。團隊內部的溝通管道也可能夾帶更複雜的資料結構。明確區分公開及內部訊息, 可以降低非必要耦合的風險。

6.1.5 適合使用跨 UI 溝通的時機

現在你已經學到四種不同的元件溝通方式, 也知道如何以基本的瀏覽器功能來實作。你當然也可以使用自訂的工具來溝通並更新元件；若讓所有團隊在執行期間匯入一個共享的 JavaScript 發布／訂閱模組, 當然也能達到一樣的目的。但在做微前端整合時, 你的目標應該是要盡可能減少共享的基礎設施, 因此建議還是優先使用自定義事件 (Custom Events) 、或是 Broadcast Channel API 這類瀏覽器標準。

而在使用跨 UI 溝通時，你應該注意以下幾點：

只使用簡單的 payload

在前面的範例中，我們透過一個事件將實際的購物籃項目 ({sku, edition}) 自一個頁面區塊傳遞到另一個區塊。但在我參與過的真實專案中，我們並不會拿事件來傳遞資料，對於如何盡可能讓事件保持精簡也很有經驗。畢竟事件存在的目的，是驅使 UI 的其他部位做出反應。你應該限制自己只在團隊內部交換視圖模型 (view model) 和相關知識物件。

高度 UI 溝通恐是團隊邊界設計不良的表徵

如同先前提到，如果團隊邊界設定明確，應該不會出現大量的跨團隊溝通需求。儘管如此，當你在一個畫面上添加許多不同的使用案例，溝通的頻率不可免仍會增加。

若你開發一項新功能，需要兩組團隊緊密合作、在各自的微前端個體之間反覆交換資料時，這就是團隊邊界沒設計好的指標。重新考慮一下你的團隊邊界，看是要擴大範圍，還是把某個使用案例改派給另一個團隊負責。

事件 vs. 非同步載入

使用事件或是廣播時，務必考慮到其他的微前端個體可能尚未載入完畢。要是事件在微前端個體初始化之前發生，這些個體是無法收到事件的。

如果你運用事件的場合，是針對使用者添加商品到購物籃這類行為做出回應，實務上就不是太大問題。但若你要在第一次載入時將訊息傳遞給所有元件，使用標準事件就可能並非合適的解決方案。

6.2 其他溝通機制

到目前為止，我們都專注在使用者介面的溝通，這直接發生在瀏覽器內的各個微前端個體之間。不過當你實際開發應用程式時，尚有其他資料交換的方法可用。本章的最後部分就來探討微前端架構下的身分認證、資料擷取、狀態管理及資料複製。

6.2.1 全域 context information 及身分驗證

每一個微前端個體都負責處理一個特定的使用案例。但在比較**複雜的**應用程式中，這些微前端個體往往需要一些上下文資訊才得以運作。這些上下文資訊像是使用者使用哪種語系、居住地以及偏好貨幣？使用者有登入還是匿名拜訪網站？應用程式是在模擬環境還是真實環境下運行？這些必要細節通常稱為上下文資訊 (context information)，本質上是唯讀的。你可以將 context information 視為基礎樣板，只需要解讀一次，並以容易取得的方式提供給所有團隊。

圖 6.9 描述如何將context information，分別傳送給所有的使用者介面應用程式。

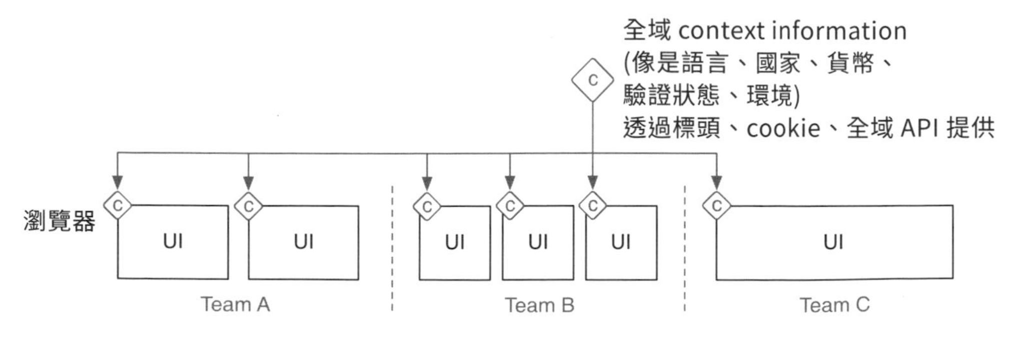

圖 6.9 你可以將一般的全域 context information 提供給所有微前端個體。這使得偵測語系這類共同任務可以被集中。

提供 context information 給所有微前端個體

若要建立一個解決方案來提供 context information, 有兩個問題必須先解決：

1. 資訊提供 (Delivery) —— 你要如何將資訊傳送給各團隊的微前端個體？
2. 權責劃分 (Responsibility) —— 哪一個團隊負責評估資料, 並實作相關的概念？

我們先從資訊的提供說起。如果你使用伺服器端渲染, HTTP 標頭或 cookie 會是最熱門的解決方案。前端代理伺服器或整合服務可以把這些資訊附加到每一個傳入的請求上。但若你運行的是純客戶端的應用程式, HTTP標頭就不能考慮了。替代辦法是提供一個全域的 JavaScript API, 讓每一個團隊都能透過這個 API 取得資訊。下一章我們將介紹應用程式殼層 (app shell) 的概念：這是在純客戶端應用程式輸入 context information 的典型做法。

> **小編註** 許多 JavaScript 前端框架會有相關的工具提供所謂的 data store, 以便在瀏覽器內儲存跨元件資料, 例如 Redux (常用來搭配 React) 或 Vuex (搭配 Vue.js)。

接著是權責劃分的部分。如果你的專案有一個專責的平台團隊, 這個團隊就是負責提供 context information 的最佳人選。但若專案採用了中心化架構, 你就需要選出一個團隊來負責這件事。不過, 如果你已經實作了前端代理和應用程式殼層這類中央基礎設施, 負責該基礎設施的團隊便是處理 context information 的理想人選。

身分驗證

諸如管理語系偏好設定，或是判斷使用者的來源國這類任務，並不需要太多商業邏輯。但使用者身分驗證就比較複雜了：你應該檢查各團隊的使命，來決定登入流程該由哪一個團隊負責。

站在技術整合的角度來看，負責登入流程的團隊，也會是負責提供驗證資訊給其他團隊的供應者。這個團隊提供登入頁面，或是頁面區塊，其他團隊則將尚未登入的使用者重新導向至此。你可以使用 OAuth 或 JWT (JSON Web Tokens) 等標準，安全地提供驗證狀態給所需團隊。

6.2.2 管理狀態

如果你使用的是 Redux 這類狀態管理套件，每一個微前端個體、或至少是每一個團隊都應該記錄自己的本地狀態。圖 6.10 對此加以說明：

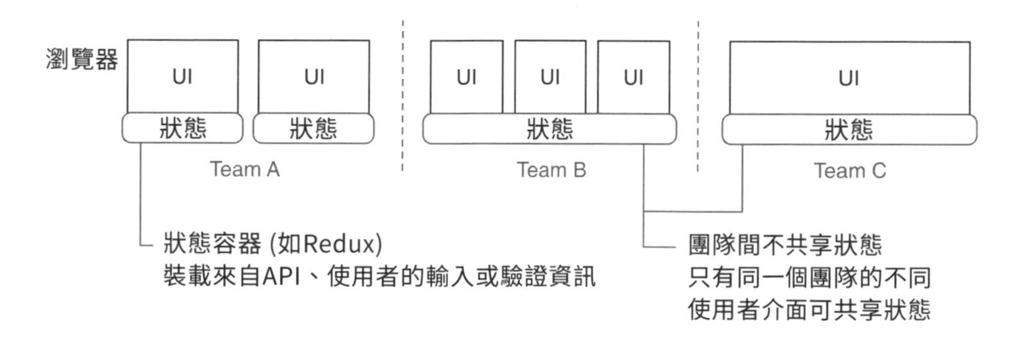

圖 6.10 每個團隊都有自己的使用者介面狀態。在團隊之間分享狀態會帶來耦合，並讓應用程式日後難以修改。

你可能會想重複使用某一個微前端個體的狀態，避免二次載入資料。但這個偷吃步的方法會帶來耦合，讓各別應用程式難以做變更、並且降低穩健度。此外，共享狀態還有可能被濫用，當成跨團隊溝通的工具。

6.2.3 前後端溝通

如圖 6.11 所示，微前端個體運行時，應該只跟其所屬團隊的後端基礎設施來溝通。隊伍 A 的微前端個體絕對不會與隊伍 B 的 API 端點直接溝通。這會造成耦合，以及團隊間的相依性。更重要的是，你因此放棄了分離性。這樣一來，如果要執行和測試系統，其他團隊的系統也必須在場。隊伍 B 的錯誤會連累到隊伍 C 的頁面區塊，以此類推。

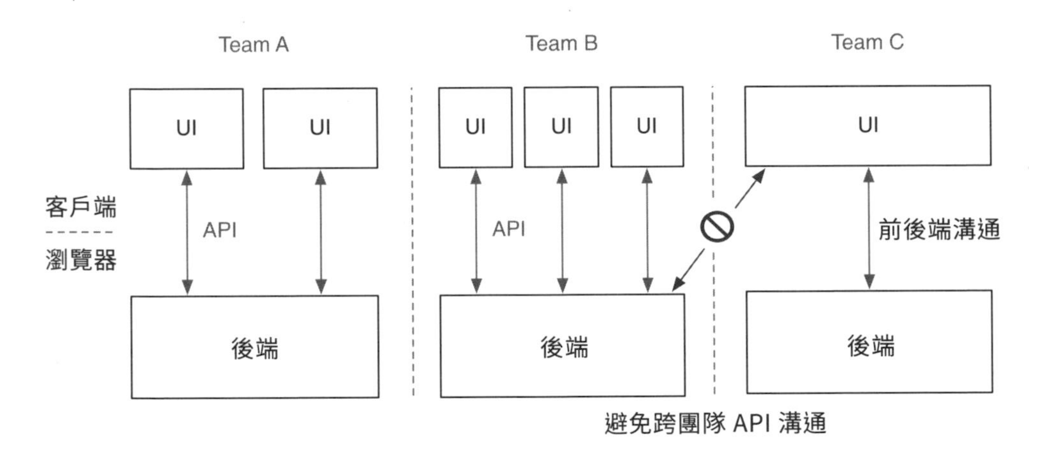

圖 6.11　API 應該總是在團隊邊界內做溝通。

6.2.4 資料複製

要是你的每個團隊都擁有從使用者介面到資料庫的一切，每個團隊都需要自己的伺服器端資料倉儲。

例如，促銷團隊會維護一個資料庫，記錄純手工產品的推薦清單；結帳團隊則記錄使用者建立的所有購物籃和訂單。決策團隊對以上這些資料結構沒有直接興趣，他們的相關功能 (比如推薦區塊或迷你購物車) 都是透過前端 UI 整合的。

可是在某些狀況下，UI 整合並不可行。以產品資訊為例，決策團隊擁有所有團隊中的主產品資料庫，並提供後台讓拖曳機商店的員工可以添加新產品。不過，其他團隊也需要一些產品資訊。像促銷團隊和結帳團隊至少需要所有 SKU 編號、相關名稱及圖片連結。更詳細的資訊，像是編輯紀錄、影片檔或顧客評價，他們則沒興趣知道。

這兩個團隊都可以在營運期間呼叫 API，自決策團隊取得資訊。不過，這就違反微前端的團隊自主目標了。萬一決策團隊掛掉，其他團隊的作業也會跟著停擺。這時，我們可以透過資料複製 (data replication) 來解決這個問題。

現在決策團隊提供一個介面，讓其他團隊能抓取所有產品的清單。其他團隊會用背景作業的方式定期複製所需的產品資訊。這可以透過 feed 機制加以實作，請見圖 6.12。

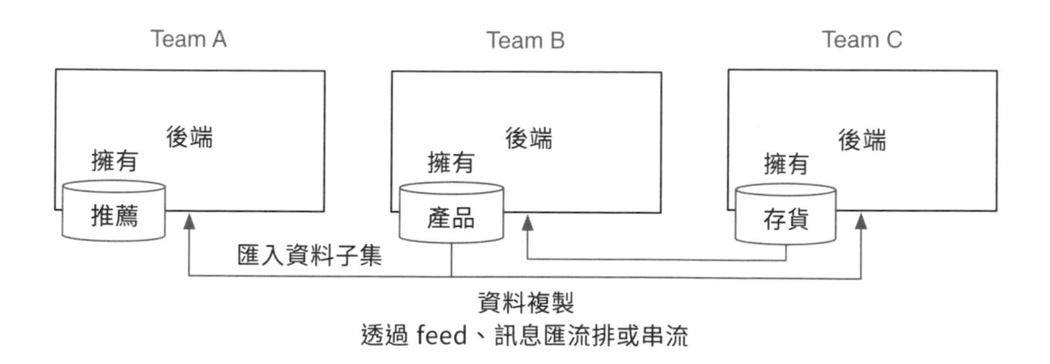

圖 6.12 團隊可以自其他團隊複製資料，以保持獨立。這種複製資料的做法，能增加應用程式的穩健度 —— 若有一個團隊掛掉，其他團隊仍舊可以運作。

如此一來，若決策團隊的應用程式掛掉，促銷團隊依舊保有本地端的產品資料庫，能夠繼續用來提供推薦商品。其他種類的資料也可以套用這個概念。

反過來說，結帳團隊擁有庫存資料，知道拖曳機模型的庫存量、也能預估何時完成補貨。如果其他團隊有興趣取得這種資料，就有兩個選項：同樣複製所需資料到自己的應用程式底下，或者要求結帳團隊提供一個可被整合的微前端個體，將這部分資訊直接呈現給使用者。

這兩個方法各有利弊。決策團隊如果要依據這份庫存資料建立商業邏輯，可以將資料複製下來。舉例來說，他們可能想做個實驗，替庫存所剩不多的商品開發一個不同的產品細節頁面。為了實現這項功能，決策團隊就必須先知道庫存狀況，並了解結帳團隊的庫存格式，方能打造相關的商業規則。

但如果決策團隊只是想把用簡單的文字把庫存資訊顯示在購買按鈕上，採取使用者介面整合就更為適合。這樣的話，決策團隊完全不必去了解結帳團隊的庫存資料模型。

重點摘錄

- 在應用程式流程的轉換之處，往往需要微前端個體之間進行溝通。若使用者要自一個使用案例切換往下一個，透過網址傳遞參數可應付大部分的需求。
- 當一個頁面上同時存在多重使用案例，不同的微前端個體就可能需要相互溝通。
- 不同團隊的使用者介面之間，可以使用較高層級的 props down, events up (往下傳遞屬性、往上傳遞事件) 溝通模式。
- 主頁面可透過屬性將更新後的 context information 向下傳遞給子區塊。

- 若使用瀏覽器原生的事件，頁面區塊可以針對使用者行為，向較上層的其他頁面區塊發送通知。
- 非母子 (或父子) 關係的不同頁面區塊，可以透過事件匯流排或廣播機制來溝通。瀏覽器原生的自定義事件 (Custom Events) 及較新的 Broadcast Channel API 都能派上用場。
- UI 溝通應該只限於通知用途，而非拿來傳遞複雜的資料結構。
- 諸如使用者語系或國家這類一般的 context information，可以在前端代理或 app shell 這種中樞位置加以處理，再傳送給每一個微前端個體。實作方法包括 HTTP 標頭、cookie 或共享的 JavaScript API。
- 每一個團隊都可以擁有自己的使用者介面狀態 (例如使用 Redux store)。你應該避免在不同團隊之間共享狀態，因為這會造成耦合，並使應用程式難以變更。
- 一個團隊的微前端個體，應該只向所屬的後端應用程式擷取資料。不同團隊的使用者介面若透過後端 API 交換較大型的資料結構，同樣會造成耦合，讓應用程式難以更新及測試。

MEMO

CHAPTER

07

客戶端路由與 app shell：統一單體應用程式

- 將跨團隊路由的概念應用到單頁應用程式 (SPAs) 上
- 建構一個共享的 app shell, 當成使用者的單一進入點
- 探索客戶端路由的不同方法
- 了解微前端元框架『single-spa』如何讓整合變得更容易

在前兩章，我們著重於微前端的整合及溝通：我們談到如何使用伺服器端及客戶端技術，將不同團隊的使用者介面整合成單一畫面。本章我們則要後退一步，來看頁面層級的整合。我們在第二章介紹過最基本的頁面整合，也就是單純的超連結。第三章則介紹如何以共同的路由器將頁面請求轉給專責團隊。現在，我們要將這些概念應用在客戶端路由及**單頁應用程式 (single-page apps, SPAs)** 上。

大多數 JavaScript 前端框架都有專門的路由套件，像是 Angular 的 @angular/router 或是 Vue.js 的 vue-router。這讓應用程式能夠輕易切換頁面，不需要在你每次點連結或按鈕時就刷新整個頁面。既然瀏覽器不需擷取和處理整份 HTML 文件、也不必重讀 JavaScript 和 CSS 之類的靜態參考資源，只要重新渲染有變動的部分即可，客戶端的頁面切換就感覺更順暢、使用者體驗也更佳。我們在本章將頁面切換區分為硬導覽 (hard navigation) 以及軟導覽 (soft navigation) 兩種：

- **硬導覽**是指瀏覽器自伺服器載入完整的 HTML，以呈現下一個頁面。
- **軟導覽**則是完全透過客戶端渲染來轉頁，通常是使用客戶端路由。在這個情境下，客戶端會透過 API 自伺服器擷取資料。

在傳統的單體式前端網站中，通常都是二選一，要嘛開發一個透過伺服器端渲染的應用程式 (完全採用硬導覽)，不然就是實作成 SPA (以客戶端路由實現軟導覽)。但在微前端的環境下，情況沒有必要那麼壁壘分明。圖 7.1 顯示了兩個簡單的頁面整合方式。

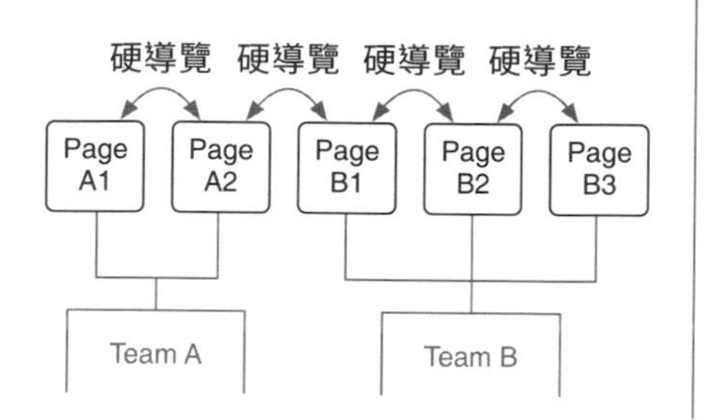

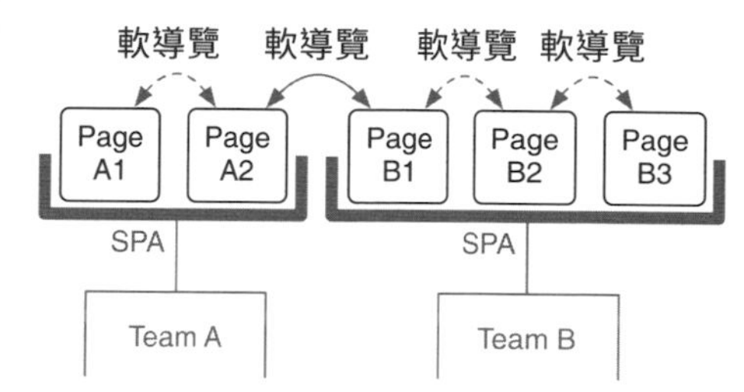

圖 7.1 微前端框架下兩種切換頁面的做法。只用超連結的模式很簡單。頁面透過超連結切換，每次都會刷新整個頁面。團隊需要知道彼此的超連結，除此以外就沒什麼特別。另外一種做法是連結單頁應用程式，團隊內部全使用軟導覽，而當使用者行為跨越團隊邊界時，硬導覽便會派上用場。從架構的角度來看，這和第一種做法並無差別；團隊選用 SPA 呈現多個頁面，這只是實作細節問題。只要能對網址做出正確回應，其他團隊就不用操心了。

在上述這兩個選項中，超連結是團隊間唯一的約定，不需要其他技術或共享的程式碼，但兩種方法都需要硬導覽。這麼做是否可行，端看你的使用案例，特別是團隊數量。如果你的目標是建立大量的團隊，每個都只負責一個頁面，這就會需要很多硬導覽。圖 7.2 展示了第三個選項，頁面切換全都是通過軟導覽實現。

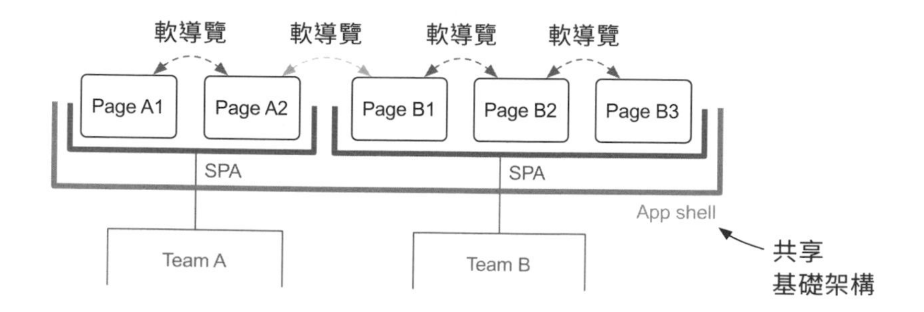

圖 7.2 透過一個中央應用程式容器，將彼此關聯的單頁應用程式裝在一起，處理不同團隊間的頁面切換。這邊全都是透過軟導覽切換頁面。

若要去除不同團隊之間的硬導覽，我們就必須建立一個新的共享基礎設施：**應用程式殼層 (application shell)**，簡稱為 app shell。它的任務是將請求網址轉給對應的團隊。就這方面來看，app shell 和我們在第三章介紹的前端代理很類似，但兩者從技術角度來說是不同的。這回我們不需要設置 Nginx 這類專用伺服器；app shell 其實就包含一份 HTML 文件，以及一段 JavaScript 程式碼。

本章各位會學到，如何用一個 app shell 將不同的 SPA 合併成一個單頁應用程式。我們會從頭建立一個 app shell，當中會包含一個簡單的路由器，稍後也會升級成較完善且較好維護的版本。而在本章的最後，我們則會看看微前端元框架『single-spa』，這是一種現成的 app shell 解決方案。

7.1 平面式路由的 app shell

目前為止，Tractor Models公司所採用的微前端架構帶來諸多益處，使他們在短時間內就開發出線上商店。三組團隊也都摩拳擦掌，積極地想要改進各自的系統，好打造完美的顧客體驗。

這些團隊在公司會議上提到，他們想將使用者介面完全轉成客戶端渲染，這麼一來頁面在切換時應該都能使用更流暢的軟導覽，而且不會受限於團隊界線內。在傳統的單體應用程式架構下，要做到這點很簡單，只要使用你最中意的 JavaScript 框架的路由套件即可。但這些團隊不想讓團隊之間產生高度耦合；為了確保開發上能快速迭代，他們在部署及套件相依性升級方面應該要繼續保持獨立。改用共享框架只會拖慢所有人而已。

三組團隊都有信心，能打造一個不挑技術的客戶端路由器，來做頁面切換。他們知道已經有一些類似的現成作法可供使用。但考量到這個中央路由器，會是架構的基本組成部分，他們決定從頭開始，打造一個雛型版本。這樣一來，他們能完全掌握，所有會動的部分是如何協作的。

7.1.1 何謂 app shell ？

app shell 扮演所有微前端個體的外層應用程式：所有請求都會抵達此處，然後 app shell 會選出使用者要造訪的微前端個體，並於 HTML 的 body 標籤內渲染出來。請見圖 7.3。

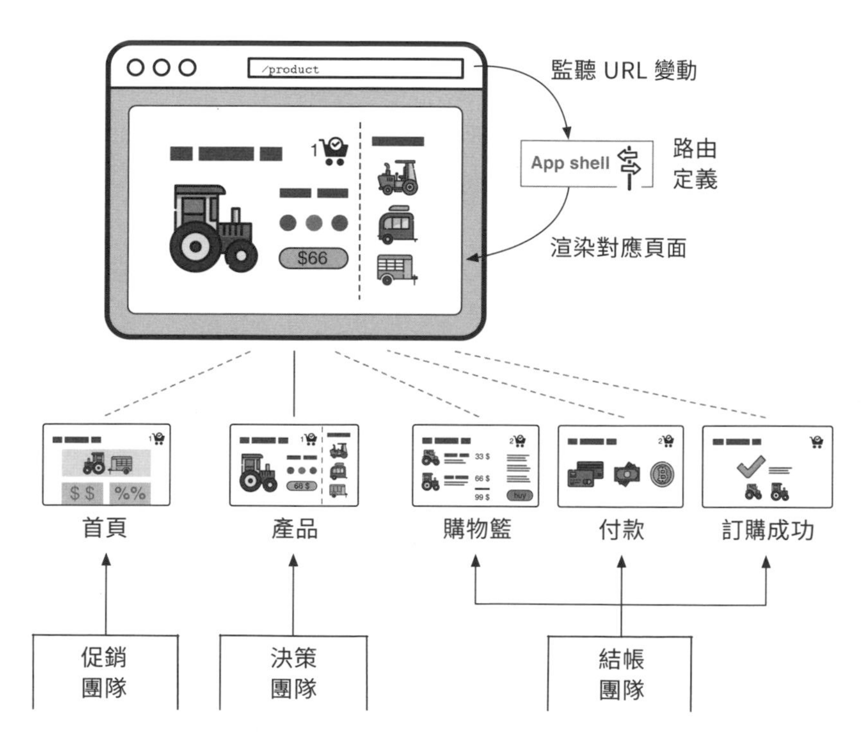

圖 7.3 app shell扮演中央客戶端路由的角色。它會監看網址變動，選出對應的頁面 (微前端個體) 並加以渲染。

因為 app shell 容器是共享的程式碼，它應該越簡單越好——當中**不該包含任何商業邏輯**。有時涉及所有團隊的功能，像是身分驗證或分析，有時也會放在 app shell 內。但現階段我們只會介紹基本部分。

7.1.2 剖析 app shell

微前端 app shell 的四大功能如下：

1. 提供共享的 HTML 文件
2. 將 URL 對應到團隊的頁面 (客戶端路由)
3. 渲染出對應頁面
4. 在導覽時將先前的頁面做反初始化, 並初始化下一個頁面

我們會按這個列表來依次建置其功能。由於 app shell 是主要的基礎設施, 它的程式碼會跟各團隊的應用程式處於同一層級。圖 7.4 是範例 13_client_side_flat_routing 的資料夾結構。

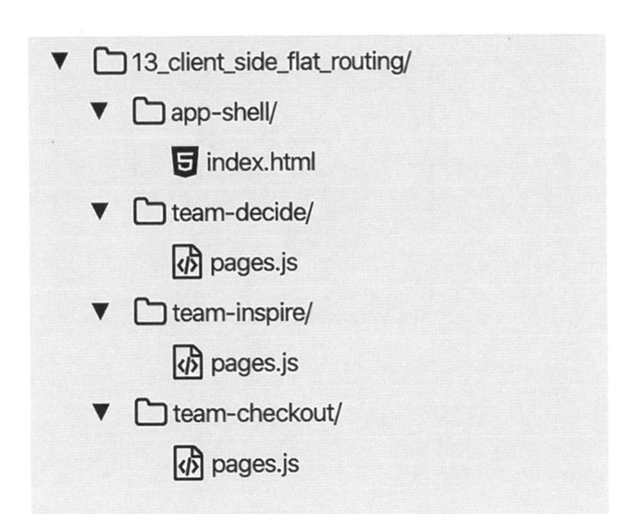

圖 7.4 app shell 的程式碼與其他團隊的程式碼處於平行層級, 並提供共享的 HTML 文件。各團隊則透過 JavaScript 來傳遞頁面元件。

如同先前的章節, 每一個資料夾都代表一個獨立開發及部署的應用程式。在本範例中, app shell 會於連接埠 3000 上監聽, 而三組團隊的應用程式則分別運行於 3001、3002 及 3003 埠。若你開發的應用程式得完全透過客戶端渲染, 它通常只會有一個 index.html檔, 當成所有請求的進入點, 而實際的路由都是透過 JavaScript 在瀏覽器中實現。

為了能讓 app shell 作用，我們需要設定網路伺服器，讓它在接收到未知的網址時傳回 index.html。在 Apache 或 Nginx 伺服器中，你可以指定 URL 重寫 (rewriting) 規則來做到這一點。好在我們的臨時網路伺服器 (mfserve) 也有這個選項，加上 --single 參數即可。

執行以下程式碼來啟動 app shell 以及三個應用程式：

```
\MFE> npm run 13_client_side_flat_routing
```

現在伺服器會用 index.html 來回應 /、/product/Porsche 或是 /cart 這類請求。下面我們來看這個 HTML 程式碼：

■ \MFE\13_client_side_flat_routing\app-shell\index.html

```
<html>
  <head>
    <title>The Tractor Store</title>
    <script src="https://unpkg.com/history@4.9.0"></script>
    <script src="http://localhost:3001/pages.js" async></script>
    <script src="http://localhost:3002/pages.js" async></script>
    <script src="http://localhost:3003/pages.js" async></script>
  </head>
  <body>
    <div id="app-content">
      <span>rendered page goes here<span>
    </div>
    <script type="module">
      /* 路由程式碼寫在這裡 */
    </script>
  </body>
</html>
```


我們的 HTML 檔參照了所有團隊的 JavaScript 程式碼，後者能用來產生頁面元件。HTML 檔也有一個容器 (#app-content)，用來顯示實際的頁面內容。相當清楚明白。我們接著來處理路由的部分。

7.1.3 客戶端路由

打造客戶端路由的方法有很多種。我們也可以使用 vue-router 這種功能完善的既有路由方案。但既然我們想保持簡單，我們在此只會以 history 函式庫 (https://github.com/ReactTraining/history) 為基礎來自行開發路由功能。history 函式庫是一些包覆著瀏覽器 history API 的程式碼，諸如 react-router 這類較高層級的路由器，其背後也會用到這個函式庫。如果你之前沒用過這也別擔心，我們只會用到其中兩項功能：listen (監聽) 和 push (推送)。

■ \MFE\13_client_side_flat_routing\app-shell\index.html

```
...
  <script type="module">
    const appContent = document.querySelector("#app-content");

    const routes = {
      "/": "inspire-home",
      "/product/porsche": "decide-product-porsche",
      "/product/fendt": "decide-product-fendt",
      "/product/eicher": "decide-product-eicher",
      "/checkout/cart": "checkout-cart",
      "/checkout/pay": "checkout-pay",
      "/checkout/success": "checkout-success"
    };

    function findComponentName(pathname) {
      return routes[pathname] || "not found";
    }

    function updatePageComponent(location) {
      appContent.innerHTML = findComponentName(location.pathname);
    }

    const appHistory = window.History.createBrowserHistory();
```

將 URL 路徑對應到元件名稱

以路徑查找元件

將元件名稱寫入內容容器

實例化 history 函式庫

→ 接下頁

```
    appHistory.listen(updatePageComponent);   ← 註冊 history 監聽器，它
                                                在網址變更時都會被呼叫

    updatePageComponent(window.location);   ← 呼叫更新函式來渲染第一頁

    document.addEventListener("click", e => {
      if (e.target.nodeName === "A") {
        const href = e.target.getAttribute("href");
        appHistory.push(href);
        e.preventDefault();
      }
    });
  </script>
...
```

註冊一個全域監聽器來攔截超連結點擊，好將目標 URL 傳給 history 函式庫，並阻止硬轉頁發生

保持網址和內容同步

在上面的程式中，其核心為 **updatePageComponent(location)** 函式，負責讓呈現的內容和瀏覽器網址同步。這項功能在初始化時會被呼叫一次，之後瀏覽歷史記錄每次有變更 (由 appHistory.listen 監聽) 也會呼叫。

瀏覽歷史記錄的變更，有可能是 JavaScript API 透過 appHistory.push() 發送導覽請求，或是使用者在瀏覽器上點按回上頁／下一頁的按鈕。updatePageComponent 函式被呼叫時會根據當前網址來尋找相符的頁面元件。目前這個函式只會透過 innerHTML 屬性將元件名稱寫到 div#app-content 元素內，使我們能在瀏覽器看到一行跟 URL 相符的名稱。這個名稱等於是預留位置，方便我們稍後在這邊渲染出實體元件。

將 URL 對應到元件

程式中的 routes 物件由簡單的路徑名稱 (鍵) 以及其所對應的元件名稱 (值) 組成。以下程式碼是從先前的範例摘錄而來：

■ \MFE\13_client_side_flat_routing\app-shell\index.html

```
...
const routes = {
  "/": "inspire-home",
  "/product/porsche": "decide-product-porsche",
  "/product/fendt": "decide-product-fendt",
  ...
  "/checkout/pay": "checkout-pay",
  "/checkout/success": "checkout-success"
};
...
```

每個頁面都是一個元件，元件名稱會拿負責團隊的名稱當前綴詞。例如，若輸入網址為 /checkout/success，app shell 就會渲染結帳團隊的 checkout-success 元件。

7.1.4 渲染頁面

app shell 內引用了每個團隊的 JavaScript檔，我們來看一下這些檔案的內容。你可能已經猜到，我們這裡使用 Web Components 做為中性元件格式。每個團隊會將自家頁面以自定義元素的形式呈現—— app shell 需要知道元件的名稱，但不必了解這個元件內部所使用的技術。我們在此沿用第五章的方法，差別在於元件不再是頁面區塊，而是代表整個頁面。以下是促銷團隊的首頁元件程式碼。

■ \MFE\13_client_side_flat_routing\team-inspire\pages.js

```
class InspireHome extends HTMLElement {
  connectedCallback() {
    this.innerHTML = `
      <h1>Welcome Home!</h1>
      <strong>Here are three tractors:</strong>
      <ul>
```

→ 接下頁

```
        <li><a href="/product/eicher">Eicher</a></li>
        <li><a href="/product/porsche">Porsche</a></li>
        <li><a href="/product/fendt">Fendt</a></li>
      </ul>
    `;
  }
}

window.customElements.define("inspire-home", InspireHome);
```

連結決策團隊的產品頁

將自定義元素加到全域

connectedCallback 方法是團隊展示內容的入口。這個是簡化的範例；在真實世界中，我們可能還會做資料擷取、使用網頁樣板和套用樣式等等。

其他頁面的程式碼看起來也都很相似。比如下面是產品頁的範例。

■ \MFE\13_client_side_flat_routing\team-decide\pages.js

```
...
class DecideProductPorsche extends HTMLElement {
  connectedCallback() {
    this.innerHTML = `
      <a href="/">&lt; home</a> -
      <a href="/checkout/cart">view cart &gt;</a>
      <h1>Porsche-Diesel Master 419</h1>
      <img src="https://mi-fr.org/img/porsche.svg" width="200">
    `;  }
}
window.customElements.define(
  "decide-product-porsche",
  DecideProductPorsche
);
...
```

連結到促銷團隊的首頁

連結到結帳團隊的購物籃

將自定義元素註冊到全域

以上程式結構和促銷團隊的首頁如出一轍，唯有內容不同。

現在我們來回頭加強 app shell 的 updatePageComponent 函式，讓它實體化正確的自定義元素，而不是只顯示元件名稱而已。

■ \MFE\13_client_side_flat_routing\app-shell\index.html

```
...
function updatePageComponent(location) {
  const next = findComponentName(location.pathname);   ← 查詢目前位置對應的元件名稱
  const current = appContent.firstChild;   ← 參照到目前網頁的元件
  const newComponent = document.createElement(next);   ← 實例化自定義元素
  appContent.replaceChild(newComponent, current);   ← 將現有元件換成新的 (呼叫舊元素的 disconnectedCallback 以及新元素的 connectedCallback)
}
...
```

上述程式碼全都是標準的 DOM API：新增一個元件，並拿來取代現有元件。app shell 扮演單純仲介的角色，監聽 History API 並以簡單的 DOM 變更來更新頁面。團隊可以修改自定義元素，透過其生命週期方法來做初始化、反初始化、延遲加載及更新等等。我們的程式中完全沒用到框架或是過度花俏的程式碼。

微前端個體之間的連結

我們來看導覽的部分，這是這個練習的重點。我們要取得快速的客戶端渲染頁面切換。你可能已經注意到，兩個頁面都有連結，指向其他的團隊。這些連結由app shell處理。app shell擁有全域點擊事件監聽器。以下是先前範例程式碼的摘錄部分。

■ \MFE\13_client_side_flat_routing\app-shell\index.html

```
...
document.addEventListener("click", e => {   ← 對整個文件加入一個點擊事件監聽器
  if (e.target.nodeName === "A") {   ← 只關注 <a> 標籤
    const href = e.target.getAttribute("href");   ← 從目標超連結擷取 URL
```

→ 接下頁

```
    appHistory.push(href);    ◄—— 將新 URL 推送到歷史記錄
    e.preventDefault();       ◄—— 阻止瀏覽器做硬導覽
  }
});
...
```

> **備註** 上面的全域點擊事件處理器是簡短版。實務上，你也得監看修飾鍵 (modifier key，如 Ctrl、Alt 和 Shift)，這些按鍵可能會打開新分頁。此外你可能也得偵測外部連結，不過這邊有個概念就好。

微前端個體會渲染出超連結，而它們一被使用者點擊，點擊事件處理器就會攔截到。但由於我們阻止瀏覽器進行硬導覽 (重新載入頁面)，只有軟導覽會發生：

- 目標網址會成為瀏覽器歷史記錄中最新的一筆 (appHistory.push(href))。
- appHistory.listen(updatePageComponent) 回呼方法被觸發。
- updatePageComponent 拿新的網址去路由表物件比對，以確定新的元件名稱。
- updatePageComponent 以新元件取代現有元件。
- 如果舊元件有實作 disconnectedCallback 的話，它會被觸發。
- 新元件的建構子及 connectedCallback 被觸發。

當你啟動範例 (執行 **npm run 13_client_side_flat_routing**) 並開啟 http://localhost:3000/，就可以看到上述程式碼的執行效果。點擊連結，以便在頁面之間做瀏覽。你會發現所有頁面都是透過客戶端切換，app shell 文件不會重新載入。圖 7.5 展示了範例專案頁面之間的連結。

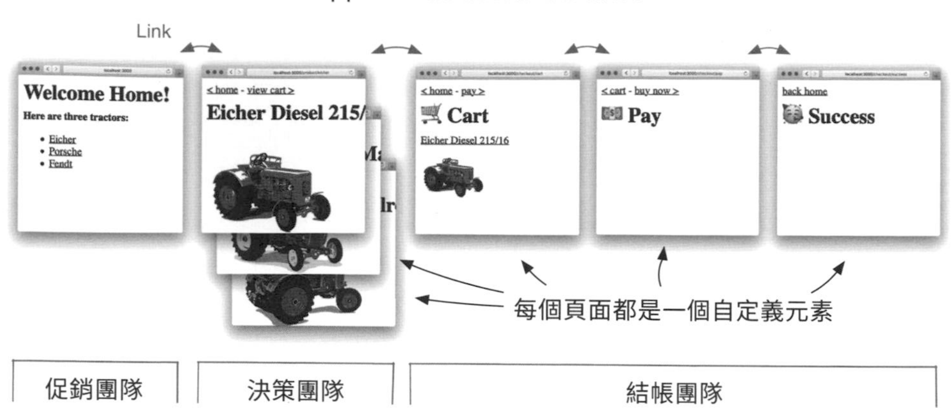

圖 7.5　範例專案 13_client_side_flat_routing 的頁面是透過超連結銜接。app shell 攔截這些連結，並以軟導覽連結至使用者請求的頁面。各團隊以自定義元素的形式呈現自家頁面。app shell 會在導覽過程中，以新元件取代現有頁面元件。

我們建議各位花些時間熟悉這些程式碼，在 app shell以及頁面元件的程式碼用 console.log 輸出日誌，或是下偵錯用的中斷點。這樣一來，你就更能體會我們的路由程式碼是如何配合頁面的初始化、反初始化。

7.1.5 app shell 與各團隊之間的契約

我們來退後一步，看各個團隊與 app shell 之間的契約 (請見圖7.6)。每組團隊都需要發布一份清單，詳列該團隊管理的 URL，讓其他團隊可以連結至特定頁面。然而，這些團隊並不需要知道其他團隊的元件名稱。app shell 會將這些資訊封裝起來。當有團隊要更改元件名稱，便只須更新 app shell。

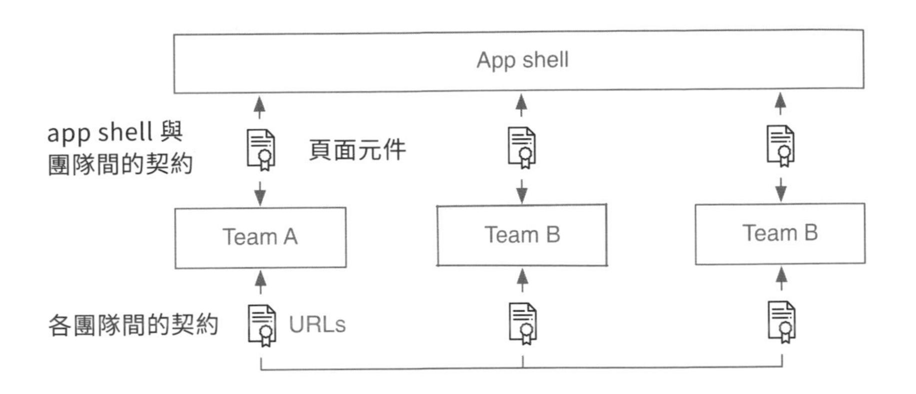

圖 7.6 不同系統之間的契約。團隊得透過事前定義好的元件格式 (像是 Web Components) 呈現自家頁面。一個團隊若要連結至其他團隊，便需要知道該團隊的 URL。

7.2 app shell 與雙層路由

拖曳機商店 app shell 的第一個雛型，讓各組團隊都很滿意——需要撰寫的程式碼比預期的還少。不過，他們也已經發現一個重大缺點：在這種平面式路由 (flat routing) 的做法裡，app shell 必須知道應用程式的所有網址。若有團隊要變更現有網址，或是添加新的路徑，便需要調整並重新部署 app shell。功能團隊與 app shell 的耦合感覺不太妥當。app shell 應該是基礎設施的一環，不該知道所有的網址才對。

雙層路由 (two-level routing) 的概念能夠避免這點。app shell 只處理團隊路由，而每個團隊可以擁有自己的路由器，將傳入的網址進一步配對到特定頁面。這和第三章的路由代理是同樣的概念，差別在於現在我們不是使用網路伺服器，而是改用瀏覽器中的 JavaScript。

若要實踐這個概念，app shell 需要一個可靠的方法來分辨一個 URL 隸屬於哪個團隊。最簡單的方式便是使用前綴詞判斷。圖 7.7 展示了這個概念如何運作。

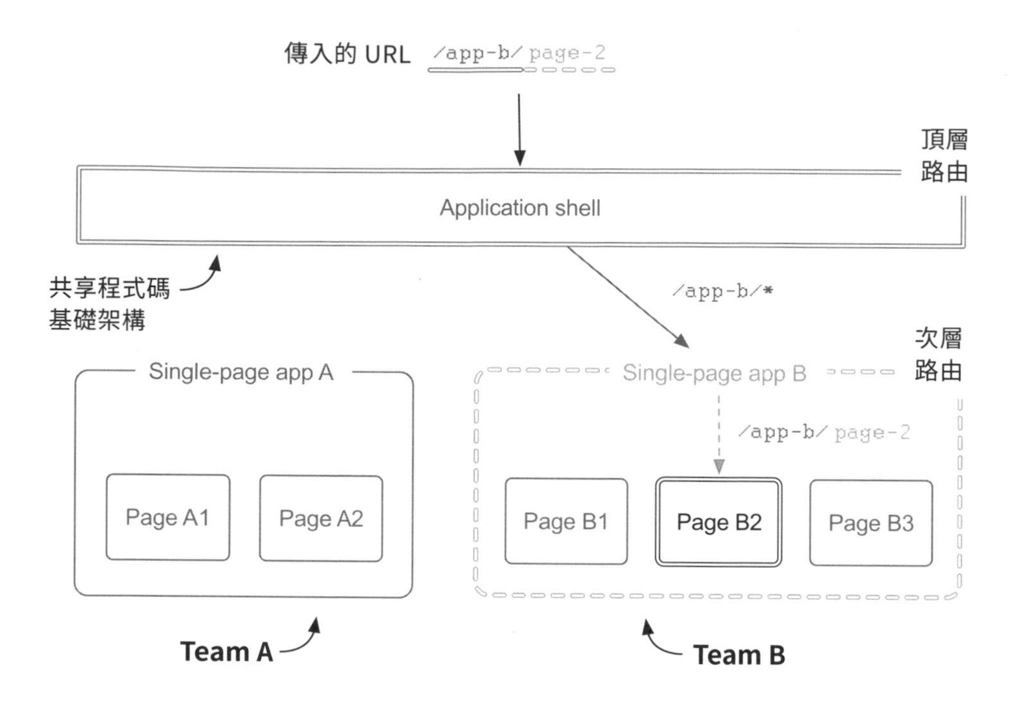

圖 7.7　雙層路由。app shell 藉由 URL 的第一個部分判斷該由何團隊負責 (頂層路由)。該團隊自身的路由器則會接手，根據完整網址找到自家單頁應用程式內的正確頁面 (次層路由)。

在這種模式下，我們把多個單頁應用程式 (來自每個團隊) 包覆在另外一個單頁應用程式 (app shell) 中。這樣做的好處是，app shell自身的路由規則被精簡到最低幅度，其頂層路由器只需決定哪個團隊該負責。確切的路由會改而定義在該團隊的應用程式內。於是團隊不用更改 app shell，就可以在應用程式的路由器內添加新的 URL。只有在新增團隊、或是要更改團隊的前綴詞時，才會需要更改 app shell。我們下面就來實作這些變更。

7.2.1 實作頂層路由

app shell 的程式碼可以不做更動，我們只須更改路由定義 (範例 14_client_side_two_level_routing)：

■ \MFE\14_client_side_two_level_routing\app-shell\index.html

```
<html>
  ...
  <body>
    ...
    <script type="module">
      ...
      const routes = {

        "/product/": "decide-pages",
        "/checkout/": "checkout-pages",
        "/": "inspire-pages"
      };

      function findComponentName(pathname) {
        const prefix = Object.keys(routes).find(key =>
          pathname.startsWith(key)
        );
        return routes[prefix];
      }
      ...
    </script>
    ...
  </body>
</html>
```

現在 routes 物件會拿 URL 的前綴詞跟團隊層級的元件配對

findComponentName 函式會拿當前的路徑比對前綴詞，並傳回第一個符合的元件名稱

這回 routes 物件的內容變得比之前更精簡了。先前在平面式路由版本中，route 會將 /checkout/success 之類的詳細網址與特定的頁面元件 checkout-success 配對；新的路由規則將每個團隊的所有路由整合成單一定義，不用再細分頁面之間的差別。

先前 findComponentName 函式就只是直接拿整個路徑查找元件，現在則會在傳入的路徑內搜尋前綴詞，與所有前綴詞加以比對，並回傳第一個相符合的元件名稱。所有以 /checkout/ 開頭的網址都會使 app shell 渲染 checkout-pages 元件。至於實際上該顯示哪個頁面，就得由結帳團隊的路由器來解讀了。

我們要做的變動就只有這樣。其餘程式碼則跟平面式路由範例一模一樣。

7.2.2 實作團隊層級的路由

我們來看 checkout-pages 元件的內部，好理解次層路由是怎麼實現的。先前範例中的 checkout-cart、checkout-pay 以及 checkout-success 元件，現在都改而包裝在 checkout-pages 元件內。以下是結帳團隊處理頁面的程式碼：

■ \MFE\14_client_side_two_level_routing\team-checkout\pages.js

```
const routes = {   ←── 包含所有結帳團隊的路徑
  "/checkout/cart": () => `   ←── 將購物籃 URL 配對到產生頁面樣板的函式
    <a href="/">&lt; home</a> -
    <a href="/checkout/pay">pay &gt;</a>
    <h1> Cart</h1>
    <a href="/product/eicher">...</a>`,   購物籃頁面樣板
  "/checkout/pay": () => `
    <a href="/checkout/cart">&lt; cart</a> -
    <a href="/checkout/success">buy now &gt;</a>
    <h1> Pay</h1>`,
  "/checkout/success": () => `
    <a href="/">home &gt;</a>
    <h1> Success</h1>`
};

class CheckoutPages extends HTMLElement {
  connectedCallback() {   ←── 觸發 app shell 將 <checkout-pages>
                              元件附加到 DOM 文件內
    this.render(window.location);   ←── 依據目前位置渲染內容
    this.unlisten = window.appHistory.listen(location => {
      this.render(location);
    });
  }
監聽歷史記錄變動，並依變動重新渲染（注意我們
這邊使用 app shell 提供的 appHistory 實體物件）
```

→ 接下頁

```
  render(location) {  ← 負責渲染內容
    const route = routes[location.pathname];  ← 透過傳入路徑查詢頁面樣板
    this.innerHTML = route();  ← 執行路徑樣板, 並將結果寫入 innerHTML
  }
  disconnectedCallback() {
    this.unlisten();
  }
}  ← 當 app shell 將元件自 DOM 移除時觸發, 取消註冊之前加入的歷史記錄監聽器

window.customElements.define("checkout-pages", CheckoutPages);  ← 將元件以 checkout-pages 名稱註冊為全域自訂元素
```

這個程式碼包含三個頁面的所有樣板。當 app shell 將元件添加到 DOM, 便會觸發 connectedCallback 方法。這個方法會根據當前網址渲染頁面, 接著監聽網址變更 (window.appHistory.listen)。當路徑一有變更, 這個方法就會隨之更新畫面。為了簡化起見, 我們只使用基於字串的樣板。你在實務上可能會使用更複雜的方案。

你可以花點時間執行此範例, 好更深入了解其行為：

```
\MFE> npm run 14_client_side_two_level_routing
```

事後清理是王道

每次完成動作時, 做點清理永遠是好主意, 但這點在微前端架構下特別重要。執行 app shell 模型就像是和其他人共享公寓：全域變數、被遺忘的計時器和事件監聽器, 有可能會影響其他團隊的程式, 或是繼續佔據記憶體。這些問題通常很難追查。

因此當元件不再使用時, 就得加以適當清理。這也是為什麼我們的範例程式碼中, disconnectedCallback() 會透過 unlisten() 方法移除之前透過 appHistory.listen() 傳回的監聽器。在使用第三方程式碼時也要小心

——較舊的 jQuery 外掛或 AngularJS (v1) 這類舊框架的清理都不夠完善。不過, 多數現代工具只要正確卸載, 一般並不會有問題。

以上就是我們實作雙層路由所需知道的一切。頂層是讓 app shell 尋找團隊應用程式, 次層則是由該團隊選擇對應的頁面來呈現。

7.2.3 網址變更會發生什麼事？

我們來檢視 URL 變更時會發生什麼事。我們會從三個情境來觀察：首次頁面載入、團隊內的導覽以及跨團隊導覽。

情境一：首次頁面載入

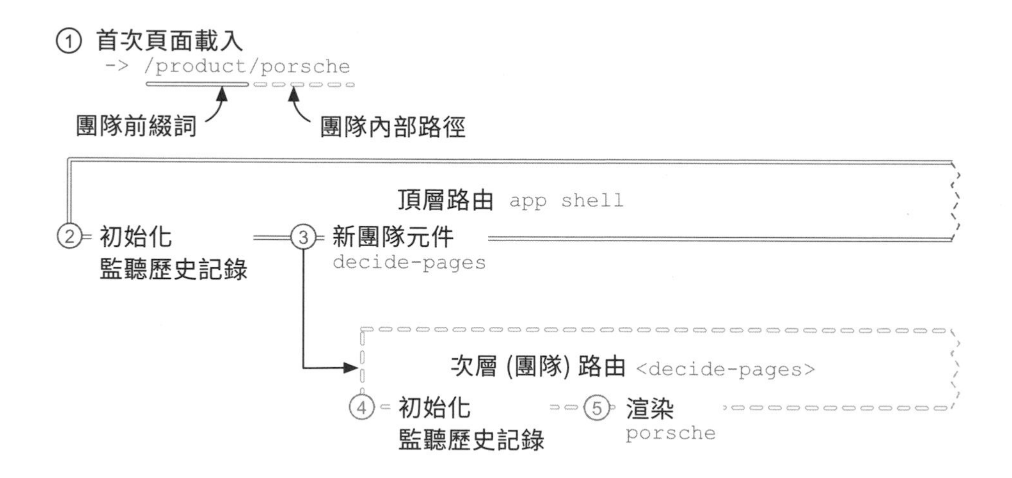

圖 7.8 以雙層路由呈現第一個頁面。頂層路由藉由團隊名稱前綴詞, 來判定哪個團隊該負責。次層的團隊路由則透過網址最後的部分, 渲染實際頁面。

圖 7.8 描繪了首次頁面載入的細節。以下是從步驟二開始的細節：

1. app shell 的程式碼率先執行, 為初始化做準備, 並開始監看網址變更。

2. 目前網址的開頭是團隊前綴詞 /product/，對應到決策團隊的 <decide-pages> 元素。app shell 將這個元件加入 DOM。
3. 團隊層級的 <decide-pages> 元件自行初始化，並同樣開始監聽網址變更。
4. <decide-pages> 元件檢視當前網址，並渲染出 Porsche 拖曳機的產品頁面。

簡言之，app shell選出當前網址的負責團隊，接著這個團隊的應用程式負責渲染頁面。兩方都對網址登記了一個監聽器。

情境二：團隊內部導覽

圖 7.9 則可以看到，當使用者在 /product/Porsche 頁面點擊通往 /product/eicher的連結，會發生什麼事。app shell 攔截這個連結，並將新的網址推送到瀏覽器的歷史記錄最前頭：

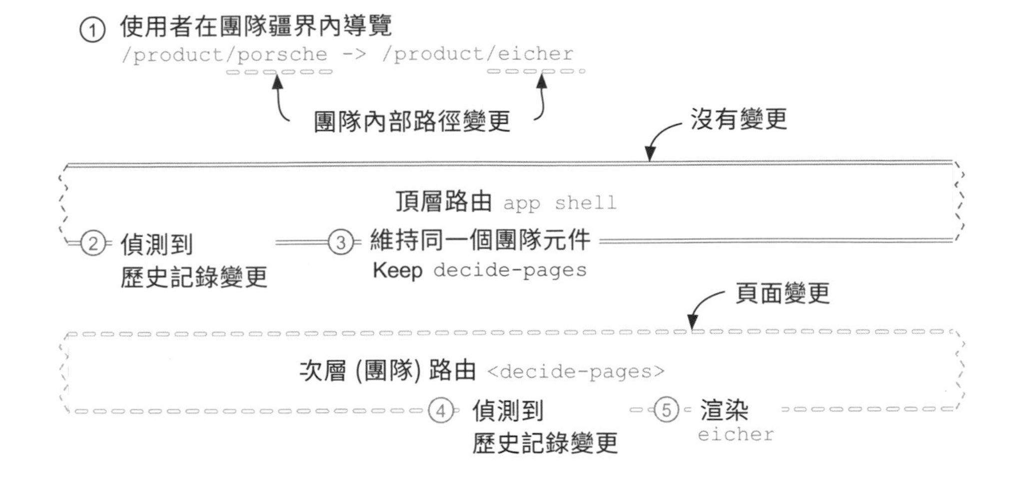

圖 7.9 當使用者導航到另外一個頁面，但該頁面仍隸屬於同一個團隊，app shell 就不需要做任何事。團隊層級的元件則得依網址更新頁面。

- app shell偵測到 URL 變更，但注意到團隊前綴詞並無改變。
- 因此團隊層級的元件可以不變，app shell 不需要做任何事。
- 團隊元件同樣偵測到網址變更。
- 團隊元件更新頁面內容，從 Porsche 拖曳機的頁面切換成 Eicher 拖曳機。

接著我們來看跨團隊導覽的部分。

情境三：跨團隊導覽

當使用者自產品頁切換到結帳頁時，就會跨越團隊界線，因為購物車頁面由結帳團隊所有。圖 7.10 展示了 app shell 如何處理這種頁面切換。

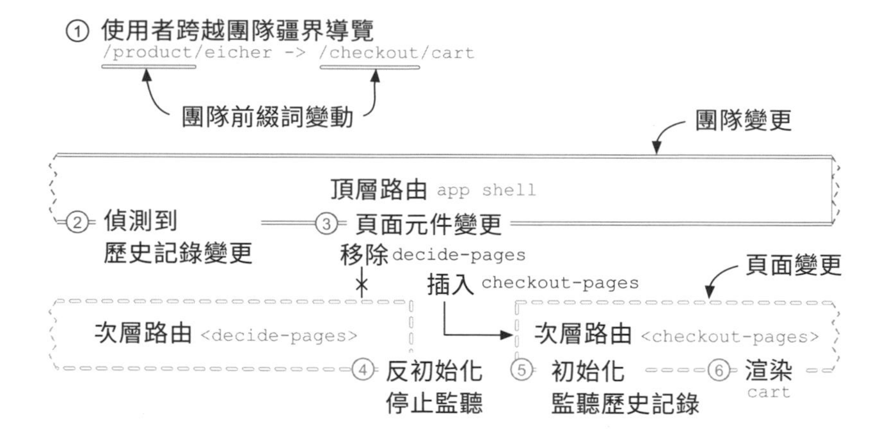

圖 7.10　跨團隊導覽時，頁面的負責團隊有了改變。app shell 會以新元件取代現行的團隊元件，新元件也會負責渲染新頁面。

- app shell 偵測到 URL 更動
- 由於團隊前綴詞從 /product/ 變成 /checkout/，app shell 以新的 <checkout-pages> 元件取代現有的 <decide-pages> 元件。

- 決策團隊的元件收到自行反初始化的請求, 然後 app shell 也會將其自 DOM 中移除。決策團隊元件會自行清理, 並停止監聽歷史記錄變更事件。
- 結帳團隊的元件自行初始化, 並開始監聽歷史事件。
- 結帳團隊渲染購物車頁面。

在這個情境下, app shell 會替換掉團隊層級的元件, 等於是將控制權交給另外一個團隊。這些團隊元件會自行處理初始化及反初始化。

7.2.4 app shell API

本章看到這裡, 你已經學習到 app shell 最為重要的任務：

- 載入團隊應用程式的程式碼
- 根據網址來提供路由功能

以下列出app shell可能也要負責的其他主題：

- context information (上下文資訊, 像是語言、國家、租戶)
- 元數據處理 (更新 <meta> 標籤、爬蟲程式用的提示資訊、語義資料)
- 身分驗證
- polyfills (模擬新功能的函式庫)
- 流量分析及關鍵字管理
- JavaScript 錯誤通報
- 效能監控

對各別團隊的應用程式來說，以上某些功能可能不是它們關切的目標。舉例來說，效能監控通常都是在中央添加一段程式碼，它可以獨立於各別應用程式之外運作。不過，有些功能就會需要 app shell 和應用程式互動。下面的程式碼展示了應用程式內能大概如何加入事件追蹤的函式：

```
window.appShell.analytics({ event: "order_placed" });
```

app shell 也能將資訊傳遞給應用程式。在基於 Web Components 的模型中，看起來可能會如下：

```
<inspire-pages country="CH" language="de"></inspire-pages>
```

這類 API 最好盡可能精簡。穩定的介面可以減少摩擦；當跨團隊的協調方式產生變動時，API 就會產生與過去不相容的變更，所有團隊都得依此修正程式。圖 7.11 呈現了 app shell 與團隊應用程式之間的契約。

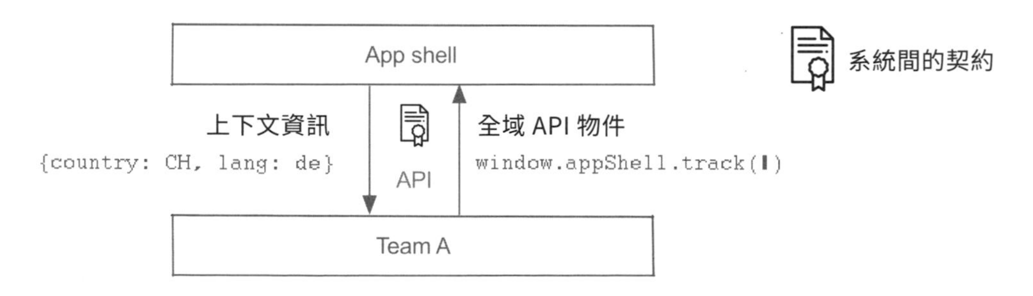

圖 7.11　若把共享功能加入到 app shell，會提高系統間的耦合。app shell 與團隊應用程式之間的 API 等於是跨系統的契約，應當保持精簡和穩定。

如果是一般商業邏輯，就應該包含在團隊的應用程式碼中，而不是放在共享的 app shell 內。保持系統低耦合的良好指標是：當一個團隊部署一項功能時，app shell 不應該做出改變。

現在, 我們已經從頭打造了一個最簡易的 app shell。而在下面, 我們則要很快了解一個既有的 app shell 現成解決方案 single-spa。

7.3 快速認識 single-spa 元框架

Tractor Models 公司在開發並改良 app shell 的雛形後, 其開發團隊已經相當了解這種模式的運作機制。他們很確定要採用雙層路由, 只是這當中仍缺少許多功能, 像是延遲載入 JavaScript 程式碼, 以及適當的錯誤處理等等。為了避免做白工, 他們尋找市面上是否有符合需求的現成解決方案, 並因此接觸到熱門的微前端元框架 **single-spa**。

single-spa 本質上是一個 app shell, 和我們前面創建的系統類似, 但內建有更進階的功能, 像是能依需求載入程式碼 (延遲載入), 而且能連結種類繁多的前端框架。你可以找到範例程式碼, 以及能連結 React、Vue.js、Angular、Svelte 或是 Cycle.js 應用程式的輔助函式庫；後者讓這些應用程式能以一致的方式註冊, 以便跟 single-spa 互動。

於是, 團隊想要把原本的 app shell 雛型移轉成 single-spa。為了測試此框架的效果, 每一個團隊都選擇不同的 JavaScript 前端框架。促銷團隊以 Svelte.js 實作首頁, 決策團隊使用 React 渲染產品頁, 結帳團隊則採用 Vue.js 框架 (請見圖 7.12)。團隊其實並沒有打算用這樣的混搭技術產生正式網站, 但這是極佳的整合練習。

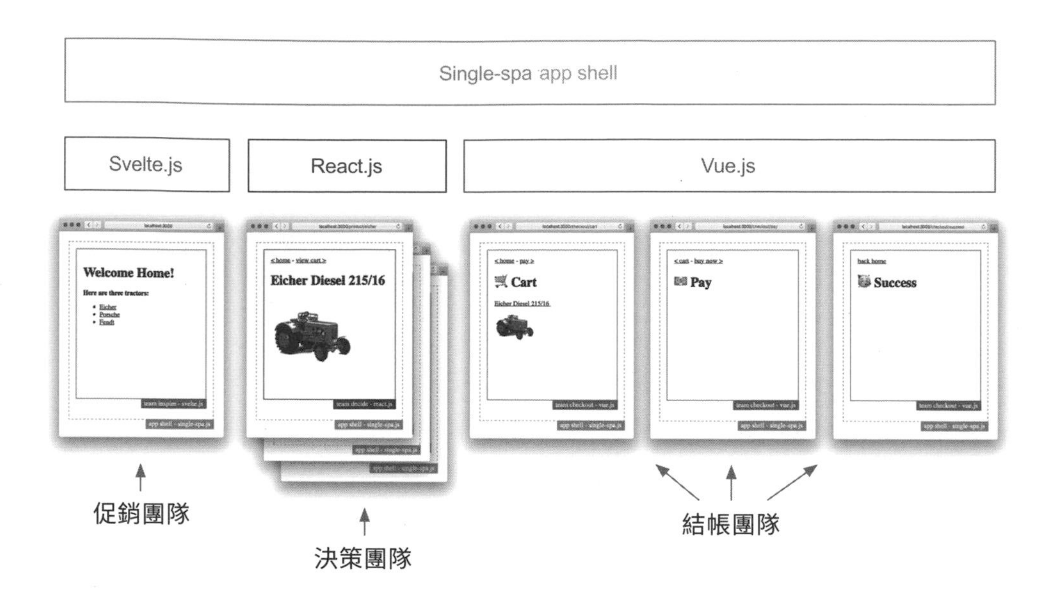

圖 7.12　single-spa 框架扮演 app shell 的角色，為不同的應用程式提供路由功能。在這個範例中，每個團隊都選用不同的前端框架。

我們下面就來看single-spa 如何運作。

7.3.1 single-spa 如何運作

> ✪ 提示　這部分的範例可在 \F2487\15_single_spa 找到。

single-spa 的基本概念和先前的 app shell 雛型是一樣的。我們有一個 HTML 檔做為起始點，這個檔案會包含 single-spa 的 JavaScript，並將網址前綴詞對應到特定應用程式的程式碼。主要差異處在於，這回我們的元件不是 Web Components 格式。反而，團隊以 JavaScript 物件形式提供微前端個體，這些物件也會遵循特定的操作介面。在深入了解這部分之前，我們先來看初始化部分的程式碼。

■ \MFE\15_single_spa\app-shell\index.html

```
<html>
  <head>

    <title>The Tractor Store</title>
    <script src="/single-spa.js"></script>
    <link href="/app-shell.css" rel="stylesheet" />
  </head>
  <body>
    <div id="app-shell">
      <div id="app-inspire"></div>
      <div id="app-decide"></div>
      <div id="app-checkout"></div>
      <script type="module">
        singleSpa.registerApplication(
          "inspire",
          () => import("http://localhost:3002/pages.min.js"),
          ({ pathname }) => pathname === "/"
        );
        singleSpa.registerApplication(
          "decide",
          () => import("http://localhost:3001/pages.min.js"),
          ({ pathname }) => pathname.startsWith("/product/")
        );
        singleSpa.registerApplication(
          "checkout",
          () => import("http://localhost:3003/pages.min.js"),
          ({ pathname }) => pathname.startsWith("/checkout/")
        );
        singleSpa.start();
      </script>
    </div>
  </body>
</html>
```

匯入 single-spa 函式庫

每個微前端個體都有自己的 DOM 元素當作掛載點

用 single-spa 註冊一個微前端個體

應用程式名稱, 方便除錯

應用程式的載入函式, 會視需要擷取相關 JavaScript 碼

啟動函式收到路徑, 並決定微前端個體是否要啟動

初始化 single-spa, 渲染首個葉面, 並開始監聽歷史記錄變更

在這個範例中, single-spa.js 函式庫在全域環境被引用。注意到你必須為每個微前端個體建立一個 DOM 元素 (比如 <div id="app-inspire"></div>), 微前端的應用程式會在 DOM 內查找這個元素, 並將自己掛載在該元素底下。

singleSpa.registerApplication 函式用來將應用程式配對到一個特定的網址。它需要三個參數：

- name (名稱)：必須是獨一無二的字串，這樣偵錯上會比較容易。
- loadingFn (載入函式)：此函式能載入應用程式的程式碼，並傳回一個 JavaScript Promise。我們在範例中使用原生的 import() 函式。
- activityFn (啟動函式)：網址每次有變更、single-spa 取得新位置時，都會呼叫此函式。若傳回值為true，微前端就得啟動。

single-spa 在啟動時，會拿當前網址跟所有註冊的微前端比對，並呼叫每一個個體的啟動函式，好判斷是誰應該啟動。當一個個體 (應用程式) 首次啟動時，single-spa 會透過載入函式擷取相關的 JavaScript 並初始化個體。等到個體被停用時，single-spa 則會呼叫其 unmount 函式，要應用程式自行做反初始化。

網站上同一時間也可能有兩個以上的應用程式啟用，典型案例之一便是全域導覽區塊。你可以建置一個專門的微前端，將之掛載在頁面頂端，並讓它在所有路徑上都處於啟用狀態。

以 JavaScript 模組作為元件格式

我們先前所打造app shell的雛型，是基於網頁元件。不同於此，single-spa是使用一個 JavaScript介面，作為app shell和團隊應用程式之間的契約。應用程式必須提供三個非同步的方法。看起來如下。

```
// 團隊 A 的 page.js
export async function bootstrap() {...}
export async function mount() {...}
export async function unmount() {...}
```

這三個函式 (bootstrap, mount, unmount) 和前面自定義元素的生命週期方法 (constructor, connectedCallback, disconnectedCallback) 很類似。微前端個體首次啟用時, single-spa會呼叫 bootstrap。而應用程式每次掛載或卸載時, 它則會呼叫 mount 或 unmount 函式。

此外注意到這些函式都是非同步的, 這使得延遲載入、以及在應用程式內擷取資訊都變得容易許多。single-spa 會確保 mount 只有等到 bootstrap 完成之後才會被呼叫。

相較之下, 自定義元素的生命週期方法是同步的。你確實有可能把這些方法變成非同步, 但就得在標準規範之上多寫一些程式。

框架轉接器

single-spa 提供了許多框架轉接器 (adapters), 其功能在於把以上三種生命週期方法與各框架的對應功能銜接起來。我們先來看看由促銷團隊負責的線上商店首頁, 他們選擇使用 Svelte.js 框架 (如果你從來沒碰過 Svelte 也別擔心, 這範例很簡單)。

■ \MFE\15_single_spa\team-inspire\pages.js

```
import singleSpaSvelte from "single-spa-svelte";  ← 匯入 single-spa 的 Svelte 轉接器
import Homepage from "./Homepage.svelte";  ← 匯入 Svelte 首頁元件來渲染首頁

const svelteLifecycles = singleSpaSvelte({
  component: Homepage,
  domElementGetter: () => document.getElementById("app-inspire")
});
   ↑ 呼叫轉接器, 傳入根元件以及接收 DOM 元素的函式以便渲染該元件

export const { bootstrap, mount, unmount } = svelteLifecycles;  ← 將轉接器傳回的生命週期函式匯出
```

首先，我們匯入轉接器函式庫 single-spa-svelte，以及內含首頁樣板的 Homepage.svelte 元件。我們等一下會來檢視首頁的程式碼。singleSpaSvelte 轉接器函式會收到一個帶有兩個參數的設定物件，這兩個參數分別是根元件，以及一個用來取得促銷團隊 DOM 元素的函式。不同框架的轉接器會有不同的參數。最後我們將 singleSpaSvelte 方法所傳回的生命週期方法匯出。

備註 在我們的範例中，每個團隊的應用程式都會使用基於 Rollup 工具的建置過程，來產生一個 pages.min.js 檔 (使用 ECMAScript 模組格式)。不過這也沒有一定得用 Rollup 不可，你也可以用 Webpack 或 Gulp 來打包。

現在我們來看首頁的 Svelte 元件：

```
<script>
  function navigate(e) {
    e.preventDefault();
    const href = e.target.getAttribute("href");
    window.history.pushState(null, null, href);
  }
</script>

<div>
  <h1>Welcome Home!</h1>
  <strong>Here are three tractors:</strong>
  <ul>
    <li><a on:click={navigate} href="/product/eicher">Eicher</a></li>
    <li><a on:click={navigate} href="/product/porsche">Porsche</a></li>
    <li><a on:click={navigate} href="/product/fendt">Fendt</a></li>
  </ul>
</div>
```

此函式攔截連結點擊事件，將網址推送到歷史記錄，並避免重新載入

決策團隊產品頁面的超連結

這個範例中有三個產品頁連結，它們在被點擊時會呼叫 Svelte 元件內定義的事件處理函式 navigate，而該函式會阻止瀏覽器進行硬導覽

(e.preventDefault()), 轉而將新網址寫入到原生的 history API (window.history.pushState)。single-spa 則會監控歷史記錄, 並視狀況更新微前端。

點擊這些產品連結, 就會觸發促銷團隊微前端元件的 unmount 函式來終止它。接著, single-spa 會載入決策團隊的應用程式, 並以 mount 函式啟用之。這些行為便很類似先前所介紹的跨團隊導覽。

運行應用程式

你可以執行以下指令啟動範例程式：

```
\MFE> npm run 15_single_spa
```

這會啟動 app shell 以及三個應用程式, 總共四個網路伺服器, 並開啟瀏覽器連往 http://localhost:3000/。請在瀏覽器按 F12 打開開發者工具, 觀察點擊產品頁連結的變化。

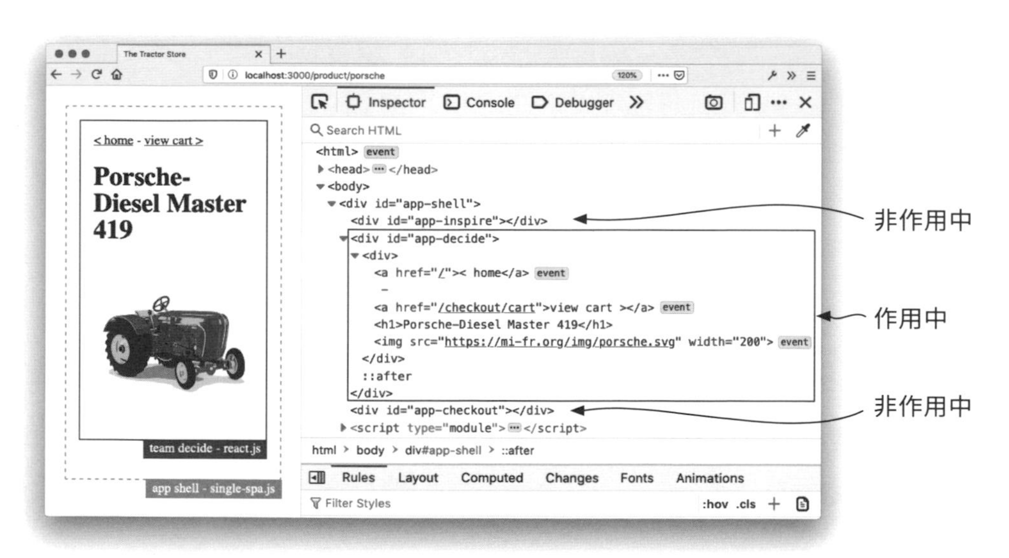

圖 7.13 在 single-spa 運作之下, 每一個微前端個體都有自己的 DOM 節點來渲染內容。圖中顯示決策團隊產品頁的微前端個體處於作用中, 其內容顯示在 #app-decide 元素內。其他的微前端個體則是非作用中, 其對應的 DOM 元素是空的。

- 在開發者工具點 Elements 頁籤，觀察 #app-inspire、#app-decide 及 #app-checkout 節點是如何切換作用中狀態。當使用者藉由超連結切換微前端個體時，這些節點的內容就會更動。舊的微前端會從 HTML 中移除，新的微前端會被填入其 DOM 節點 (參照圖 7.13)。
- 開啟開發者工具中的 Network 頁籤，會看到 single-spa 會在需要時才載入 JavaScript 打包檔(pages.min.js)，不會從一開始就載入。
- 若檢視決策團隊與結帳團隊的微前端個體程式碼，會發現兩者都包含跟框架有關的的前端路由器套件 (React 的 react-router，即 <Router> 與 <Link> 標籤，以及 Vue.js 的 vue-router，即 <router-view> 和 <router-link> 標籤)。這些應用程式的程式碼並無特別之處，都是參考自這兩大框架的入門教學網站。

巢狀微前端

在上面的範例中，一次就只有一個微前端個體會作用。app shell 從最頂層將微前端個體實例化，這也是 single-spa 最常見的使用方法。如我先前所說，要在其他應用程式旁邊實作一個平行、永遠處於啟用狀態的導覽用微前端是可行的，但 single-spa 其實也支援巢狀微前端，這個概念稱為『門戶』(portals)，相當於先前章節所介紹的頁面區塊 (fragments)。

想更深入了解 single-spa 嗎？

各位已經看到 single-spa 底下的機制是如何運作的了，不過它提供的功能遠遠不只本書所介紹的部分。除了剛才提到的 portals，還有狀態事件 (status events)、context information 的傳遞以及錯誤處理。

若想更深入了解 single-spa，可以從官方文件著手 (https://single-spa.js.org/)。上頭有許多良好的範例，示範如何在不同框架中使用 single-spa。

7.4 開發統一單頁應用程式的挑戰

現在你已經學到如何打造一個 app shell 來連結不同的單頁應用程式。這種統一 (unified) 的模式, 讓使用者能在不碰到硬導覽的情況下瀏覽整個應用程式。所有頁面切換都是在客戶端渲染, 所以對使用者互動的反應也通常較快。

7.4.1 需要思考的主題

不過, 使用者體驗的提升是需要付出代價的。如果你選擇使用統一單頁應用程式這種途徑, 就有一些問題需要處理。

共享的 HTML 文件及元標籤

團隊的應用程式可能只會更改 app shell 中 DOM 根節點的內容, 無法掌控包圍根節點的 HTML 文件。但你幾乎有可能會想在顯示不同微前端個體時, 讓 app shell 設定有意義的頁面標題。解決辦法之一是提供一個全域的 appShell.setTitle() 函式, 使每個微前端個體都能透過 DOM API 直接更改網頁標頭。

但如果你的網站放在開放網路上供人存取, 光有標題往往不夠。你還要為爬蟲程式和 Facebook、Slack 之類的預覽生成器提供機器可讀的資訊, 包含標準網址 (canonicals)、多國語系 hreflang 標籤、schema.org 結構化標籤、索引提示等。這些資訊有的可能整個網站都相同, 也有的是針對頁面類型量身打造。

若要制定一套機制來有效管理所有微前端的元標籤，不僅要花額外的功夫，也會增加複雜度。你可以想像，這就好比是在使用 Angular 的 meta service、Vue.js 的 vue-meta 或是 React 的 react-helmet，只不過是套用在 app shell 層級上。

錯誤界線

如果不同團隊的程式碼都在一個文件內運行，想找出錯誤來源有時會格外棘手。前一章的頁面組合做法也有同樣的問題——一個頁面區塊內的程式碼，有可能導致整個頁面出現異常。不過，統一單頁應用程式的模式導致偵錯區域從頁面層級擴大到整個應用程式。首頁被遺忘的 scroll 事件監聽器，有可能讓結帳確認頁面出錯。既然這些頁面並非同一團隊所擁有，檢視錯誤時就很難找到關聯。

其實，這類問題在實務上相當罕見，更何況錯誤通報及瀏覽器偵錯工具在過去幾年發展得相當不錯。只要能找出造成問題的 JavaScript 檔，就有助於找出該負責的團隊。

記憶體管理

如何找到記憶體漏失(leak)，比追查 JavaScript 錯誤還複雜得多。記憶體漏失的常見原因是清理不當，例如移除 DOM 的某些部分，但沒有將事件監聽器撤掉，或是在全域寫入了一些東西，之後卻忘得一乾二淨。由於微前端應用程式經常進行初始化及反初始化，就算是簡單的清理問題，日積月累疏忽後也會變成大問題。

single-spa 有一個名為 single-spa-leaked-globals 的外掛套件，能在微前端卸載後試圖清理全域變數。但萬用的神奇清理辦法並不存在；重要的是對你的開發團隊加強宣導，讓他們了解到正確卸載和掛載是一樣重要的。

單點故障

app shell 本質上是首個單一接觸點，它若發生嚴重錯誤，就有可能讓整個應用程式掛掉。這也是為什麼 app shell 的程式碼品質要好，也得經過完善測試。只要讓 app shell 保持專一及精簡，便有助於提升品質。

app shell 所有權

這部分和我們在第 3 章介紹的前端代理伺服器很像：app shell 也是基礎設施中需要明確界定所有權的重要部分。然而，若你已經有一個能正常運行的系統，就不應再對 app shell 添加很多功能或持續改良。如果 app shell 能保持精簡，把它交給其中一個功能團隊來維護，通常並不是壞事。本書第 13 章將稍微更深入探討這個主題。

溝通

微前端個體 A 有時會需要知道微前端個體 B 內發生了什麼事。第 6 章介紹的溝通規則，在這邊也適用：

- 盡可能避免跨團隊溝通
- 透過網址來傳遞 context information
- 需要時只發出簡單的通知
- 盡量透過 API 來與後端溝通

別將網站元件的狀態搬到 app shell。不必從伺服器重複載入相同的資訊，乍聽之下似乎是好點子，可是濫用 app shell 來記錄狀態，反而會在微前端個體之前形成高度耦合。

至於在後端，最佳做法別讓微服務共享資料庫，否則主資料庫表格的一項更動，就可能會弄掛另一個微服務。這個道理也適用於微前端——微前端個體的狀態容器便相當於後端微服務的資料庫。

啟動時間

在今日的網頁開發中，拆分程式碼 (code splitting，將 JavaScript 等程式碼拆成多重檔案以利下載) 已經成為公認的最佳做法。實作 app shell時也應該考慮到這點。如果去看 single-spa 的官方範例，可以看到函式庫如何視需要延遲載入微前端程式碼。若想得到良好的整體效能，便得考慮最佳化。

7.4.2 何時該使用統一單頁應用程式？

當使用者要在不同團隊的使用者介面間頻繁切換時，就很適合使用統一單頁應用程式。在電子商務網站中，消費者會在搜尋結果和產品細節頁面間切換，這就是個好例子——使用者查看產品清單，點擊其中一項產品，再跳回清單頁面，一直重複這個步驟，直到找到屬意商品。在這類案例中，若是使用軟導覽就能顯著提昇使用者體驗。

換言之，若在開發網頁應用程式時，**高互動性比首次載入時間更重要**的話，統一單頁應用程式就比較合適。此外，需要使用者先登入才能使用的網頁，以及典型的後台應用程式，也是採用這種模式的兩大候選者。

不過，如同先前所討論，這個做法必須付出代價，還會帶來可觀的共享複雜度。如果你只是要將現有的單頁應用程式切割成較小的單位，不一定要採用統一單頁應用程式。在許多使用案例中，使用硬導覽將兩個相關的單頁應用程式連結起來，完全是可行的。

試想你有一個內容管理應用程式，有一個區域用來撰寫長篇文章，另一塊區域則用來管理評論。這可以做成兩個獨立的單頁應用程式，因為普通使用者不會在評論管理和撰稿頁之間切換。所以你可以將這兩個應用程式分開來構建、再內嵌在同一個標頭內 (區塊組合)，沒必要用更複雜的方式去整合它。圖 7.14 展示了使用 app shell 時，在追求使用者體驗以及追求低耦合、設置容易度的取捨。

權衡兩種做法，其中一種做法提供最佳的使用者體驗，另一種方法則提供了簡單的低耦合架設。

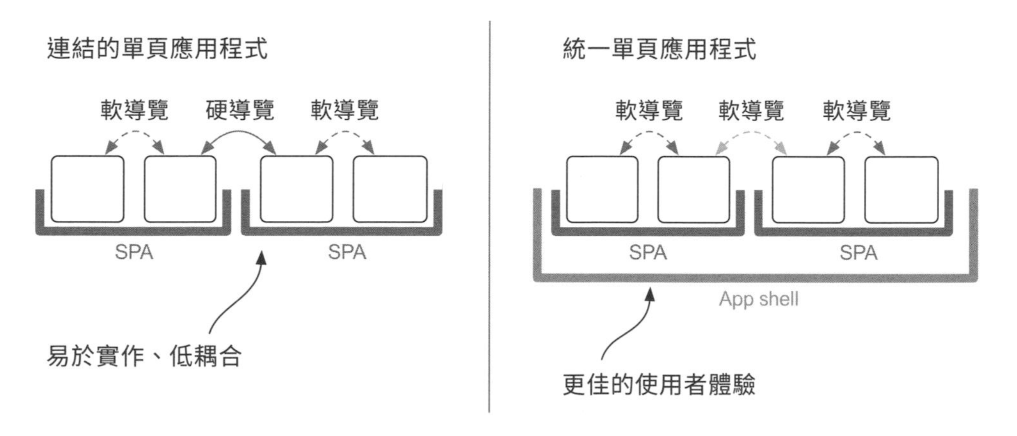

圖 7.14 連結的單頁應用程式開發容易、耦合低，不過在應用程式間切換時需要使用硬導覽。統一單頁應用程式解決了這個問題，並提供更佳的使用者體驗，但這個做法也會讓複雜度提升。

一如往常，這當中並沒有絕對正確或錯誤的解決方法，兩種模式各有其優點。而在本章結尾，我們將統一單頁應用程式模型加到前面數個章節都有介紹的比較表內。請見圖 7.15。

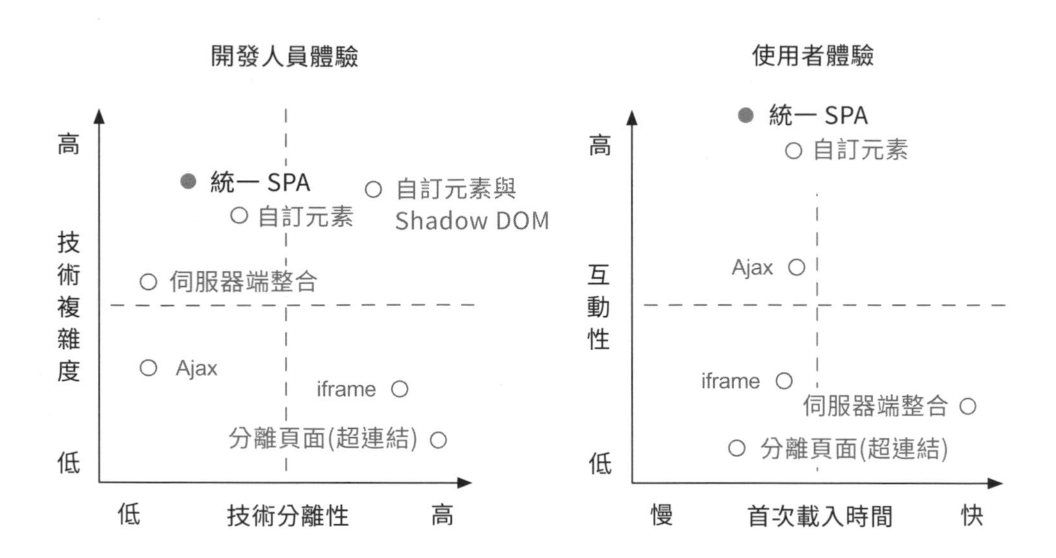

圖 7.15 架設並實際運行一個統一單頁應用程式並非易事。不過，像是 single-spa 這類現成的函式庫，讓這項任務變得比較容易上手。統一 SPA 由於所有應用程式的程式碼都存在同一個 HTML 文件中，因此缺乏技術分離性，此外尚有應用程式 A 的錯誤會影響到應用程式 B 這類隱憂存在。而既然統一單頁應用程式是透過客戶端渲染，需要額外的 app shell 程式碼，啟動時間也會較長。但若你的目標是開發一個力求完美使用者體驗的產品，採用統一 SPA 就會很合適。

重點摘錄

- 將不同的單頁應用程式結合在一起時，會需要一個共享的 app shell 來處理路由。
- 統一單頁應用程式的途徑能讓所有頁面都使用軟導覽來切換。
- app shell 是個共享的基礎設施，所以不應該包含商業邏輯。
- 若要部署一項團隊功能，不應該把它放在 app shell 內。
- 雙層路由可以讓 app shell 保持精簡。在這種模式下，app shell 只負責簡單的團隊路由，實際渲染的頁面則由團隊的單頁應用程式決定。
- 在統一 SPA 模式下，團隊必須以跟框架無關的元件格式來呈現單頁應用程式。Web Components 很適合做此種用途。但你也可以比照 single-spa 框架使用自定義的介面。
- app shell 與各團隊應用程式之間有可能需要建立額外的 API，像是用於分析、身分驗證或是元數據處理。這些 API 會帶來新的耦合，因此越簡單越好。
- 在統一 SPA 之下，所有應用程式都必須正確地做好反初始化及清理，不然可能釀成記憶體漏失、甚至產生非預期的錯誤。

MEMO

CHAPTER

08

前後端整合技巧及通用渲染

本章重點提要

- 在微前端架構下運用通用渲染
- 同時使用伺服器端及客戶端整合，以結合這兩種做法的優點
- 探索微前端架構下，如何利用善用 JavaScript 框架的伺服器端渲染 (SSR) 功能

過去幾章中，我們著眼於不同的整合技術，並就其優劣加以探討。我們將這些整合技術分為兩大類：伺服器端及客戶端。如前面所提過，伺服器端整合的優點是頁面載入速度快，且恪守漸進增強的開發原則。客戶端整合則能打造出豐富的使用者介面，使頁面立即對使用者輸入做出反應。

如今的框架大幅支援通用渲染 (universal rendering)，使得開發人員要開發同時運行於伺服器端及客戶端的應用程式，就變得容易許多。不過，你該如何將多個通用渲染應用程式整合成一個大程式呢？

專有名詞：通用渲染、同構 JavaScript 與 SSR

通用渲染、**同構 JavaScript (Isomorphic JavaScript)** 與**伺服器端渲染 (server-side rendering, SSR)** 其實都是指相同的概念：讓一個應用程式使用單一一套 JavaScript 程式碼，同時能透過伺服器端和瀏覽器渲染並更新 HTML。這些名詞的意義和觀點大同小異，故在本書統一用『通用渲染』來稱呼。

通用渲染其實不難懂，各位在過去幾章已經學到必備的基礎了！我們可以合併這些客戶端／伺服器端整合以及路由技巧，來實現通用渲染。圖 8.1 示意這些技巧是如何合併運用的。

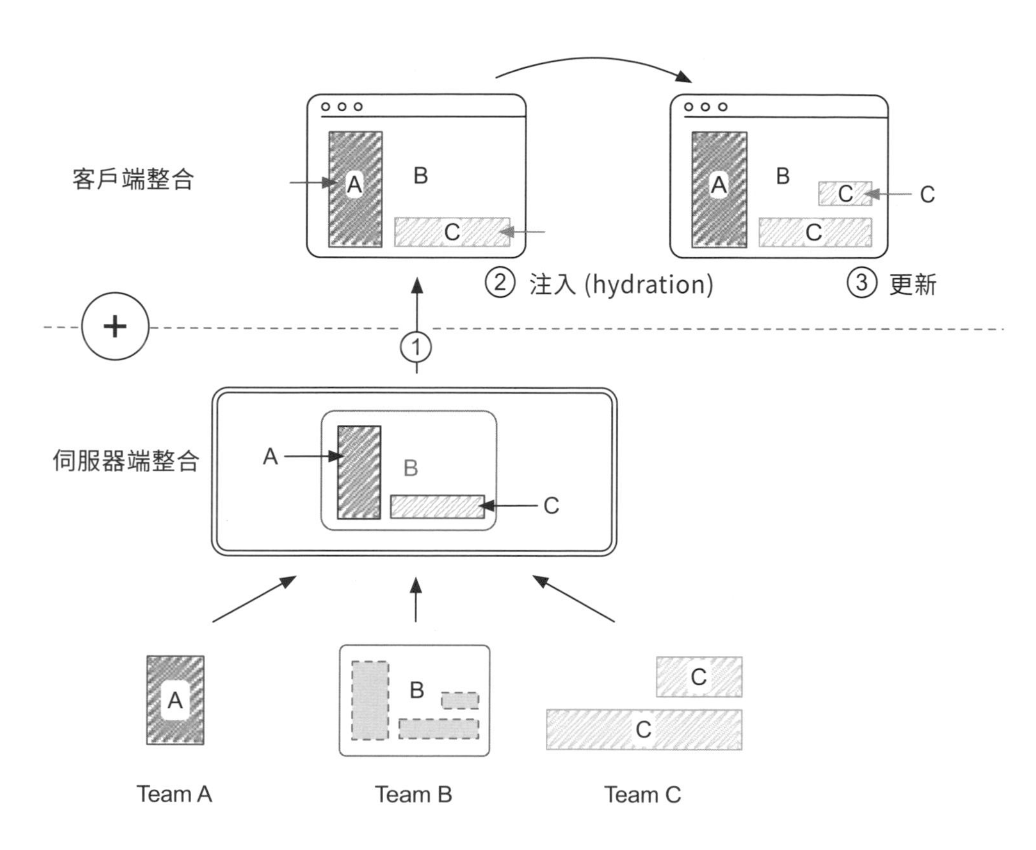

圖 8.1 通用渲染便是結合伺服器端及客戶端整合技巧。在收到第一次請求時，會使用 SSI、ESI 或 Podium 之類的技術於伺服器端將所有微前端個體的 HTML 組合起來，而這份完整的 HTML 文件會被送至瀏覽器 (步驟 ❶)。每個微前端個體接著在瀏覽器注入額外 JavaScript，好產生互動性 (步驟 ❷)。在那之後，所有使用者互動都可以完全在客戶端處理。微前端個體會直接在瀏覽器內更新其 HTML。

> **⚠ 注意** 我們在本章會假設各位已經大致了解通用渲染以及 hydration 的概念。如果還不是很熟的話，可參考以下文章：https://blog.timtnlee.me/post/development/ssr-hydrate-1。

在本章中，我們會升級產品細節頁面，並對所有的微前端應用程式套用通用渲染，最後以必要的整合技術來讓它們成為單一一個網站。

8.1 結合伺服器端及客戶端整合

自從決策團隊將結帳團隊的購買按鈕加到產品頁上, 拖曳機的銷量便一飛衝天。現在, 每小時都有上百張訂單從世界各地湧入。這樣的成功讓開發團隊措手不及, 他們必須加快生產速度及物流容量來因應需求。

可是不是每件事都如此順利。過去數周以來, 開發團隊被一些嚴重問題弄得焦頭爛額；結帳團隊某天發布新版軟體, 結果它會在所有微軟 Edge 瀏覽器上引發一項 JavaScript 錯誤, 導致購買按鈕從頁面上消失。當天的銷售額暴跌 34%, 而這起事件也反映了軟體有重大品質缺失。開發團隊於是採取措施, 要阻止這類問題再度發生。

但還有更多問題得解決。產品頁目前是透過 Web Components 與客戶端整合來加入購買按鈕。購買按鈕不在產品頁最初的 HTML 檔案內, 而是在客戶端透過 JavaScript 渲染。於是使用者在產品頁載入時會先看到一塊空白, 然後購買按鈕延遲了一會後才會出現。在本機開發時, 這樣的延遲並不明顯。但實際上, 用戶若使用較低階的智慧型手機, 網路情況也不佳的話, 載入就會需要大量時間。要是想對購買按鈕添加新功能的話, 延遲速度還會進一步變得更滿。圖 8.2 顯示 JavaScript 失效或載入尚未完成時, 產品頁看起來會是什麼模樣。

團隊於是決定改用混合式的整合模型, 一來用 SSI 來做伺服器端整合, 但也保留 Web Components 的客戶端整合。這樣一來, 除了頁面首次載入時間變快之外, 客戶端的更新及元件溝通依舊是可行的。我們以下就來看看這種組合。

當 JavaScript 執行失敗、被擋下或尚未載入完成時

純客戶端整合

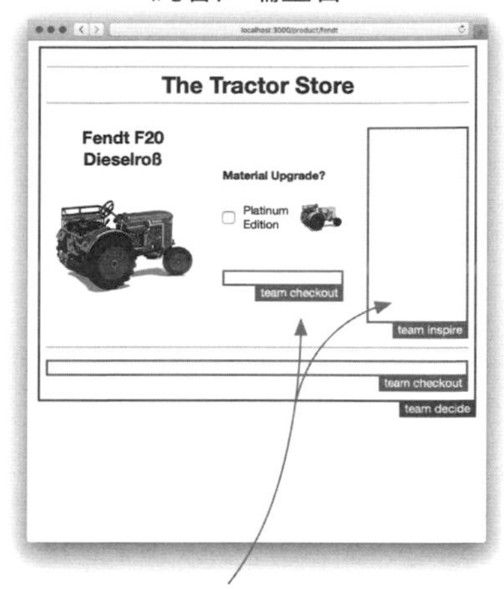

通用整合

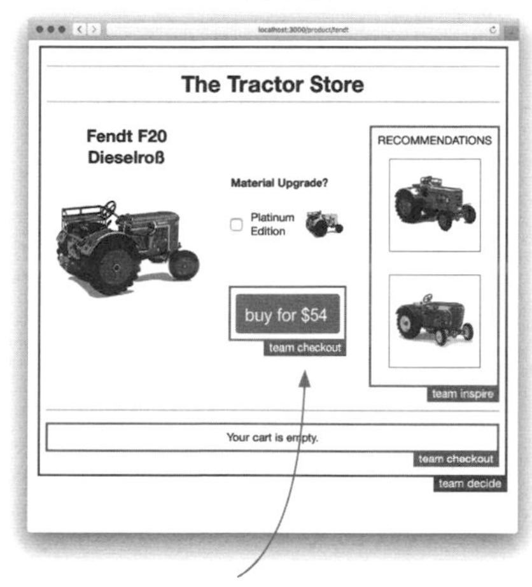

所有頁面區塊都不見
使用者無法購買

頁面區塊可見, 只是 JavaScript 未注入；
還是能夠購買 → 漸進增強的開發原則

圖 8.2 客戶端整合會需要倚賴 JavaScript。如果 JavaScript 失效, 或是載入逾時, 頁面內嵌入的微前端個體就不會顯示。對產品頁來說, 這意味著使用者會無法購買拖曳機。若改採用通用渲染, 就能在微前端架構下運用漸進增強的開發原則——這樣一來, 購買按鈕可以立即渲染在畫面上, 就算沒有JavaScript, 按鈕還是能夠發揮作用。

8.1.1 SSI 及網頁元件

在第五章中, 結帳團隊將自家的微前端個體 (購買按鈕), 包成一個自定義元素。瀏覽器會接收到如下的 HTML：

■ \MFE\08_web_components\team-decide\product\fendt.html

```
...
<checkout-buy sku="fendt"></checkout-buy>
...
```

由於 checkout-buy 是自定義的 HTML 標籤, 瀏覽器會將之視為一個空的行內元素 (inline element)。使用者起初是看不到任何東西的。等到頁面載入後, 客戶端 JavaScript 才會建立實質內容 (帶有售價的按鈕), 並將它渲染為一個 DOM 子項目。瀏覽器最終的 DOM 結構看起來會像這樣：

```
...
<checkout-buy sku="fendt">
  <button type="button">buy for $54</button>
</checkout-buy>
...
```

要是我們可以將按鈕內容包含在最初的 HTML 中, 那就太好了。可惜, Web Components 並沒有標準方法來做伺服器端渲染。

正因為沒有一套正規作法, 我們需要發揮創意。在以下範例中, 我們將運用第四章所介紹的 SSI 技巧將伺服器端整合加到 Web Components 中。我們會預先生成 Web Components 的內部標記語言。圖 8.3 展示了此範例的資料夾結構。

注意 你可以在 \MFE\16_universal 找到所有程式碼。此範例其實就是將 05_ssi 與 08_web_components 這兩個範例合併的結果。

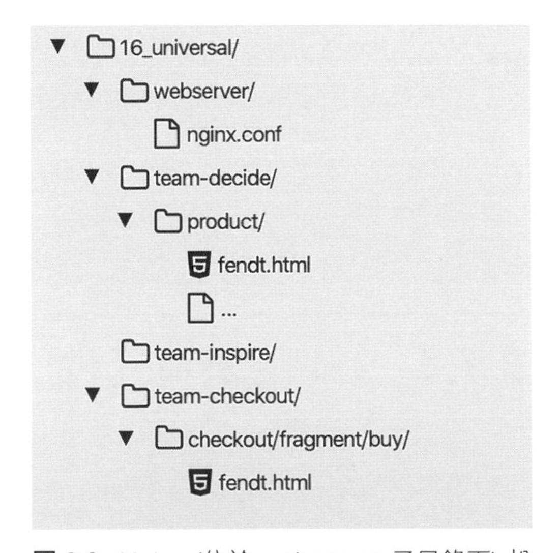

圖 8.3 Nginx (位於 webserver 子目錄下) 扮演共享的前端代理伺服器, 實際上是在進行伺服器端的 HTML 整合。請注意, 這張圖僅是完整專案結構的一部分而已。

決策團隊在購買按鈕自定義元素底下，添加一個 SSI 指令：

■ MFE\16_universal\team-decide\product\fendt.html

```
<checkout-buy sku="fendt">

  <!--#include virtual="/checkout/fragment/buy/fendt"

</checkout-buy>
```

由結帳團隊擁有的客戶端自定義元素。相關程式碼會在瀏覽器中運行，並渲染或注入 (hydrate) 微前端個體。

Nginx 會透過 SSI 指令的 virtual 屬性所提供的端點取回內容，並取代這條 SSI 指令。這個端點由結帳團隊所有。

決策團隊先前的產品頁程式碼，現在會透過客戶端與伺服器端整合來合併成一個頁面。Nginx 網路伺服器會以 <button> 標記取代 SSI 指令，而這個按鈕的內容是在呼叫 /checkout/fragment/buy/fendt 端點時由結帳團隊生成。在我們的範例中，我們僅以一個靜態 HTML 檔來模擬這個情境。

■ \MFE\16_universal\team-checkout\checkout\fragment\buy\fendt.html

```
<button type="button">buy for $54</button>
```

實務上，你應該會使用一個在 Node.js 環境下運作、並能以伺服器端渲染來動態產生回應的函式庫。比如若用 React 來開發應用程式，就會呼叫 ReactDOMServer.renderToString(<CheckoutBuy />) 並傳回結果 —— <CheckoutBuy /> 會是一個以 React 開發的微前端應用程式。

整合好的產品頁 HTML，抵達瀏覽器時看起來會如下：

```
...
<checkout-buy sku="fendt">
  <button type="button">buy for $54</button>
</checkout-buy>
...
```

Nginx 以實際內容取代 SSI 指令

現在瀏覽器就能立即顯示出購買按鈕，而等 JavaScript 載入完成後，相關的自定義元素程式碼也就會執行、將額外的行為注入這個微前端，一方面確保 HTML 是正確的，同時也替按鈕附加上事件，好讓按鈕具備進一步的互動性質。

結帳團隊購買按鈕的客戶端程式碼，看起來如下：

■ \MFE\16_universal\team-checkout\checkout\static\fragment.js

```
const prices = {
  porsche: 66,
  fendt: 54,
  eicher: 58,
};

class CheckoutBuy extends HTMLElement {
  connectedCallback() {
    const sku = this.getAttribute("sku");
    this.innerHTML = `
      <button type="button">buy for $${prices[sku]}</button>
    `;
    this.querySelector("button").addEventListener("click", () => {
      ...
    });
  }
  ...
}
window.customElements.define("checkout-buy", CheckoutBuy);
...
```

在客戶端渲染 HTML。這裡用的是比較『笨』的做法，直接覆蓋掉現有的所有 HTML，就算原本的並沒錯也一樣。實務上你會採用比較聰明、效能較好的作法，像是 DOM-diffing (比較新舊 DOM 後更新有差異之處)。

加入事件監聽器，好能對使用者輸入做出反應

這邊的程式碼和第五章的範例一樣。Web Component 元件會在自己內部渲染 HTML，並添加所有必要的事件處理器。這邊我們再次簡化實作，不重複使用客戶端或伺服器端程式碼，也不用 DOM diffing。不過你們應該還是可以理解。

若使用 React 來開發，會呼叫 ReactDOM.hydrate(<CheckoutBuy />, this) 方法。<CheckoutBuy /> 是代表購買按鈕的 React 應用程式，而 this 關鍵字則是指向自定義元素自身。這個方法會指示 React 框架去取回在伺服器端生成的既有 HTML，並將額外的 JavaScript 注入進去。

圖 8.4 可一窺整個流程，從插圖最底端開始是伺服器端生成 HTML，最後在 DOM 內初始化購買按鈕的自定義元素。

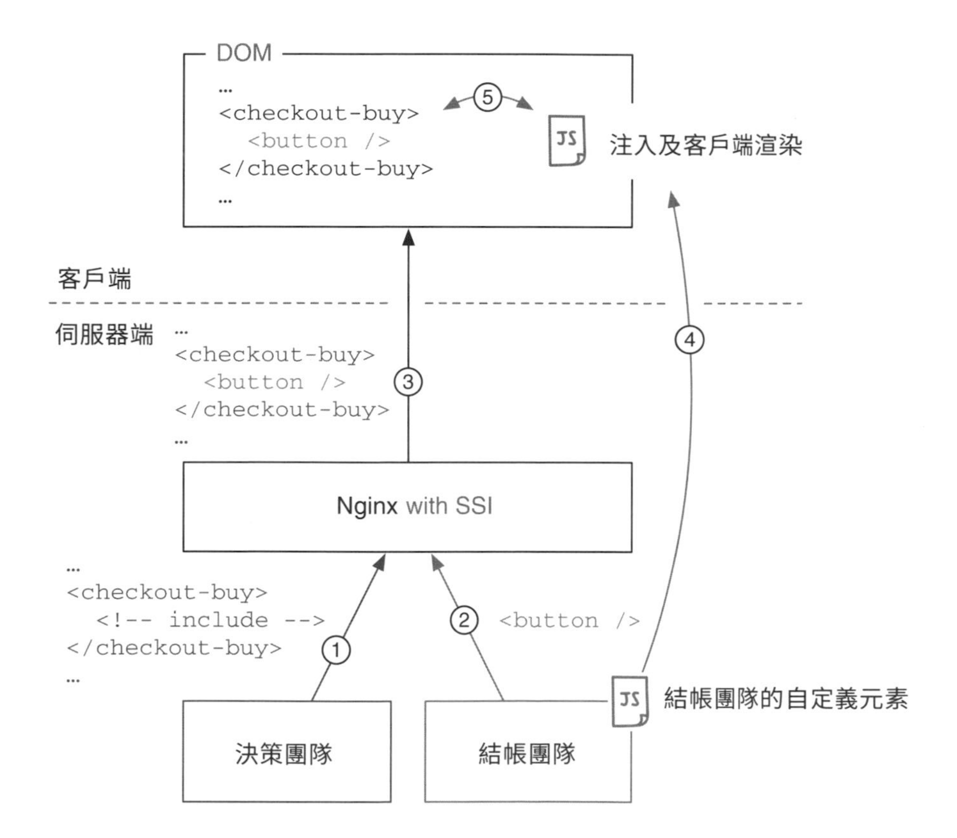

圖 8.4 使用 SSI 來預先渲染以 Web Component 為基礎的微前端內容。決策團隊產品頁的 HTML 會包含一個自定義元素，代表結帳團隊的購買按鈕，其內容包含一條 SSI include指令 (步驟 ❶)。Nginx 伺服器會拿結帳團隊生成的購買按鈕 HTML 來取代 SSI include指令 (步驟 ❷)。瀏覽器取得整合好的 HTML 並呈現給使用者 (步驟 ❸)。接著瀏覽器載入結帳團隊的 JavaScript 檔，裡頭定義了購買按鈕的自定義元素 (步驟 ❹)。自定義元素的初始化程式碼 (建構子和 connectedCallback) 會執行，並將新行為注入伺服器端生成好的 HTML (步驟 ❺) 在這之後，購買按鈕就能對使用者輸入做出動態回應了。

這樣的整合方式是可行的。各位可在自己的機器上執行以下指令

```
\MFE> npm run 16_universal
```

並在瀏覽器開啟 http://localhost:3000/product/fendt 來觀看實際運作：

- 特別注意結帳團隊的迷你購物車，以及促銷團隊的推薦商品頁面區塊。這些區塊在此的整合方式就跟購買按鈕一樣。
- 若觀看命令列的伺服器日誌，可以看到 Nginx 會對頁面請求個別的 SSI 區塊。
- 即使按鈕一開始是在伺服器端渲染，當你選擇白金版拖曳機時，網頁還是會在客戶端更新購買按鈕上的價錢。
- 出於同理，點選購買按鈕會觸發打勾的動畫，並更新迷你購物車。
- 最後你可以試試看在瀏覽器停用 JavaScript，就能模擬客戶端程式碼尚未載入或載入失敗時，頁面看起來會是什麼模樣。(方式請參閱：developer.chrome.com/docs/devtools/javascript/disable)

漸進式增強

如果你嘗試停用瀏覽器的 JavaScript，你應該會注意到現在購買按鈕照樣會顯示，只是點擊時不會執行任何動作。這是因為我們現在是透過 JavaScript 來實作將商品加入購物車的機制。但若想在不透過 JavaScript 的前提下實作也很簡單，就是將購買按鈕包在 HTML 的 form 標籤內：

```
<form action="/checkout/add-to-cart" method="POST">
  <input type="hidden" name="sku" value="fendt">
  <button type="submit">buy for $54</button>
</form>
```

→ 接下頁

這樣一來，如果遇到 JavaScript 載入失敗或延宕，瀏覽器還是能用結帳團隊提供的端點來送出標準 POST 請求。對於這種請求，結帳團隊可以將使用者重新導回產品頁，而產品頁上的迷你購物車也會更新，顯示出新添加的商品。

若要以漸進式增強原則來開發應用程式，你會需要花更多心力思考和測試，不能只仰賴『JavaScript 一定能作用』的思維；話說回來，實務上也已經有一些既存的開發模式，可以讓你在整個應用程式中重複利用。這樣的架構能打造出更穩健和有保障的成品。要是已經有網頁典範可遵循，就不必再閉門造車了。

8.1.2 團隊之間的契約

我們很快來看一下，若要加入另一個團隊的頁面區塊，會需要遵循怎樣的約定。結帳團隊提供的定義如下：

購買按鈕

自定義元素：<checkout-buy sku=[sku]></...>

HTML端點：/checkout/fragment/buy/[sku]

由於我們同時使用了兩項整合技巧，提供微前端個體的團隊也得提供以下兩樣東西：自定義元素的定義，以及 SSI 端點 (用來提供從伺服器渲染的 HTML 碼)。同樣的，使用這個微前端個體的團隊也得明確寫出這兩樣東西。在我們的範例中，決策團隊使用的程式碼如下：

```
<checkout-buy sku="fendt">
  <!--#include virtual="/checkout/fragment/buy/fendt" -->
</checkout-buy>
```

這三行程式碼的內容有太多冗餘之處。為了減少團隊之間的摩擦，最好是就專案層級制定一套命名規範。這樣一來，所有標籤跟端點都會很一致，各團隊也可以用範本來添加頁面區塊。圖 8.5 示範了命名規範可能會是怎樣。

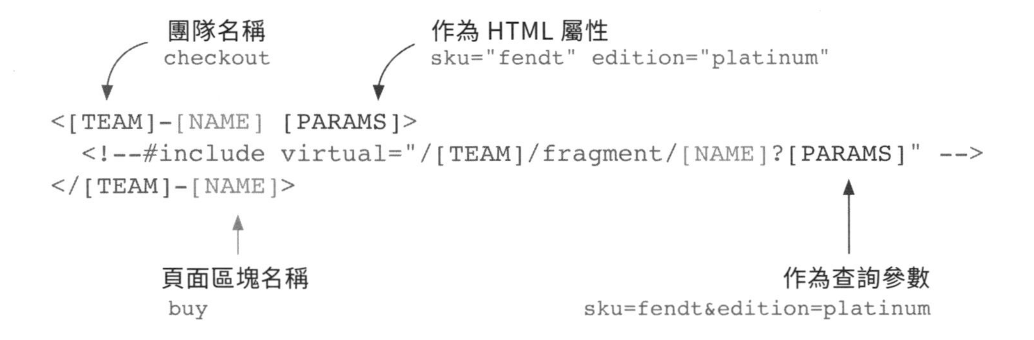

圖 8.5 在此展示了你能如何以標準方式來產生通用整合程式碼。不管是提供或使用頁面區塊的一方,所有團隊都需要知道三大屬性：所屬團隊名稱、微前端個體自身的區塊名稱、以及其 SSI 端點所需的查詢參數。

8.1.3 其他解決方案

當然，我們以上介紹的並不是實施通用渲染的唯一方法。與其使用 SSI 和 Web Components，你也可以合併其他技術，比如用 ESI 或 Podium 於伺服器端整合，然後再加上你自己的客戶端初始化。

如果你想要的是現成解決方案，那麼不妨試試 Ara 框架 (ara-framework.github.io/website)。Ara 是相對較新的微前端框架，但設計上有納入通用渲染。Ara 有自己的類 SSI 伺服器端整合引擎，是以 Go 語言撰寫而成，客戶端注入則是透過自定義的初始化事件來達成。你可以在 Ara 的網站上找到如何以通用渲染方式執行 React、Vue.js、Angular 或 Svelte 應用程式的範例。

8.2 何時該使用通用渲染？

你的應用程式是否需要快速的首次頁面載入？使用者介面是否應該具備高度互動性？此外，你的使用案例是否需要不同微前端個體彼此溝通？如果以上皆是的話，本章介紹的通用渲染就是你唯一的解法了。不過，下面我們再來檢視幾個重要議題。

8.2.1 純伺服器端整合的通用渲染

其實，若一個團隊想要使用通用渲染，並不見得需要用到客戶端整合。以下我們來看個例子。

產品頁由決策團隊所有，而產品頁使用的標頭區塊，則是由促銷團隊所擁有的微前端個體。這兩個應用程式並不需要互相溝通，所以在此只要使用簡單的伺服器端整合就夠了。

兩個團隊如果有需要，大可在各自的微前端個體內採用通用渲染，但這也不是非做不可。若標頭區塊沒有互動性元素，單純用伺服器端渲染即可，等到使用案例有變更時還是可以加上客戶端渲染，其他團隊並不需要知道這些變更。從專案架構角度來看，團隊內的通用渲染就只是團隊內部的實作細節而已。

8.2.2 增加的複雜度

通用渲染結合了伺服器端及客戶端渲染的好處，但這是有代價的。通用整合的應用程式，不管是在設定、運行和偵錯上，都比純粹採用客戶端或伺服器端整合的應用程式要複雜得多。就算將通用整合概念套用在專案架構層級上, 也不會讓事情變得比較簡單。

為了使用通用渲染, 每名開發人員都需要懂伺服器端整合和客戶端注入是如何運作的。現代網頁框架簡化了開發通用渲染應用程式的門檻, 要加入新功能通常不會很複雜。但一開始設定系統、以及訓練新進開發人員上軌道, 都會花費更多時間。

8.2.3 通用渲染的統一單體應用程式？

第 7 章所介紹的 app shell 模型, 是否能與通用渲染結合呢？答案是肯定的, 因為在這章裡, 我們就已經合併客戶端和伺服器端渲染, 在單一一個頁面中運行多個通用渲染應用程式了。你當然可以合併客戶端和伺服器端路由機制, 創造一個通用渲染版的 app shell。但這不是一件簡單的事, 我到現在還沒看過有人在正式上線的專案這麼做過。

不過, 這在不久的將來也許會改變。在第 7 章提過的 single-spa 微前端框架, 其實就已經加入了伺服器端渲染支援 (見 single-spa.js.org/docs/ssr-overview)。所以, 誰知道呢？

我們最後一次來看圖 8.6 這張經典對照表。如同先前所說, 執行以通用渲染來整合的應用程式絕非易事, 且會提高複雜度——因為通用渲染整合是直接在現有的客戶端以及伺服器端整合技巧上實作, 它並不會帶來額外的技術分離效果。但這樣有助於增進使用者體驗, 同時獲得伺服器端渲染的快速頁面載入、以及直接在瀏覽器渲染的高互動性功能。

為了方便大家看懂這張圖表, 我刻意省略了較為理論性的通用渲染式 app shell。它的複雜度是所有辦法中最高的, 但互動性也更上一層, 因為所有硬轉頁都被消除了。

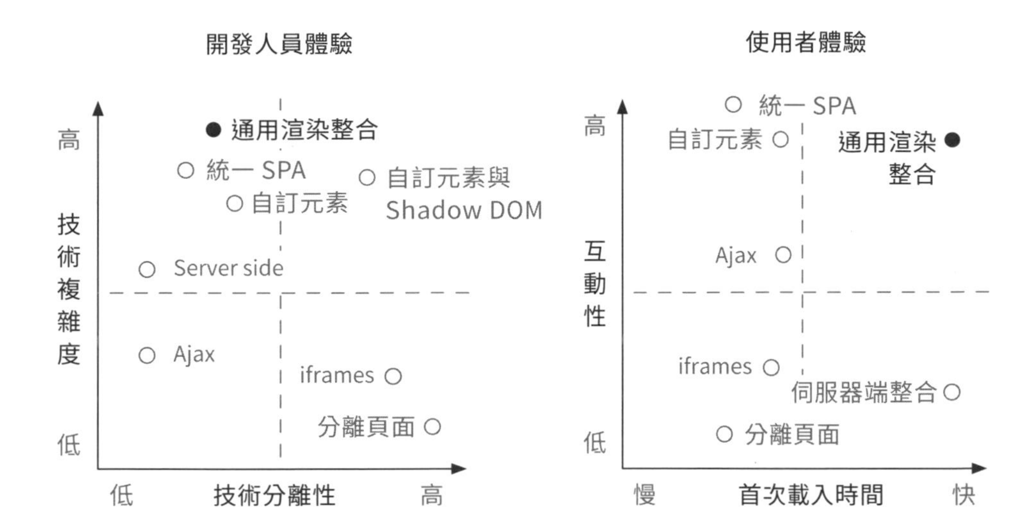

圖 8.6 若要讓所有團隊的微前端應用程式都使用通用渲染並整合起來，就得結合伺服器端及客戶端整合技巧，兩者必須相安無事合作才行，這也導致通用渲染整合實行上相當複雜。當然，若考慮到使用者體驗，這麼做就是金科玉律，因為這能帶來快速的首次頁面載入，同時又具備高度互動性。開發人員也能以漸進增強原則來打造新功能。

重點摘錄

- 通用渲染集結了伺服器端以及客戶端渲染的好處，像是首次頁面載入速度快、並能迅速對使用者輸入做出回應。若要在微前端專案中發揮這項優勢，你就得有一套合併伺服器端以及客戶端整合的解決方案。
- 你可以結合 SSI 和 Web Components 作為通用整合模式。
- 為了實現通用渲染，每個團隊都必須能透過一個 HTTP 端點在伺服器端渲染其微前端個體，但這個個體也要能透過 JavaScript 使之在瀏覽器發生作用。大多數現代 JavaScript 框架都支援通用渲染。

- 在首次載入頁面時，會有一個 Nginx 之類的服務整合所有微前端個體的 HTML，並將結果傳給瀏覽器。這些微前端個體會在瀏覽器內透過 JavaScript 自行初始化 (JavaScript 注入)。在這之後，微前端個體便可以完全在客戶端對使用者輸入做出回應。

- 目前並沒有標準規範在伺服器端渲染 Web Components，但確實有一些客製化的解決辦法，以宣告的方式來定義 ShadowDOM。我們的範例則是使用正規 DOM 在伺服器端生成元件內容。

- 實作一個通用整合的 app shell 來實現客戶端以及伺服器端路由，確實是有可能的，但這會變得極端複雜。

CHAPTER

09

我的專案適合何種架構？

本章重點提要

- 就前面各章習得的整合技巧，來加以比較你所能建構的各種微前端架構
- 比較不同高階架構的好處及挑戰
- 找出最符合你專案需求的架構及整合技術

在前面各章中, 本書介紹了多種技巧, 來將不同團隊開發的使用者介面整合在一塊。我們從簡單的超連結、iframe 和 Ajax 入門, 接著介紹較為複雜的伺服器端整合、Web Components 以及 app shell 模型。我們在每章的最後都附上一張簡化的對照表, 把該章節介紹的技術跟先前章節比一比。至於到了這章, 我們會把所有拼圖湊齊, 且會更深入比較這些技術的長短處。

首先, 我們將重新檢視專有名詞, 並點出不同技術和架構的主要優點。接著我們會介紹『文件—應用程式光譜』(Documents-to-Applications Continuum) , 這個概念能幫助你決定該採用伺服器端還是客戶端整合。你的專案究竟屬於網頁或應用程式, 這個區別將會非常重要, 因為這能決定你的案例適合何種架構和整合模式。

本章的最後則會給各位一個架構決策指南。你將會學到如何用區區幾個問題就能做出一個好決定。這些問題會引導你去思考各種不同選項。

9.1 專有名詞回顧

當你要在跨團隊的基礎上建立一個微前端專案時, 所有人都得使用同樣的術語來溝通。這便是為什麼我們得先後退一步, 把先前章節介紹的專有名詞整理一下。我們先從基礎的**整合技術**開始, 再接著檢視不同的**高階架構**。

整合技術可分為兩大類：第一類是路由及轉頁, 第二類是區塊組合。圖 9.1 列出本書所介紹的所有整合技巧。

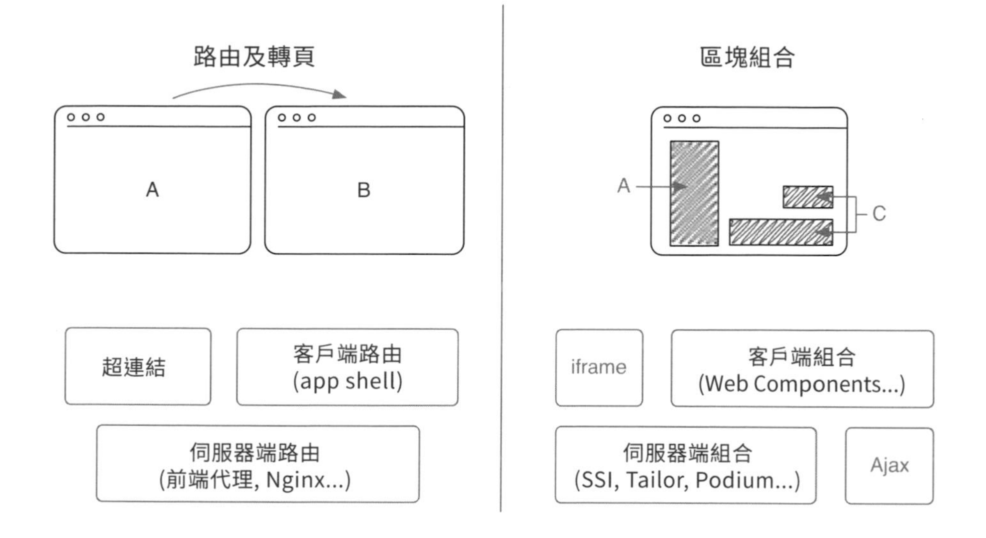

圖 9.1 微前端架構所需的整合技術。左邊是處理跨團隊頁面切換的三大技巧, 右邊列出的方法則用於將不同的使用者介面整合成一個頁面。

我們將再次簡單回顧這些技巧, 先從路由及轉頁開始。

9.1.1 路由及轉頁

當我們把『轉頁』當成微前端整合技術來討論時, 技術上都是指『跨團隊的頁面切換』。使用者如何從隸屬於團隊 A 的頁面, 前往團隊 B 所負責的頁面？至於團隊內部的頁面如何切換, 從架構觀點來看只能算是實作細節, 沒有必要去了解。

超連結

在實作微前端整合時, 平凡無奇的超連結就是最基本的手段 (本書第 2 章)。每個團隊各負責一組頁面, 而若要將應用程式的其他內容呈現給使用者，只要放一個超連結就可以了。如果超連結的形式非常單純，團隊之間甚至不需額外做協調。團隊更能把自己負責的應用程式部分架在不同網域上。

app shell

但在點擊超連結後，瀏覽器會被迫從伺服器取得新的 HTML 來取代目前頁面。就許多使用案例來看，重新載入網頁並不成問題，但隨著瀏覽器 History API 的演變，加上單頁面應用程式框架的興起，開發人員現在能夠完全透過客戶端來轉頁。這麼做的主要好處是可以立即渲染出目標頁面的版面；縱使使用者向伺服器請求的內容還沒被處理，他們仍能立即得到回應。

若要實作跨團隊的客戶端頁面切換，瀏覽器就需要有一塊核心的 JavaScript 程式碼，通常稱為應用程式殼層 (app shell，見第 7 章)。app shell 扮演父應用程式的角色，根據瀏覽器網址來啟用不同團隊打造的應用程式。當網址一有變更，app shell 便將頁面的權責由團隊 A 移交給團隊 B。

9.1.2 區塊組合

實務上，你通常會傾向於將不同團隊的使用者介面呈現在同一頁面上。典型的範例像是標頭或是導覽列由一個團隊打造和管理，所有其他團隊則將這個區塊整合到他們的頁面上。其他例子則包括產品頁上的迷你購物籃，或是購買按鈕這類功能。

本書多次將可被整合的微前端個體稱為頁面區塊 (fragment)。區塊若要能整合，便需要一個共享的格式。各團隊都必須採用標準格式來開發自家的頁面區塊，好讓其他團隊用相同的格式將微前端個體整合在自家頁面上。

我們可以概略將組合技術分為兩大類：伺服器端整合及客戶端整合。我們將 iframe 及 Ajax 技術放在這兒, 因為它們有點像這兩種整合的混和體。

伺服器端整合

若團隊是在伺服器端生成 HTML, 就適合採用伺服器端整合。在網頁抵達客戶端電腦的瀏覽器之前, 所有區塊的 HTML 就先行整合好了。你需要一個中央的基礎設施來整合 HTML, 例如第 4 章使用 Nginx 伺服器來做 SSI 整合。替代方式則是頁面所屬團隊直接載入其他團隊的頁面區塊——Tailor 及 Podium 這類伺服器端整合函式庫, 就是如此運作的。

客戶端整合

如果團隊的 HTML 是在瀏覽器端生成, 便需要使用客戶端整合技術。穩健的做法是利用 Web Components 規範中的自定義元素 (Custom Elements) API。自定義元素 API 定義了初始化或反初始化的『鉤子』(hook), 由擁有頁面區塊的團隊來實作。如此一來, 整合便會直接透過瀏覽器的 DOM API 實現, 不需動用特別的函式庫或自訂的 JavaScript API。

在客戶端整合中, 溝通是至關重要的部分。假設頁面區塊 A 想知會頁面區塊 B 某個可能有用的事件, 要怎麼做呢？微前端個體可以透過自定義事件 (Custom Event) 或事件匯流排 (Event-Bus)／廣播的方式來溝通。這個部分在第 6 章已有介紹。

iframe

iframe (本書第 2 章) 是網頁開發中一項奇特但又有些強大的冷門技術。出於種種原因, iframe 在多年前已經失寵。你必須借助 JavaScript 才能在響應式設計中使用 iframe, 而在網頁上大量運用 iframe 也很吃資源。

但 iframe 的秘密就在於能提供高階的技術分離，這在微前端架構下是有用處的——微前端個體 A 的錯誤不至於拖累微前端個體 B。若要跨 iframe 溝通，也能透過 window.postMessage 這個API 來達成。

Ajax

Ajax 這項技術能夠從一個伺服器端點下載 HTML 片段，當年也促成了 Web 2.0 革命。你可以把 Ajax 當成微前端整合技術使用，藉由客戶端 JavaScript 來觸發、以便取得伺服器端生成的 HTML。

Ajax 比較像是混合技巧，無法被單純歸類為客戶端或伺服器端整合。它通常會和伺服器端整合協同使用，以便在被嵌入的微前端個體內逐步更新 HTML。拿 Ajax 搭配 Web Components 也是個好主意。除此以外，Ajax 對於溝通的初始化及反初始化並沒有提供標準作法。

上面這些便是我們所學到的基礎整合技術。我們接著來看各種架構風格。

9.1.3 高階架構

微前端的其中一個好處是，每個團隊都可以自由採用符合其需求的技術，前提是所有團隊都得在高階架構上達成一致。舉例來說，我們的目標是開發靜態網頁、只透過超連結整合，還是要打造一個高度動態、整合較緊密的單頁面應用程式？在這種時候，你應該找來所有團隊一起做決定。圖 9.2 列出 6 種不同的架構。

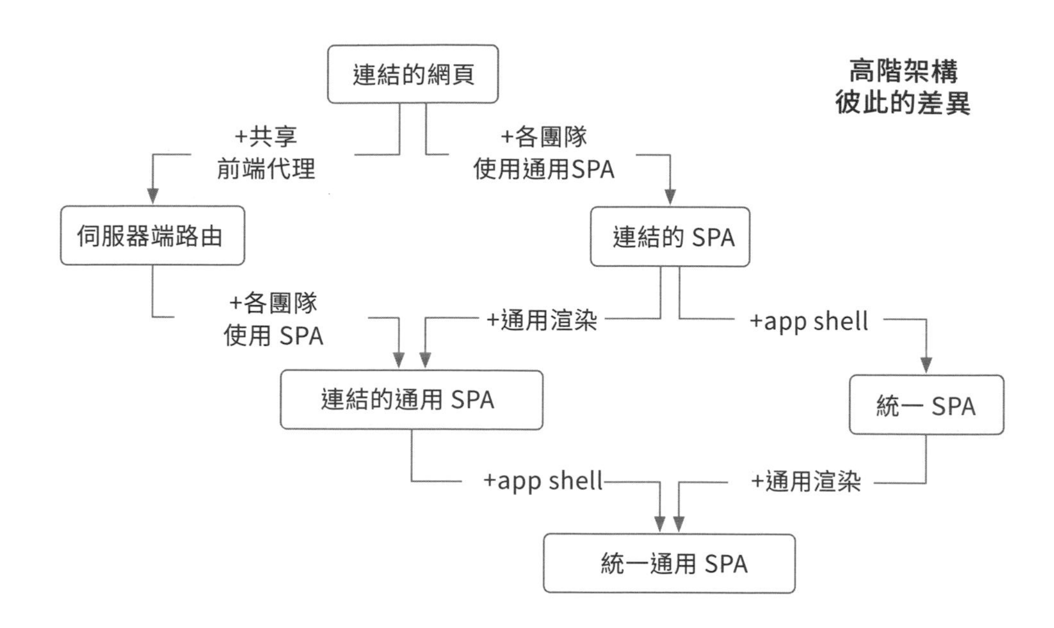

圖 9.2 列出開發微前端專案時可選擇的各種架構。此圖由最簡單的頁面連結方式為起點，並展示你能如何加上額外的功能，像是 SPA、通用渲染，或是共享的 app shell。

我們將由上往下逐介紹。

用超連結串起的頁面

這是最簡單的架構。各團隊的頁面都是完全透過伺服器渲染的 HTML 文件，按下網站的超連結就會重新載入新內容。不管你是在同一團隊內切換網頁，或跨團隊進行頁面瀏覽，這都屬於硬導覽。

這種架構的優點正是在於它簡單：無須中央基礎設施或共用的程式碼，偵錯非常直覺，而新的開發人員接手時也能馬上進入狀況。但從使用者體驗來說，超連結仍有改善的空間。

伺服器路由

這方法和超連結很類似，差異在於所有請求都會經過共享的網路伺服器或反向代理伺服器。這個伺服器會擺在各團隊的應用程式前面，並藉由一組路由規範來決定新進來的請求該交由哪一組團隊處理。路由規則通常是以跟團隊有關的網址前綴詞作為依據。若要回顧，可參閱本書第 3 章。

連結的 SPA

若要提升使用者體驗，並對使用者的輸入更快做出回應，團隊可以考慮捨棄伺服器端生成的靜態網頁，改而把自家的頁面實作成在客戶端渲染的單頁應用程式 (SPA)。這麼一來，只要點擊的連結是導向該團隊的頁面，都會變成速度快的軟導覽，但跨團隊的頁面切換依舊是硬導覽。

技術上來說，若一個團隊內部採用 SPA 架構，可以單純視為是實作細節。只要外部連結到該團隊的特定頁面都能作用，團隊都可以自行決定如何改變自家的內部架構。但等我們後面談到更進階的架構與更合適的整合技巧時，互相連結的頁面跟互相連結的 SPA 有何差異，就會變成一大關鍵了。

連結的通用 SPA

所有團隊也可考慮採用通用渲染——使用者首次請求的 HTML 會在伺服器端產生，使得首次頁面載入體驗相當快。應用程式在這之後就會表現得像 SPA，視需要逐步更新使用者介面。

從單一團隊的角度來看，這設定起來比較複雜，需要額外的開發技能。但就架構角度來看，這個做法就和其他『相互連結』的架構無異。團隊間的契約仍然是一組共享的 URL 格式，跨團隊轉頁時也會重新載入頁面。但若這個架構實作得宜，頁面重新載入的順暢度應該會優於『連結的 SPA』架構, 因為後者重載頁面時得在瀏覽器執行許多 JavaScript, 才能讓內容顯現在使用者眼前。本書第 8 章便探討了通用渲染以及其優點、挑戰。

統一 SPA

統一 SPA 是指由多個 SPA 集結成一個單頁面應用程式, 本書第 7 章介紹了這個概念。參與專案的所有團隊都必須以 SPA 形式來開發應用程式, 而最上層會有一個父程式 (又稱為 app shell) 來統整這些 SPA。app shell 通常不渲染任何使用者介面, 其職責在於監聽瀏覽器網址列是否有變更, 然後視需要將控制權從現有的 SPA 轉給另一個 SPA。在這個架構底下, 所有轉頁都會是軟導覽形式, 使用者介面會變得更靈敏、更像真正的應用程式。然而, app shell 是不屬於任何團隊的一塊核心程式碼, 其存在會帶來不低的耦合及複雜度。

統一通用 SPA

若你採用統一 SPA 模式, 再給它加上通用渲染的話, 就解鎖了所謂的『統一通用 SPA』。在這個模式下, 每組團隊開發的 SPA 都得具備通用渲染能力, 而核心應用程式 (app shell) 同樣得如此, 並能同時在伺服器端跟客戶端運作。這架構集優點於一身, 但非常有挑戰性, 複雜度也是最高的。

9.2 複雜度比較

你選擇的架構與整合程度都會影響到你的專案複雜度。複雜度可以反映在不同的面向：

- 讓專案起步所需的初步基礎設施。
- 需要維護的地方 (moving parts) 有多少, 比如服務或 artifact (專案資產檔案)。

- 耦合數量：哪些變更會需要動用超過一個團隊？
- 開發人員技能等級：新的開發人員需要掌握哪些概念？
- 偵錯：有臭蟲發生時, 能否很輕易找到負責的團隊？

圖 9.3 將各個架構依照複雜度分群。由左到右, 從非常簡單到非常複雜做排序, 共分為四個群組。這當然只是大方向指引, 挑選架構的關鍵, 取決於團隊的經驗以及使用案例。根據經驗法則, 應該總是選擇你能力範圍內、最為簡單的架構。採用統一的單頁面應用程式, 沒有生硬的頁面切換固然是很好, 但額外下功夫去做這樣子的開發, 以及後續維護作業, 是否符合效益？

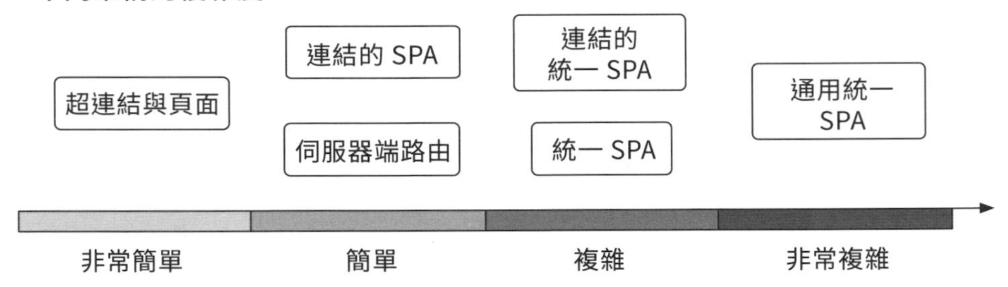

圖 9.3 微前端架構依複雜度排序。超連結加頁面的方法在開發和執行上是最簡單的；當你提升到更進階的架構, 複雜度也會隨之提升。統一通用 SPA 是最為複雜的做法, 開發人員得使出渾身解數, 外加使用共享的基礎設施跟程式碼才能奏效。

9.2.1 非同質架構

到目前為止, 我們總是假設所有團隊都使用相同架構, 但你其實也可以混用不同的東西, 來打造一套非同質架構。對於開發登陸頁面的團隊來說, 載入速度要快, 所以用超連結串起頁面可能就已經足夠。但若要打造無縫的瀏覽體驗，你便需要打造一個統一 SPA，把負責產品清單的團隊、以及管理產品頁的團隊整合起來。這些架構可以平行運作，有的團隊只用超連結，其他團隊則共享一個 app shell 來實作統一 SPA。這樣一來，你就只會在有必要的地方增加複雜度。

但使用非同質架構也有一些缺點：

- 新團隊沒辦法直接採用某個架構。各團隊必須事先就各自的使用案例分析並討論 (但這有時不一定是缺點)。
- 整合不同團隊的頁面區塊，可能會變得更困難。團隊必須把他們的微前端個體包裝成目標頁面可嵌入的形式。

9.3 你是在打造網頁還是應用程式？

本書讀到這邊，你應該已經知道，在伺服器端跟在客戶端渲染 HTML 有很大的差別。任何人在起始新的網頁專案時都得回答這個問題：「你是在打造網頁還是應用程式？」，但這問題對於微前端專案更是至關重要，因為它決定了何種整合技巧會最適合你。

在下面這個小節，你將學到『文件—應用程式光譜』(Documents-to-Applications Continuum) 的概念。我發現這個概念能創造出絕佳的心智模型，有助於討論架構、為專案選擇正確的工具和技術。許多開發人員——包括我在內 —— 在著手開發從零開始的全新專案時，都會本能地閃過一個念頭：『我們就用當前最熱門的 JavaScript 新框架吧！』而上述概念可以把我們拉回來，以更冷靜的角度審視何種架構才是最好的。

以下我們就來看看，高階架構能如何融入這個『光譜』概念。

9.3.1 文件—應用程式光譜

你首先要問自己的問題是：專案是要用來達成什麼目的？人們造訪這個網站，是為了存取內容，還是要使用某項特定功能？為了讓各位更好想像，我們來看兩個極端案例：

- 內容取向：想像一個簡單的部落格，使用者可以瀏覽文章，並在專門的文章頁面上閱讀完整內文。
- 行為取向：想像一個線上繪圖程式，使用者可以到站上以手指繪圖，並將畫作匯出成圖檔。

內容對第一個網站非常重要，但第二個網站並不提供內容，純粹提供功能給使用者。不過在大型專案中，界線不會如此壁壘分明，這時文件—應用程式光譜就派上用場了。概念是上述兩個例子分屬光譜的兩端，如圖 9.4 所示；你只需將你的微前端專案擺在光譜上，便能衡量優先順序為何、並挑選合適的高階架構。

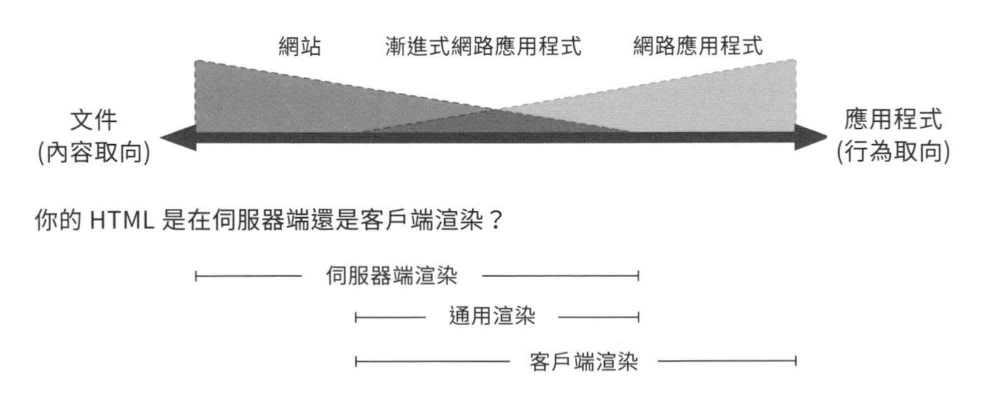

圖 9.4 文件—應用程式光譜提供了一個心智模型，幫助你去思考專案比較偏向網頁、還是網路應用程式。這是個漸進式的量表，不是黑白分明的決策。

我們來看兩個範例。亞馬遜購物網站位在量表的哪個位置？亞馬遜提供了許多功能，使用者可以搜尋、排序並過濾產品清單，還能評價商品、管理退貨、或是和線上客服人員交談。但本質上，亞馬遜是以內容為取向的網站。一個有助於判別的好問題是：『如果去除掉所有行為，這個網站是否還有用處？』就亞馬遜網站來說，答案是肯定的。額外的功能無疑很重要，但若沒有產品，這些功能都形同虛設。因此，我們會把亞馬遜擺在光譜偏左的地方。對於類似的微前端網站，保險的做法是從伺服器端渲染著手，再視情況看是否要升級到通用渲染。

接著來看第二個範例。CodePen.io 是個線上程式編輯器，讓網頁開發人員和設計師能及時預覽 HTML、CSS 及 JS 程式碼合併的效果，勾勒其構想或是尋找潛在錯誤。CodePen 也有一個活躍的線上社群，許多人會在上頭展示自己的作品並分享程式碼。只要瀏覽 CodePen.io 上的公開目錄，你就能找到一大堆振奮人心的新技術。那麼 CodePen 會落在光譜的哪個位置？這個問題較難回答，因為無論是行為取向的線上編輯器，還是內容取向的公開目錄，CodePen 在這兩方面都很強。若去掉 CodePen 所有的行為，線上編輯器就不復存在；假若移除所有內容，目錄則會不見，但線上編輯器還會繼續存在，因此，我們可能會將 CodePen 定位在光譜中間。如果我們要以微前端架構來重新開發 CodePen，會編制兩個團隊：編輯器團隊及目錄團隊。編輯團隊會選用客戶端整合，目錄團隊則可能採用伺服器端路由。這樣便會是一個好起點。

但若要找出最佳的微前端架構，我們就得進一步分析各種使用案例。我們的某個團隊是否需要整合另一個團隊的內容？使用者在網站上的動線為何？這些都是得繼續深究的問題。

9.3.2 伺服器端、客戶端或兩者兼容

若你需要思考的問題是該從何處產生 HTML, 前述的光譜就是個好起點。如果你的產品注重內容, 就優先選擇伺服器端渲染。接著若要添加功能, 以漸進增強原則來進行就很合理。

若你開發的應用程式很重視互動, 且內容無關緊要的話, 純客戶端渲染的方案就會是最佳選項。在這種情境下, 漸進增強的概念發揮不了助力, 因為根本就沒有需要加強的內容。

要是專案落在光譜中間, 你就需要做出抉擇了——伺服器端和客戶端渲染都可行, 但各有利弊。若你不怕額外增加複雜度, 你也可以兩個都選, 走通用渲染的路線。

我們來再次回顧所有的高階架構。圖 9.5 以伺服器端、客戶端與通用渲染來分類它們, 將這些架構劃分在不同顏色區域內。

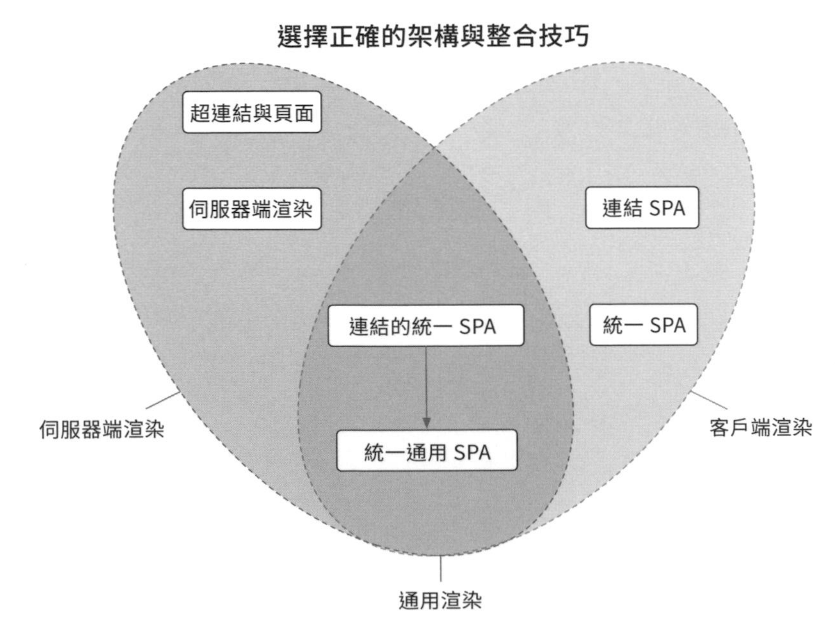

圖 9.5 以顏色區分架構中使用的是伺服器端、客戶端還是通用渲染。

在選擇架構時，務必確保這個架構符合你專案的本質跟商業目標。如何渲染和複雜度是做抉擇的兩大關鍵。我們接下來換個角度，看看如何用決策樹做選擇。

9.4 挑選正確的架構及整合技術

現在我們已經複習完所有詞彙，並用一個心智模型來闡明我們所開發的產品屬於何種類型。我們接著來看，如何以一套具體的方法判斷你的專案需要何種架構及整合方式。圖 9.6 是一個有助於解決問題的決策樹，靈感來自 Manfred Steyer 關於 Angular 前端微服務的文章 (www.angulararchitects.io/aktuelles/a-software-architects-approach-towards)。

請花點時間理解這張圖表。從最上方開始沿線往下，一路回答問題，看看會將你導向哪一個高階架構。取得結果後再順虛線而下，找到你可用的整合技術。要是你的使用案例並不需要同時啟用多個微前端個體 (頁面區塊或巢狀微前端)，則可跳過最後這個步驟。

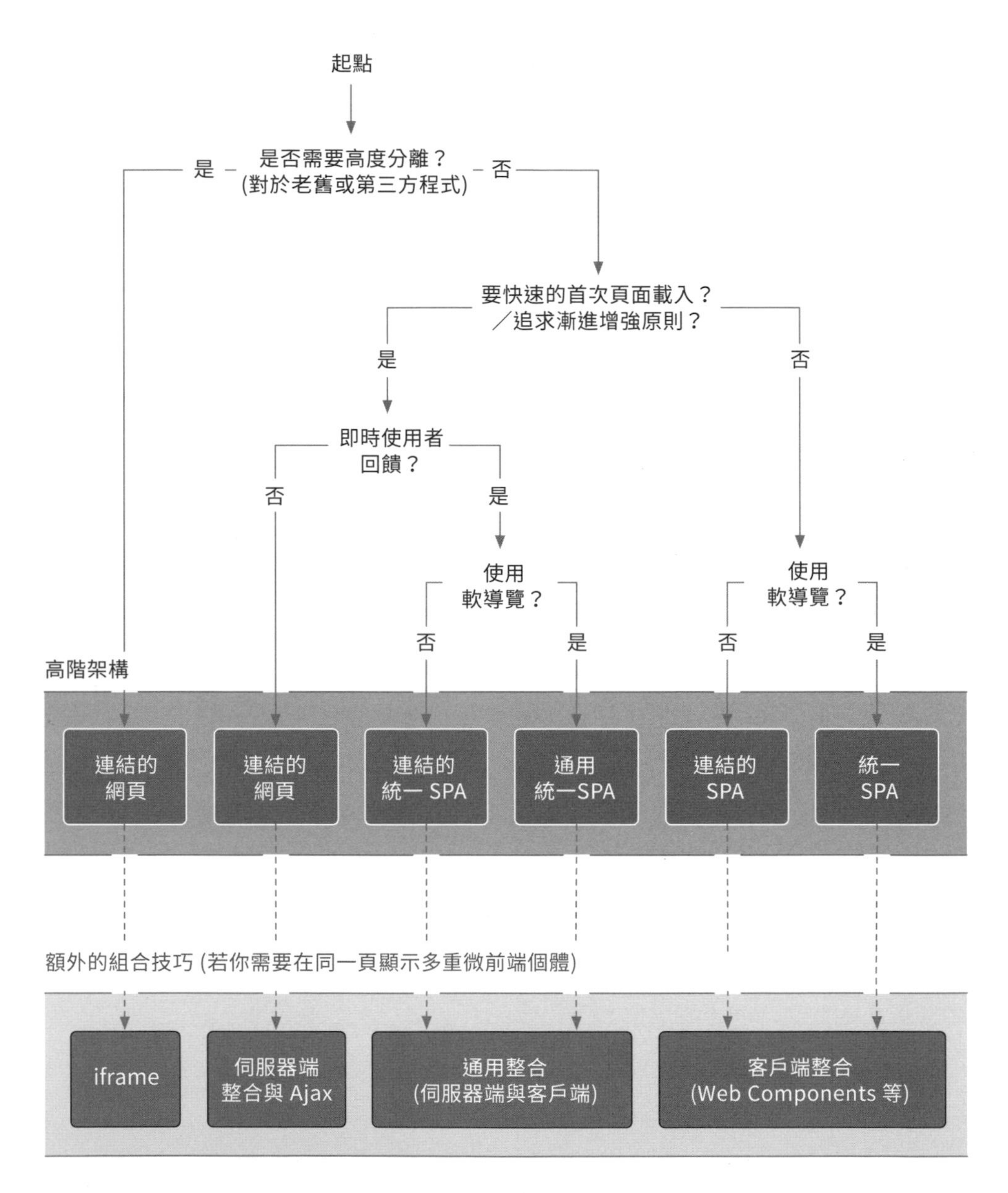

圖 9.6　此決策樹有助於依據你的專案需要，讓你選擇合適的微前端架構。這裡也列出符合你使用案例的整合技術。

我們下面來逐一看決策樹上的各項提問。

9.4.1 需要高度分離（對於老舊或第三方程式碼）

你是否想做到高度技術分離，好區隔不同團隊的程式碼？為何不呢？大家都想這樣。分離及封裝手段一般能減少意料之外的副作用，也能減少程式錯誤。但可惜的是，選擇高度分離會犧牲掉其他許多開發上的可能性。

因此，正確的問題是，你是否**真的**需要高度分離？如果你得整合老舊系統，這個系統不遵從新的命名空間規範，且需要全域變數狀態才能正確運行的話，你就不得不採用高度技術分離。安全因素是另一個好理由：如果你的專案需要採用不可信的第三方解決方案，或者應用程式的某部分講求高度的安全層級，比如得處理信用卡資料，你就可能需要讓微前端個體彼此隔離。

9.4.2 快速的首次頁面載入／漸進增強原則

這是個二合一的問題。如果這兩者之中你需要任一者，跟著**是**的箭頭繼續走即可。

能有快速的首次頁面載入總是好事，但這點的重要性大大取決於你的業務性質。如果你想要有更高的頁面搜尋結果排名，就不該忽視首次頁面載入的效能，因為 Google 這類搜尋引擎越來越青睞載入速度快速的網站。但就算搜尋排名不是你的主要目標，許多個案研究皆顯示好的網頁效能能提升業務指標。

我們在第 3 章介紹過漸進增強的好處。如果你的專案定位是落在『文件—應用程式光譜』的中間或左邊，我非常推薦你採用漸進增強的做法，並鼓勵所有開發團隊學習這種開發方式。對於那些以 React 或 Angular 等框架起家的網頁工程師來說，這種概念一開始可能聽來很奇怪。然而，以漸進增強的思維來建構新功能，並且回歸基本的網頁元素，這樣所產出的軟體不僅較好維護、更容易理解，也會更為穩定。

但若你的專案定位是落在光譜的極右端，而且是要開發一個純網路應用程式的話，一般來說是不會有內容可以增強的。在這種情況下，走漸進增強的路線便會完全無益。

9.4.3 即時的使用者回饋

前一個問題探討的是首次頁面載入效能，但你的網站對使用者的進一步互動會如何做出回應呢？典型的『點擊連結』及『從伺服器抓取 HTML』適用於很多案例，特別是你使用 Ajax 技術來避免重新載入整個頁面的時候。在這種模式下，HTML 會完全由伺服器端產生。這意味著若要對使用者輸入做出回應，就至少得往返伺服器端一次才能更新使用介面。

若想突破這種侷限，你就得採用客戶端渲染。從伺服器抓資料會變得快些，因為 JSON 資料比完整渲染的 HTML 更精簡，但網路延遲依舊存在。不過，客戶端渲染最顯著的優勢就在於能帶來立即回饋；就算使用者想看的資料仍在傳送途中，頁面也能更新，顯示載入中的空白區塊。

客戶端渲染更能讓開發人員採用『最佳化使用者介面』(optimistic UI) 模式，也就是嘗試渲染出最可能得到的結果，藉此讓使用者感覺效能更快。以購物車為例，當使用者要刪除某項產品時，他們會點刪除鈕，瀏覽器接著會呼叫伺服器端 API。等購物車內容傳回至客戶端時，該產品便已自購物車中移除。但若採用使 optimistic UI，你可以假設刪除商品的 API 通常會正常運作，因此你不等待 API 回覆就直接在畫面上移除這個商品。萬一未能正常刪除，就在使用者介面把商品放回購物車，並顯示適當的錯誤訊息。

optimistic UI 十分強大，但畢竟是先斬後奏的行為，使用上務必謹慎。這項技巧能讓你對使用者輸入做出真正立即的回應，不僅提升使用體驗，也讓網站感覺更像個應用程式。

9.4.4 軟導覽

前一個問題探討了如何在微前端個體內提升使用者體驗。接著我們要來看，使用者在不同團隊所開發的頁面之間切換時會發生什麼事情。這個問題劃分出兩種結果：相互連結的架構以及統一的架構，我們在第 7 章有討論過。把跨團隊的轉頁用客戶端渲染來實現 (使用軟導覽)，究竟有多重要呢？

這個問題大大取決於你所劃分的團隊界線、團隊數量以及應用程式的使用模式。如果你是根據使用者的任務及需求來設置團隊，使用者就不會那麼常跨越團隊界線。

假設你在替一間銀行開發網站，這個網站有兩個截然不同的範疇，分別交由兩組團隊來做開發：使用者查詢帳戶餘額的功能給團隊 A，使用者試算並申請房貸的功能則由團隊 B 負責。為提供良好的使用者體驗，這兩個領域本身可能都得具備高度互動性，這可以由團隊自行決定。不過，既然使用者鮮少會在查詢餘額及申請房貸之間切換，你說不定用硬導覽串起兩者即可。

再舉另外一個例子。假設我們正在打造一個客服中心應用程式，客服人員處理訂單的功能由團隊 A 負責，個人化推薦的功能則由團隊 B 開發。有鑑於客服人員可能會頻繁在這兩者之間切換，採用軟導覽就是個好主意。這讓應用程式轉頁起來更快，也對客服人員的工作流程有所助益。

9.4.5 多個微前端個體共處於單一頁面上

如果你已經回答完決策樹上的所有問題，也得出適合你的高層級架構，最後一個附加問題是：『你是否需要組合微前端個體？』如果答案是肯定的話, 你可以進一步找到對應的整合技巧。若你在打造一個純 SPA, 你會需要客戶端整合。若你選擇在伺服器端生成頁面, 就該用伺服器端整合。

區塊組合並不見得必要的。上一小節的銀行開發案例, 可能根本不需要整合。帳戶查詢和申貸可以是網站上兩個不同的區塊, 彼此用超連結串起即可。最常見的組合範例是標頭及導覽的頁面區塊, 通常由一個團隊負責開發, 再讓其他團隊把這些區塊添加到自家的頁面上。

重點摘錄

- 為所有團隊建立一個共同的詞彙庫, 可以避免產生誤解。區分不同的轉頁技術、整合技術和高階架構, 能幫助大家了解你的開發方向。
- 『文件—應用程式光譜』是個良好的心智模型, 用於判定你的專案是偏向內容取向、還是行為取向。這個區別能幫你選擇適當的技術。
- 沒有所謂對或錯的解決方案。解決方案是否合適, 取決於專案性質、使用模式、耦合程度、你容許的複雜程度、團隊規模以及開發經驗。
- 所有團隊不見得都得採納相同的架構。你的應用程式可能某部分是內容取向, 而其他部分則屬行為取向。既然採用微前端架構, 你可以自行搭配, 但需要整合跨團隊的區塊時, 組合技術就必須適用於所有團隊。
- 盡量在符合業務需求的前提下, 選用最簡單的架構。

第三篇

如何做得快、一致且有效率

至此, 你已經學到了打造微前端應用程式的各種整合技術。但若要讓專案成功, 需要面對的問題不僅僅只有整合而已。我們在先前章節中稍微談論到效能、視覺一致性、團隊權責的不同面向。在本書接下來這部分中, 我們將針對這些附加面向做更深入的了解。

首先在第 10 章, 我們會介紹資源載入。想在不同的微前端個體載入正確的程式碼和樣式檔, 事實上出乎想像地困難, 特別是當你堅持採用最佳慣例、又不願意犧牲團隊自主性的時候。第 11 章將更深入效能這個主題, 你會了解到常見的陷阱, 並學到如何開發並維護一個載入速度快的網站, 就算使用者介面是由不同團隊所開發也一樣。第 12 章則會針對微前端備受抨擊的一點來著手：要如何確保終端使用者眼中的網站外觀和體驗是一致的？設計系統在這邊就相當重要, 然而如何建立一套共同的設計系統, 又不至於干預微前端個體間的自主性, 就會帶來諸多挑戰。

第 13 章會討論採用微前端架構, 將對組織帶來何種可能影響。你將學習如何尋找合適的團隊界線、組織跨團隊的知識交流, 並處理好共享的基礎設施。本書最後一章、第 14 章則涵蓋了如何將網站遷移至微前端架構、還有在本地端開發的技巧, 以及施行有效測試的一些模式。

CHAPTER

10

載入資源最佳化

本章重點提要

- 解決微前端架構下常見的檔案載入問題。
- 比較幾種不同的技術，探討自不同團隊載入檔案時，如何應付針對快取及同步情況。
- 決定合適的打包策略：應該將網站拆成多個較小的 bundle 檔，還是少數較大的 bundle ？
- 簡單認識如何在微前端架構下運用隨選檔案載入。

先前章節中，我們介紹了許多不同的整合技術，但總是專注在內容上 —— 如何在客戶端和伺服器端整合 HTML。但要如何載入和微前端相關的檔案？我們之前只有匆匆帶過。

在這一章，我們將更深入了解這個重要的衍生議題。你至少得考量到幾個重要面向：如何確保團隊能夠自行部署一個微前端個體，外加其所需的檔案？如何實作快取破壞 (cache busting)，好在不造成高度耦合的情況下提升快取能力？如何確保載入的 CSS 和 JavaScript 檔永遠能和伺服器端生成的 HTML 相容？ bundle 檔應該要拆得多細？應該讓你的應用程式使用單一一個大的 bundle，或者每一個團隊一個 bundle，還是用多個更小的 bundle？隨選 (on-demand) 載入技術如何能減少瀏覽器初期需要處理的資料量？

10.1 資源參照策略

我們首先來介紹一些技術，能將檔案內容整合到一個頁面內。為了簡單起見，我們只討論傳統的 <link> 和 <script> 標籤。過去像是 RequireJS (AMD) 或 CommonJS 這些模組載入器相當熱門，且能用程式控制其行為。但現今所有主流瀏覽器都支援 ES 模組。ES (ECMAScript) 模組是種網頁規範，解決了以往載入大部分 JavaScript 時會遇到的問題 —— 需要額外的函式庫或特定模組格式。

本章稍後也會談到 bundle 檔大小的規劃。目前我們姑且就假設，所有團隊提供的微前端個體 (一個頁面區塊) 是可引用在其他頁面內的，並會產生一個 JavaScript 和一個 CSS 檔。引用該區塊的團隊必須在自家頁面上參照到這兩個檔案。

10.1.1 直接參照

這個概念相當直白：若你要把其他團隊所開發的微前端個體整合進來，你得加入參考才能使之生效。你可以想像這就像在 Java、C# 或是 JavaScript 原始碼檔案的最頂端用 import 來加入它們。

如果你是走 app shell 的路線，做法就不同了。這個情況下你只會有一個 HTML 文件。這個共用的 app shell 會負責為所有的微前端個體載入程式碼，而最簡單的方法是一開始就引用所有團隊的檔案。不過，更聰明的做法是在使用者需要的時候才載入檔案 —— 像是元框架 single-spa 就實作了隨選載入。各位可以翻回第 7 章，看看基於 import() 的 JavaScript 註冊碼動態載入。我們在本章後面會進一步討論隨選載入。

我們來看拖曳機商店網站的例子，回顧在過去數章中是如何引用檔案的。決策團隊直接參照檔案，其他團隊則將相關資源的連結發布在自家文件中。

下面是第 5 章的範例：結帳團隊針對自家的購買按鈕，明確列出其自定義元素的細節，以及包含了相關初始化程式碼及樣式的檔案：

- 自定義元素為 <checkout-buy sku="{sku}"></checkout-buy>
- 需要的檔案包含 /checkout/fragment.js 以及 /checkout/fragment.css

為了確保能快速渲染，最佳慣例是把樣式檔引用在 <head> 區塊內，並且將 JavaScript 檔以非同步的 <script> 標籤引用在 <body> 區塊結尾。決策團隊會將這兩項參照加到自家產品頁的 HTML 內。

■ \MFE\08_web_components\team-decide\product\porsche.html

```
<html>
  <head>
    <link href="/static/page.css" rel="stylesheet" />
    <link href="/static/outlines.css" rel="stylesheet" />
    ...
    <link
      href="http://localhost:3003/static/fragment.css"
      rel="stylesheet"
    />
  </head>
  <body class="decide_layout">
    ...
    <div class="decide_details">
      <checkout-buy sku="porsche"></checkout-buy>
    </div>
    ...

    <script src="http://localhost:3003/static/fragment.js" async></ 接下行
script>
  </body>
</html>
```

結帳團隊頁面區塊的樣式檔(位於 port 3003)

決策團隊將結帳團隊的微前端個體(購買按鈕)加入 HTML。這個按鈕必須要有結帳團隊的資源存在才能產生作用。

結帳團隊頁面區塊的 JavaScript 檔

10.1.2　挑戰：快取破壞及獨立部署

試想，某天拖曳機商店的執行長走進決策團隊的辦公室，把團隊成員叫進會議室，然後打開筆電給他們看一個畫面，說：『我讀到一篇文章，是在講網頁效能對於電子商務的重要性。我拿一個叫做 Lighthouse 的工具跑過我們的產品頁，它會衡量效能，還有檢查我們的網站有沒有遵循最佳做法。我們拿到 94 分，這比我們的競爭者都高多了！可是 Lighthouse 也丟出一個建議，說我們似乎在用很沒效率的方式對靜態資源做快取。』

目前來說，追求快速資源載入的最佳作法是把靜態資源 (JS、CSS) 用期效一年的快取加入到個別頁面中。如此一來，你就能確保瀏覽器不會重複下載相同的檔案。添加快取 header 並不難，這在大部分的應用程式、網路伺服器或 CDN 中設置起來都很簡單。不過，你需要一個策略來讓快取失效，因為當你部署了一個新的 CSS 檔，你會希望讓所有使用者停用現有的快取版本、並下載新版本。

讓快取失效的其中一個有效辦法，便是在靜態檔案的檔名中加入『指紋』，也就是基於檔案內容的 checksum 值。指紋只有在檔案變更時才會隨之變動。加入指紋的檔名看起來會像是 fragment.49.css。當網站更新後，使用者的瀏覽器發現快取內找不到對應的 CSS 檔，自然就會下載新檔案了。

這種策略我們稱之為**快取破壞 (cache busting)**。大部分的前端開發工具，舉凡 Webpack、Parcel 或 Rollup 都支援它。這些工具在建置網站時會生成帶有指紋的檔名，並讓你能在 HTML 檔內引用。不過，你可能也已經看出癥結點 —— 快取破壞並不是很適合我們的分散式微前端設置。

在先前的範例中，決策團隊需要知道結帳團隊 JavaScript 和 CSS 檔的路徑。沒錯，結帳團隊可能會更新文件：

- 需要的檔案有 /checkout/fragment.a62c71.js 以及 /checkout/fragment.a98749.css

但根據當前的開發方式，每當結帳團隊部署新版本，決策團隊都必須手動更新產品頁中的資源引用路徑。這種情況下，一個團隊必須先跟另外一個團隊協調才有辦法部署，而這種協調行為正是我們想避免的耦合。我們下面便來探索一些更好的替代作法。

10.1.3 在客戶端透過重新導向來參照

你可以使用 HTTP 重新導向來規避以上的問題。這個概念如下所述：

1. 決策團隊和之前一樣, 引用結帳團隊不帶指紋的檔案。網址是固定不變的, 例如 /localhost:3003/static/fragment.css。

2. 當有網站請求這個網址時, 結帳團隊會以 HTTP 重新導向, 讓請求者連到帶有指紋的檔案 (比如 /localhost:3003/static/fragment.css 會導至 /localhost:3003/static/fragment.a98749.css)。

如此一來, 結帳團隊便能針對直接參照的檔案 /localhost:3003/static/fragment.css套用一個時效短的快取 header, 甚至是不設快取。至於含有實際內容、帶有指紋檔名的檔案, 結帳團隊則可設定較長的快取期限, 比如一年。這麼做的好處是請求的網址可以不變, 使用者也只有在檔案更動時才會下載。

我們在範例 17_asset_client_redirect 中, 於結帳團隊的網路伺服器加入了重新導向的設定以及快取 header。你可以查看每個團隊所屬子資料夾內的 serve.json 檔, 我所使用的 @microfrontends/serve 函式庫會抓取這些檔案。實務上, 你使用的開發或打包工具會為你創建這方面的設定檔。

■ \MFE\17_asset_client_redirect\team-checkout\serve.json

```
{
  "redirects": [
    ...
    {
      "source": "/checkout/fragment.css",
      "destination": "/checkout/static/fragment.a98749.css"
    }
  ],
  "headers": [
    {
```

設定從公開資源路徑重新導向至最新的帶有指紋的版本

→ 接下頁

```
      "source": "/checkout/static/**",
      "headers": [
        {
          "key": "Cache-Control",
          "value": "max-age=31536000000"
        }
      ]
    }
  ]
}
```

對所有帶有指紋的資源設定期效一年的快取(31536000000 毫秒等於365 天)。預設上其他資源會設為不用快取。

各位可以執行以下指令來啟動應用程式；

```
\MFE> npm run 17_asset_client_redirect
```

對結帳團隊區塊樣式檔的請求, 看起來會像這樣：

```
# 請求
GET /checkout/fragment.css

# 回應 (重新導向)
HTTP/1.1 301 Moved Permanently
Cache-Control: no-cache
Location: /checkout/static/fragment.a98749.css

# 請求
GET /checkout/static/fragment.a98749.css

# 回應 (實際內容)
HTTP/1.1 200 OK
Content-Type: text/css; charset=utf-8
Content-Length: 437
Cache-Control: max-age=31536000000
```

瀏覽器請求結帳團隊的區塊樣式檔

結帳團隊回應 HTTP 狀態碼 301 並重新導向至帶有指紋的資源。這個動作不使用快取。

瀏覽器請求帶有指紋的資源

結帳團隊提供資源檔, 帶有期效一年的快取 header

圖 10.1 顯示了這個範例跟開發人員工具一起打開的畫面。你能看到每個檔案的請求都會被重新導向帶有指紋且可快取的版本。

透過客戶端重新導向來參照資源

頁面內含的路徑 (穩定名稱)。
沒有快取或只有短期快取。

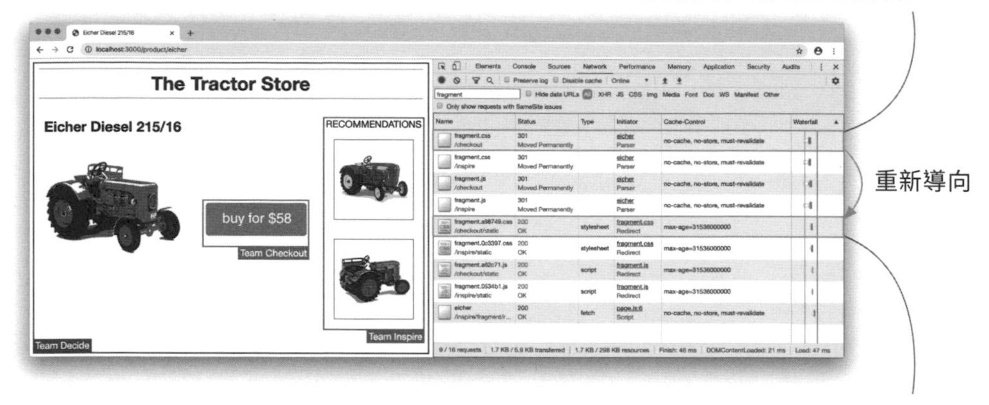

實際資源 (使用指紋名稱)。
長期快取。

圖 10.1　顯示載入頁面區塊樣式及程式碼的網路請求。結帳團隊及促銷團隊都有一個 fragment.css 和 fragment.js 檔，每個檔案都會被重新導向至最新版本。

與直接引用相比，以重新導向來參照的主要好處是去耦合。微前端個體團隊可以透過長期快取來供應有版本之分的資源，而且可以不必知會其他引用資源的團隊，就能更新自家的程式碼。這樣做不僅建置簡單，日後檔案有所變更時，使用者也只要重新下載即可。

提示　在 HTTP 回應 header 使用 Cache-Control: must-revalidate 加上 ETag 也能達到類似的去耦合及快取效果。不過，以檔名來標示版本加上長期快取的組合還有一些其他優點，我們稍晚會加以討論。

小編註　Cache-Control 和 ETag 的詳細內容皆可參閱以下網址：

https://developer.mozilla.org/en-US/docs/Web/HTTP/Headers/Cache-Control

https://developer.mozilla.org/en-US/docs/Web/HTTP/Headers/ETag

但這麼做尚仍有若干缺點。對於最初會傳回重新導向回應的『資源』, 瀏覽器無法儲存其快取。它至少仍得發出一個網路請求, 才能確保重新導向是否指向同一個資源。第二個問題是無法同步。重新導向永遠會指向最新版本檔案。當你在做滾動式部署時, 你的軟體可能會同時有不同版本在運行。這樣一來, 你可能會想要確保 CSS、JavaScript 和 HTML 檔都是來自同一批建置結果。

我們先來改善額外網路請求的問題, 之後再來討論同步的部分。

10.1.4 於伺服器端透過 include 來參照

拖曳機商店的各團隊採取了以上措施, 樂見快取獲得了改善。執行長再次用 Lighthouse 做測試, 這回拿到 98 分, 比先前高了 4 分。但這次跳出一個新訊息：建議將關鍵請求深度最小化 (Minimize Critical Requests Depth)。

使用重新導向的參照方法, 雖然能改善快取以及去耦合, 但代價是得發出更多網路請求。瀏覽器必須多發一個請求, 才能得知真正目標檔案的網址。如果網路連線條件欠佳, 延遲情況就會很明顯。我們不妨將這個請求動作搬到伺服器端吧, 畢竟伺服器與伺服器之間的溝通快多了, 延遲頂多就是幾毫秒而已。

如果你已經是在伺服器端整合 HTML, 我們也能使用同樣的機制來登錄資源。這個概念相當直白——在決策團隊以 <link> 或 <script> 標籤引用其他團隊檔案的地方, 他們可以多納入一段由個別團隊所產生的 HTML。

我們將再次拿 Nginx 的 SSI 功能當成範例 (相關細節請參閱第 4 章)。產品頁的 HTML 看起來如下：

■ \MFE\18_asset_registration_include\team-decide\product\porsche.html

```
<html>
    <head>
        <title>Eicher Diesel 215/16</title>
        ...
        <link href="/decide/static/page.css" rel="stylesheet" />
        <!--#include virtual="/checkout/fragment/register_styles" -->
        <!--#include virtual="/inspire/fragment/register_styles" -->
    </head>

    <body>
        <h1>The Tractor Store</h1>
        ...
        <script src="/decide/static/page.js" async></script>
        <!--#include virtual="/checkout/fragment/register_scripts" -->
        <!--#include virtual="/inspire/fragment/register_scripts" -->
    </body>
</html>
```

SSI 指令會將連結的各團隊程式碼解析回來

SSI 指令會將連結的各團隊樣式解析回來

結帳團隊及促銷團隊都有為其 js 和 css 檔提供註冊端點, 這些端點現在是團隊間契約的一部分。下面的範例是其中一個註冊端點的內容：

```
<link href="/checkout/static/fragment.a98749.css" rel="stylesheet" />
```

這個 <link> 標籤會指向帶有指紋的實際檔案。圖 10.2 展示了伺服器端的整合過程, Nginx 會將 #include 指令置換成其註冊端點的內容：

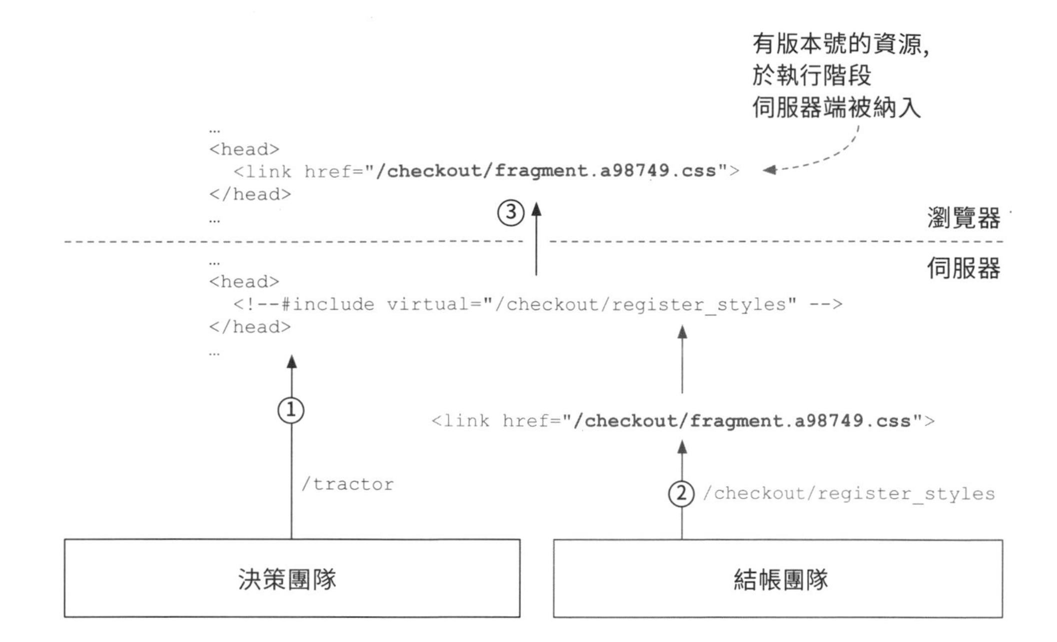

圖 10.2 決策團隊沒有直接引用結帳團隊的檔案，而是加入一個 SSI #include 指令。這指令指向結帳團隊的註冊端點 ❶。這個端點會回傳 HTML，內含帶有指紋的資源。結帳團隊可以隨時更新指紋，而不需與決策團隊協調 ❷。瀏覽器則會從伺服器取得已經整合好的 HTML，並有連結指向帶有指紋的檔案 ❸。

HTML 在抵達瀏覽器端時，就已經包含解析好的 #include 指令，瀏覽器可以立即開始下載檔案。如果檔案已經存在於磁碟快取中，瀏覽器可以使用本機上的副本，不需要多發一個網路請求或再次驗證。各位可執行以下指令來啟動這個範例：

```
\MFE> npm run 18_asset_registration_include
```

圖 10.3 是瀏覽器中首次訪問頁面的模樣：

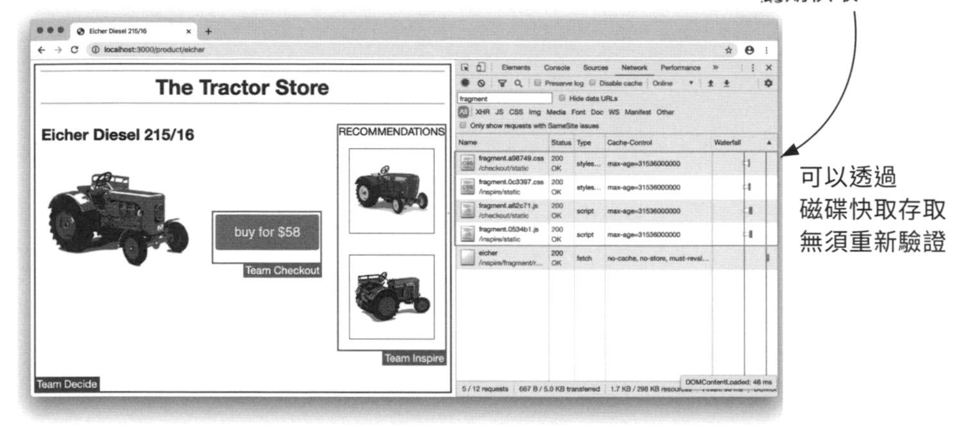

圖 10.3　透過開發人員工具的網路分頁檢視此頁面的區塊資源是如何取得的。HTML 直接連結到其他團隊的檔案，這些檔案都有加上指紋，且快取期間很長。

以上方法能帶來良好的去耦合結果。團隊變更檔案路徑時，不需要通知其他團隊。由於不需要客戶端重新導向，或是發出重新驗證的請求，站在網頁效能的角度來看，這也是個完美的解決辦法。

不過若你尚未實作伺服器端整合，要採用這個方法就需要下一些額外功夫，以及架設共享的基礎設施。

10.1.5　挑戰：同步標記語言檔及檔案版本號

在伺服器端登錄資源檔案，大幅提升了 Lighthouse 的評分——決策團隊的產品頁面現在拿下滿分 100 分。開發人員和執行長都很雀躍。他們將這個變更套用到實際營運環境上。

一周後，結帳團隊某位負責 DevOps 的同仁在檢閱伺服器日誌時發現異常：應用程式伺服器在存取某個帶有指紋的檔案時，偶爾會發生 404 錯誤, 就好像瀏覽器在請求一個應用程式認不得的檔案一樣。他起先以為是程式有 bug, 但仔細檢查後, 他發現異常都發生在結帳團隊部署了新檔案的時候。

這位同仁跟同事討論過後, 相當肯定錯誤來源是滾動式部署 (rolling deployments)。結帳團隊為了應付該流量, 使用 Kubernetes 環境自動部署 10 個相同的應用程式容器 (container) 來分擔——每個應用程式都包含從資料庫溝通、渲染 HTML 到傳送資源檔在內的一切功能。在部署新版本時, Kubernetes 會逐步以新版本容器取代舊版：建立一個新容器, 等它正式上線, 將流量導向它、然後再砍掉舊版容器。Kubernetes 會重複以上步驟, 直到十個應用程式都更新完畢為止。問題正是在於全部更新完畢要花數分鐘, 這段期間內新舊應用程式會同時運作, 導致 404 錯誤發生。

小編註 容器是一種輕量的虛擬機, 而 Kubernetes (簡稱 K8S) 是可部署及管理容器狀態的環境。由於 Kubernetes 可確保有一定數量的應用程式副本運作來分擔容量, 即使在更新時也不會完全下線, 因此現今已被廣為運用。

提示 要是你採用金絲雀部署 (canary deployment), 這個問題就會更為嚴重。所謂金絲雀部署是先部署一小部分新版本和觀察一段時間, 若表現良好才更新所有版本, 若有效能問題則撤回這些部署。這會使新舊版本共存更長的時間, 不移置的風險也隨之增加。

結帳團隊使用一個負載平衡伺服器 (load balancer) 將進來的請求隨機分派給這 10 個應用程式伺服器, 好平均分攤工作量。試想新部署的應用程式以 /checkout/register_styles 作為區塊註冊端點, 結果實際的資源請求 (/checkout/static/fragment.[指紋].css) 卻被傳送到舊版應用程式, 後者只認得有舊指紋的檔案。在這種情境下便造就了 404 錯誤, 使用者也只能瞪著網頁上未能套用樣式的按鈕。圖 10.4 展示了這個現象。

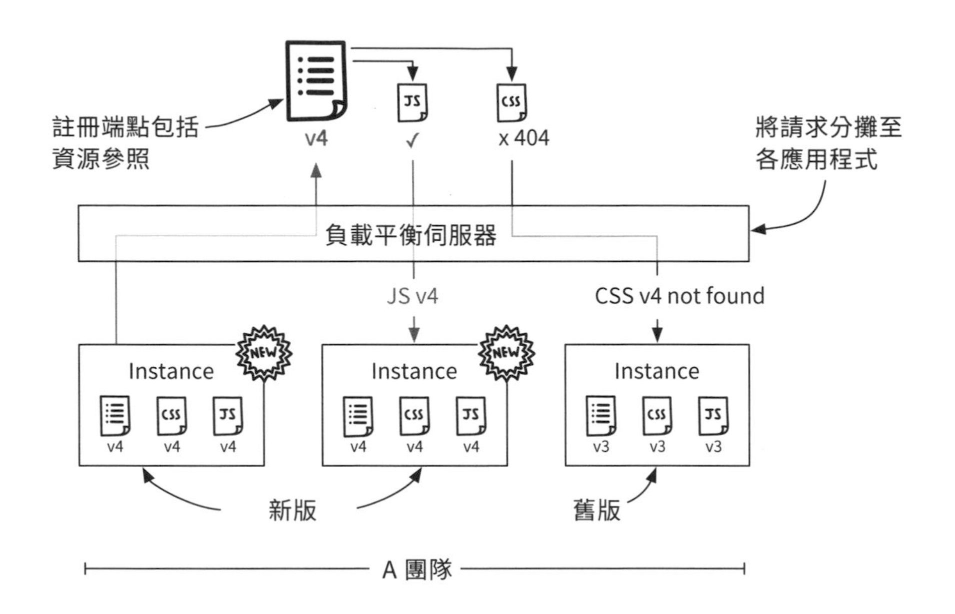

圖 10.4 使用加上指紋的資源參照時，有可能會在滾動式部署期間發生錯誤。如果註冊端點是來自一個新版應用程式伺服器，而實際的資源請求卻抵達舊版，舊版自然無法識別這個新檔案、使得瀏覽器收到 404 錯誤訊息。

有兩個快速的應急辦法可以避免這種問題：

- 啟用負載平衡器的黏性工作階段 (sticky session)，確保來自同一使用者的請求都會被送往同一個應用程式伺服器。
- 將所有檔案都放到 CDN (內容傳遞網路) 上供取用。團隊在部署應用程式之前，先將新的檔案推送到 CDN 上。CDN 上會同時有新舊版本的檔案。

這些修正降低了先前描述的 404 錯誤機率，但並非完美的緩解之計。黏性工作階段不保證能永遠作用。如果一個應用程式伺服器因為出錯或重新部署而下線，那麼使用者總歸還是得切到其他應用程式。

CDN 同樣也無法解決所有的問題：你不僅需要確保所有檔案都存在，也要確定頁面區塊的 HTML 與載入的 JavaScript、CSS 等檔案相容。要是你的新網頁嵌入一段很炫的耶誕節短片，但所載入的舊版 CSS 檔並沒有相關樣式，網頁看起來不僅沒有耶誕節氣氛，更會跟壞掉了沒兩樣。

因此，我們必須找個方法確保 HTML 檔都能和參照的 JavaScript及 CSS 檔相配。圖 10.5 展示了檔案對不上的情況是如何發生的。

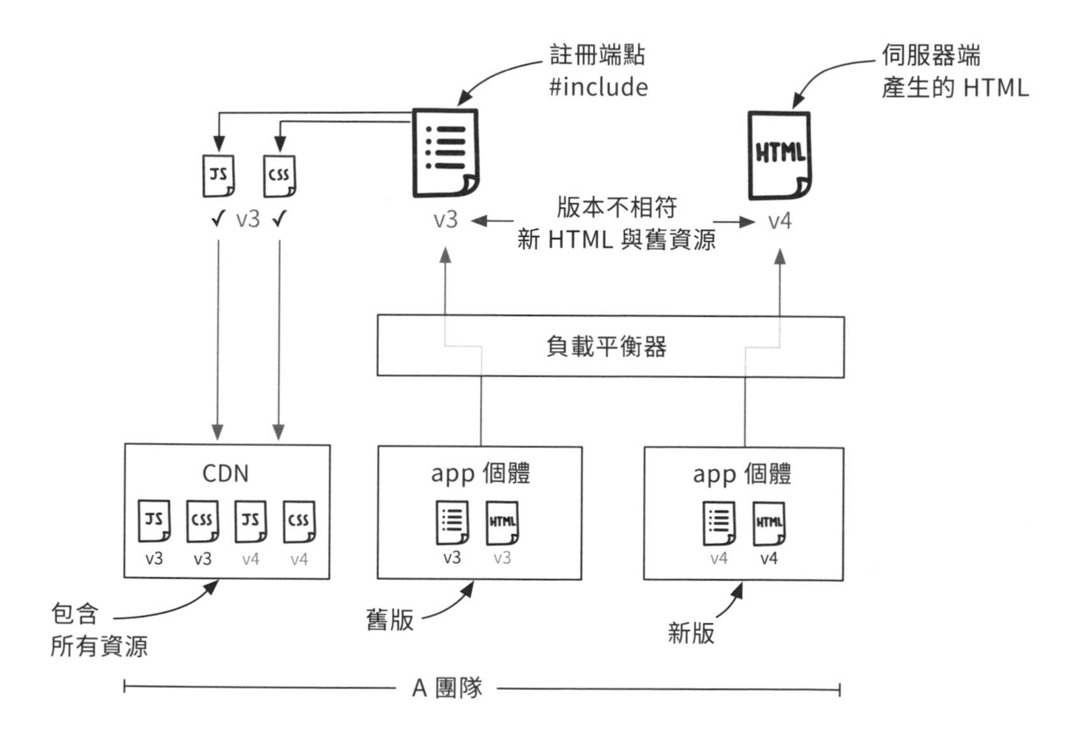

圖 10.5 中，我們使用的 CDN 同時包含新舊檔案，確保加上指紋的檔案請求都能被解析。但由於註冊端點及伺服器實際生成的 HTML 是透過兩個不同的請求取得，就會發生版本衝突問題。在此舊版應用程式 (v3) 提供註冊端點，但實質資源內容卻是由新版 (v4) 生成。版本不一致便可能導致瀏覽器發生錯誤。

> **✪ 提示** 對伺服器端生成的 HTML 來說，檔案同步是一大問題。當你執行完全在客戶端渲染的應用程式時，HTML 樣板就是 JavaScript 打包檔的一部分，而若採用 CSS-in-JS的方法，樣式檔同樣也可能包含在 JavaScript 之中，或者你可以用同一個註冊端點來將檔案傳給 <script> 與 <link> 標籤，確保檔案能相容。

10.1.6 行內程式碼

要達成同步最簡單的方式, 是將標籤直接加到註冊端點區塊的 HTML 內。假設結帳團隊在伺服器端生成購買按鈕的 HTML, 他們便可以直接將 <script> 與 <link> 標籤回應給請求, 傳回購買按鈕的 HTML, 看起來會像下面這樣：

```
<link href="/checkout/static/fragment.a98749.css" rel="stylesheet" />
<button>buy now</button>
<script src="/checkout/static/fragment.a62c71.js" async></script>
```

行內程式碼 (inlining) 的做法雖然可行, 但會有一些衍生問題：

- **冗餘的 <link> 或 <script> 標籤：**如果某個頁面中用了 5 次購買按鈕, 就得添加 5 次這些標籤。如果資源可以快取, 聰明的瀏覽器就只會下載一次檔案。
- **更常執行 JavaScript：**就算瀏覽器不會重複下載同樣的 JavaScript 檔, 但每出現一個 <script> 標籤, 還是會執行一次 JavaScript。這可能會帶來意料之外的問題, 並會拉高 CPU 負載。
- **只適用於伺服器端整合：**這些參照的 CSS 和 JavaScript 檔屬於伺服器生成 HTML 的一部分, 因此這個方式不適用於客戶端渲染、或是通用渲染的微前端個體。

如果你可以接受以上的取捨, 行內程式碼會是一個可行且建置容易的選項。

10.1.7 Tailor、Podium 等整合方案

大部分的微前端函式庫其實都有針對資源參照的解決方案。本書第 4 章介紹了 Tailor 及 Podium, 我們就來看這兩者如何處理 JavaScript 和 CSS 檔。

Tailor 的檔案處理方式

Zalando 旗下的 Tailor 是透過叫做 Link 的 HTTP header 來傳送資源參照網址, 對伺服器端產生的 HTML 指定相關資源。其回應看來會像這樣：

```
HTTP/1.1 200 OK
Link: </checkout/static/fragment.a98749.css>; rel="stylesheet",
</checkout/static/fragment.a62c71.js>; rel="fragment-script"
Content-Type: text/html
Connection: keep-alive

<button>buy now</button>
```

所需的 CSS 與 JS 檔案

HTML 內容

由於資源參照和 HTML 都在同一個請求中, 同步問題就消失了。Tailor 會整合頁面並追蹤所有的資源參照, 並在最終的 HTML 中為所有獨特的 CSS 檔建立 <link> 標籤, 以及透過 require.js 模組載入器來載入 JavaScript 檔。

Podium 的檔案處理方式

採用 Podium 時, 團隊會在一個 manifest.json 檔案中定義資源參照的資訊, 當中也包含一個版本號。結帳團隊購買按鈕的 manifest.json 檔看起來會如下：

```
{
  "name": "buy-button",
  "version": "4",
  "content": "/checkout/fragment/buy-button",
  "css": [
    { value: "/checkout/static/fragment.a98749.css" }
  ],
  "js": [
    { value: "/checkout/static/fragment.a62c71.js" }
  ]
}
```

部署的軟體版本。通常是建置編號或提交時的雜湊值。

傳回 HTML 的端點

相關資源列表

決策團隊會使用 Podium 的版面配置函式庫, 並透過 manifest.json 對產品頁所需的所有微前端個體提供網址。Podium 會在啟動時下載 manifest.json 內所有的檔案, 好確定 "content" 元素中的真正端點。這些端點回應時會傳回純 HTML：

```
HTTP/1.1 200 OK
Content-Type: text/html
Connection: keep-alive
podlet-version: 4

<button>buy now</button>
```

應用程式版本

HTML 內容

這回應中也包含了一個 header 叫做 podlet-version, 但這並非用來指出 Podium 函式庫的版本, 而是代表應用程式本身的版本, 其值為一個獨一無二的字串。頁面區塊 (或 podlet, 見第 4 章) 的專責團隊必須明確設定這個版本字串, 可以是建置編號或提交時生成的雜湊值。在我們的範例中, 版本號是 "4", 和先前 manifest.json 檔程式碼中的一樣。

Podium 每次取得 HTML 內容時, 都會比對 podlet-version 和快取的 manifest.json 檔中的版本號。如果兩者相符, 就能使用當前 manifest.json 檔中所指定的檔案。若版本號有出入, 就代表頁面區塊的開發團隊有部署新版本。Podium 會重新下載 manifest.json, 好取得新檔案的連結。

```
...
const buyButton = layout.client.register({
  name: 'buy-button',
  uri: 'http://.../checkout/fragment/buy-button/manifest.json'
});
```

為結帳團隊的購買按鈕註冊 manifest 檔

```
app.get("/product/eicher", async (req, res) => {
  const button = await buyButton.fetch(res.locals.podium);
  console.log(button);

  console.log(button.css);

  console.log(button.js);

  res.send(`<h1>Eicher<h1>${button}`);
});
```

以 promise 取得按鈕內容

結帳團隊的按鈕 HTML
<button>buy now</button>

所需 CSS 的陣列
[{href:"/checkout/static/fragment.a98749.css",...}]

所需 JS 的陣列
[{src:"/checkout/static/fragment.a62c71.js",...}]

上面這段程式碼顯示，決策團隊如何登錄結帳團隊的購買按鈕區塊，並取得其內容。Podium 會在幕後同步並更新 manifest。決策團隊會等待 promise (buyButton.fetch) 來解析並取得一個包含 HTML、CSS 及 JavaScript 檔的物件 (button)，該物件包含了 HTML 以及相關的參照資源。決策團隊可以用這個物件來建構自家頁面的 HTML。

10.1.8 快速總結

現在你已經學到了一些招數，了解如何替頁面中的所有微前端個體取得所需資源。就跟 HTML 本身的整合策略一樣，這並沒有所謂正確或錯誤的解決方案，一切取決於你的使用案例。效能和快取的重要程度為何？是否需要達成無懈可擊的同步狀態，或者撰寫能向下兼容的 CSS 和 JS

檔是否實際？就我參與專案的經驗來說，我們大多會使用在伺服器端以 #include 和註冊端點生成網頁的方式，而且至今很少遇到問題。同時，我們也接受 HTML 和 CSS、JS 檔可能會短暫處於不同步的情況。

表 10.1 為資源載入方法做了總結，並列出這些方法的特色。

表 10.1 載入資源策略的特性

方法	獨立部署	快取及效能	保證同步
直接	否	劣	否
客戶端重新導向	**是**	尚可	否
伺服器端 #include	**是**	**良好**	否
行內程式碼	**是**	劣	**是**
用 Tailer, Podium 等工具整合	**是**	**良好**	**是**

無論選擇採用哪一個方法，你都務必得替所有團隊定義統一的使用方式。微前端個體的開發團隊必須要能夠確定，其他團隊能正確引用他們的檔案，且團隊也能在不需要必躬必親地通知其他團隊的情況下自行更新檔案。表 10.2 列出了微前端個體的擁有者及使用者之間的技術契約。團隊 A 若要使用團隊 B 的微前端個體，必須知道哪些事情？

方法	團隊間的契約	範例
直接	資源連結	/checkout/fragment.js /checkout/fragment.css
客戶端重新導向	資源連結	/checkout/fragment.js /checkout/fragment.css
伺服器端 #include	有 HTML 註冊碼的端點	/checkout/register_scripts /checkout/register_styles
行內程式碼	無 (只用於伺服器端 HTML)	
Tailer	HTTP header	Link: <fragment.css>; <fragment.js>
Podium	manifest.json	/checkout/manifest.json

10.2 bundle (打包檔) 的拆分程度

我們已經討論了如何為微前端個體載入資源。現在我們從檔案本身來著手：這些檔案該拆分到多細？究竟是一個微前端個體一個檔案，還是每個團隊一個檔案，抑或整個專案共用單一個大檔案？

10.2.1 HTTP/2

最佳做法會隨著時間改變。在許多年前，為了降低網路請求的次數，你不得不盡可能減少所需載入的資源。當時廣為採納的做法是將所有檔案全部打包在一起，並將數張圖像合併成一張 (稱為 spriting)。過了幾年後，Google PageSpeed 這類工具大大鼓勵替 HTML 撰寫行內 CSS 的行為，好讓頁面首次渲染和產生可視區時只需極少的 TCP 封包。

但在 HTTP/2 問世後，上述這些最佳做法突然豬羊變色，全都成了陋習。HTTP/2 協定降低了自同一個網域載入數個資源的額外運算負擔。既然有內建的多工及伺服器推送功能，你就再也不需要手動撰寫行內程式碼資源了。這降低了應用程式的複雜度，對於快取方面也是一大利多。由此可知，HTTP/2 的特色對於建置微前端式應用程式有著諸多好處。

10.2.2 全包 bundle

2014 年時，我參與了我的第一個專案，當時我們的團隊就是垂直分割的。那時我們花了很多時間討論，是否有需要開發一套能把所有東西打包的資源建置方法。這個服務會集結所有團隊的 JavaScript 和 CSS 檔，合併成單一一個檔案來傳送。所幸我們當時決定不要採用這種集中化的服務，但我知道其他專案會這麼做。

中央資源打包器會帶來可觀的耦合及摩擦，因為得有人來開發並維護這個服務。所有資源服務和應用程式的部署必須同步，好確保 HTML 永遠跟送來的資源檔案是相符的。如今就大多數使用案例來說，打造多合一 bundle 是一種負面模式：

- 為了減少網路請求次數，而傳送許多使用不到的程式碼，得不償失。
- 快取驗證失效的機率會變高。就算 bundle 只有一小部分被變更，使用者仍需要重新下載整個 bundle。

但就算是在今日，中央打包器仍可提供一個很有價值的功能：消除冗餘的程式碼。當兩個團隊使用同樣的 JavaScript 函式庫或按鈕樣式時，封包器可以拿掉重複的部分和讓 bundle 小一些。我們在下一章將討論一些選項，如何在不使用共享服務的前提下避免冗餘。

10.2.3　團隊 bundle

在我們的範例應用程式中，每個團隊都有一個頁面、以及頁面區塊的 bundle。就產品頁來看，決策團隊會載入自家的頁面 bundle。如果他們要加入結帳團隊的購買按鈕個體，就也得加入結帳團隊的頁面區塊 bundle。

HTTP/2使得送出額外請求的成本變得非常低廉，但不是免費的 ——因此你仍然應該在團隊內使用 bundle，而不是把原始元件和相依資源直接丟給瀏覽器。就我經手過的專案中，每個團隊個別打包的做法能在 bundle 檔大小、過度下載以及跨頁面的重複使用性之間取得良好平衡。

但還是老話一句：一切取決你的使用案例。要是某團隊的頁面區塊需要用到很多 CSS，但只有一個頁面會使用這個頁面區塊，替這個頁面區塊單獨創建一個 bundle 就會比較合理。

10.2.4 頁面及頁面區塊 bundle

若是以微前端個體為單位來產生 bundle, 這種拆分程度又更細了。每個頁面或頁面區塊都有自己的 CSS 和 JavaScript bundle。你可以把這想成是在檔案最前面加入一個 import 敘述, 好讓你能使用實際的區塊。

這樣的打包方式確保你只會讓使用者下載頁面上真正需要的程式碼。話說回來, 依據你的頁面結構和頁面上添加的頁面區塊數量, 需要載入的檔案可能也會不少。

圖 10.6 展示了以上三種打包策略, 可依你的需求選擇。

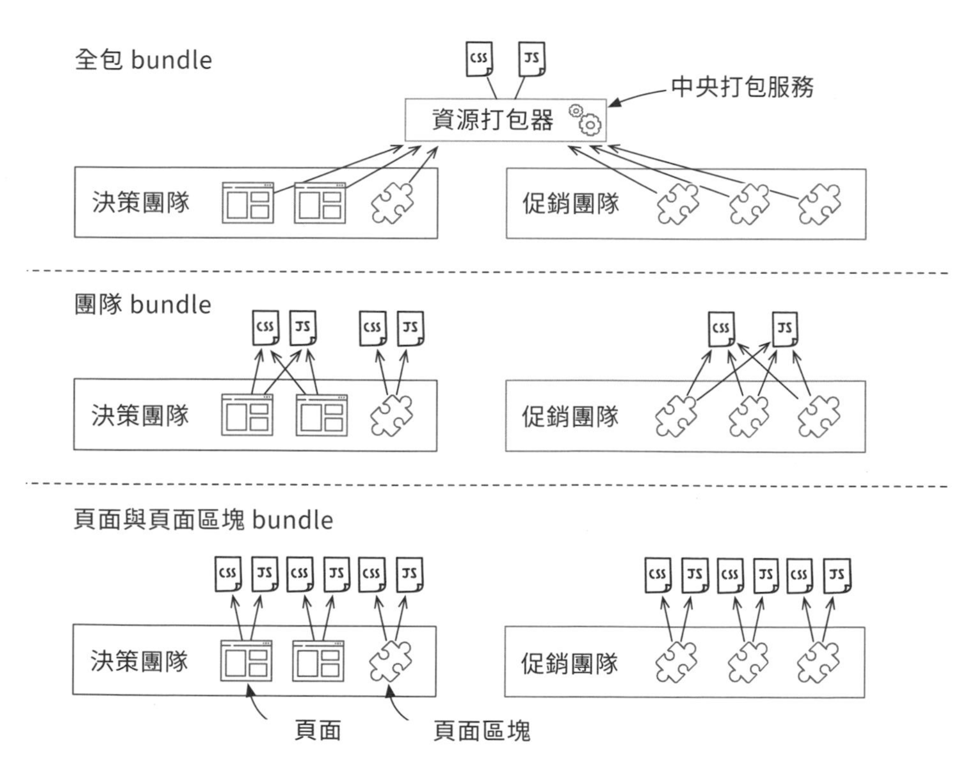

圖 10.6

10.3 隨選載入

決定合適的 bundle 拆分成度很重要，因為這會影響到團隊間的契約。但重點來了：**不是所有的程式碼都得直接擺在初始 bundle 內**。

團隊可以採用一些技巧，像是在 bundle 內拆分程式碼，好改善載入行為、減少首次下載的檔案大小、並在使用者需要時才載入所需的程式碼。打個比方，若結帳團隊的購買按鈕會觸發一個酷炫動畫，而這需要用到相當多 JavaScript，該團隊可以將這段程式碼從初始的頁面區塊封包檔獨立出來，並只有在使用者的滑鼠移動到按鈕上方時才載入這段程式碼。

10.3.1 代理微前端

我們還能更進一步縮減 bundle 的大小。假設你的資源檔中包含 5 個不同微前端個體的程式碼，而這些程式碼很少會被用在同一頁面上。與其將程式碼直接進檔案，你可以設置代理元件，好在首次需要時載入實際的程式碼。如果你使用 Web Component 自定義元素，程式碼看起來會如下：

```
class CheckoutBuyProxy extends HTMLElement {
  constructor() {
    import("./real-buy-button.js").then(...);

  }
}
window.customElements.define("checkout-buy", CheckoutBuyProxy);
```

在購買按鈕首次需要使用時，動態載入真正的實作程式碼

提示 替自定義元素實作代理微前端個體，其實比這邊範例展示的複雜許多。目前還沒辦法單純藉由註冊一個新類別來更新自定義元素，而且它們的生命週期方法都是同步的。受限於篇幅，我們在本書不會深入探討 Web Components；你能在網路上找到更多相關資源。

在資源 bundle 中加入微前端代理，可以有效減少初始下載量。

10.3.2 延遲載入 CSS

如果你在專案中使用純 CSS，延遲載入 (lazy loading) 並不容易辦到，因為瀏覽器並沒有原生功能來動態拆分並載入 CSS 檔。但許多 CSS-in-JS 方案、CSS 模組以及多數的打包器都有延遲載入 CSS 的機制，不需要很多手動設定。

這些也可以用於單體式前端專案中，當成標準的效能最佳化手段。至於在微前端架構中，每一個團隊可以自行決定是否要在自家負責的系統部分採納之。

重點摘錄

- 團隊應該要能在不先與其他團隊協調的情況下更新資源檔案。
- 資源檔路徑必須是團隊間契約的一部分。團隊若會引用微前端個體，就會需要加入其相關檔案。
- 資源路徑可以透過許多不同方式來溝通：透過文件、客戶端重新導向、在伺服器端使用 #include 與註冊端點、透過 HTTP 標頭、或是透過可被 Podium 微前端套件解讀的 manifest.json 檔案。
- 如果你是在伺服器端做渲染，必須確保 JavaScript 和 CSS 檔與所生成的 HTML 版本相符合。對純客戶端渲染來說就沒有這個問題，因為網頁樣板就是 JavaScript 檔的一部分。
- 開發團隊必須實作效能最佳化手段，像是應用程式內的隨選載入。要避免採用全面式的共享檔案打包服務，這類最佳化方法會矯枉過正，帶來額外耦合並提高複雜度。

MEMO

CHAPTER

11

效能是關鍵：減少冗餘函式庫

本章重點提要

- 了解當頁面上同時存在多個微前端個體時，如何評測效能
- 如何找到瓶頸及效能退步之處，並找到該負責的團隊
- 了解微前端架構下典型的效能缺陷
- 藉由跨團隊共享大型第三方函式庫，來減少所需的 JavaScript 數量
- 在不犧牲團隊獨立的情況下，實作共享的函式庫

2014 年時，我的同事 Jens 分享了一篇文章給我，名為『分而治之：用於大型架構的小型系統』(Teile und Herrsche: Kleine Systeme fr Grosse Architekturen)，是由一間實作垂直式架構的公司所撰寫。當時微前端這個詞還不存在。身為前端開發人員，我素以提供高速的使用者體驗為榮，而我最初對微前端這種概念的態度是反對 —— 而且是強力反對。當時我心想：『讓五個團隊開發各自的前端？聽來就是會製造一堆額外成本。做出來的東西肯定既沒效率又龜速。』

時至今日，當我向開發人員介紹微前端時，也常常得到同樣的反應。他們了解微前端的概念及好處，但為了提高開發速度而犧牲網站效能，這點對他們來說很難接受。但是，我自己在過去數年間投入微前端專案，我最初的那些憂慮很快就消散無蹤。這並不代表我先前的擔憂是毫無根據的，或是神奇地自己解決了。**若要追求團隊自主性，勢必得接受冗餘的代價。**但我學到把注意力放在真正會對使用者造成衝擊的瓶頸上，而不是一味地去砍掉重複的程式碼。

這使得我們打造出來的微前端專案，效能都勝過它們取而代之的單體式應用程式：回應更快、傳送到瀏覽器的程式碼更少、而且整體載入時間也更佳。而這些專案的共通之處在於，追求高效能的架構設計是打從一開始就列為高優先，而不是事後才想到的問題。我在微前端專案親身體驗的另一個顯著好處，則是微前端架構比較容易最佳化使用者體驗，在真正有改善空間的地方做出改變。這部分之後會再細說。

在本章，你將學到如何提升微前端專案的效能。我們將從『高速的定義』開始介紹：對專案的不同部分來說，『高效能』意味著什麼？當前端會用到不同團隊的程式碼時，要衡量效能並針對結果做出改善，就會變得比較棘手。我會示範一些已經透過實戰獲得驗證的高效能架構設計策略。至於在章節結尾，各位會學習如何將 JavaScript 的額外運算負擔維持在良好的最低限度，一方面避免重複下載大型框架，二來能然能夠獨立部署。

11.1 以效能為出發點來制定架構

拖曳機模型公司的主架構師在專案初期安排了一場會議，參與人員包括所有 3 組團隊的開發人員。他們一同制定了一些效能要求，做為拖曳機商店所有頁面的預設效能基準：例如，一個頁面的資料量總計不得超過 1 MB，而在連線良好的情況下，頁面視圖必須在 1 秒內完成渲染，在 3G 網路下則得於 3 秒內完成渲染。

11.1.1 不同團隊使用不同指標

以上效能要求，是在開發人員們參觀過競爭同業的網站後制定的。團隊們了解，出色的效能對電子商務來說至關重要：使用者就是喜歡用起來很快的網站。消費者若花更多時間瀏覽網頁，就更有機會下單購買拖曳機模型。但**快速的瀏覽體驗**到底是什麼意思？圖 11.1 展示，網站上不同部分對效能的要求都會不同。

- 對於首次拜訪首頁的使用者，他們最在意的事情是不需等待就能看到內容。
- 就產品頁來說，主要圖片 (稱為 hero image) 是最重要的，也應該是最先載入的物件之一。
- 當使用者進入結帳過程時，重點便在於互動：在輸入個人資訊時能夠信任系統。因此，應用程式必須做出快速且可靠的反應。

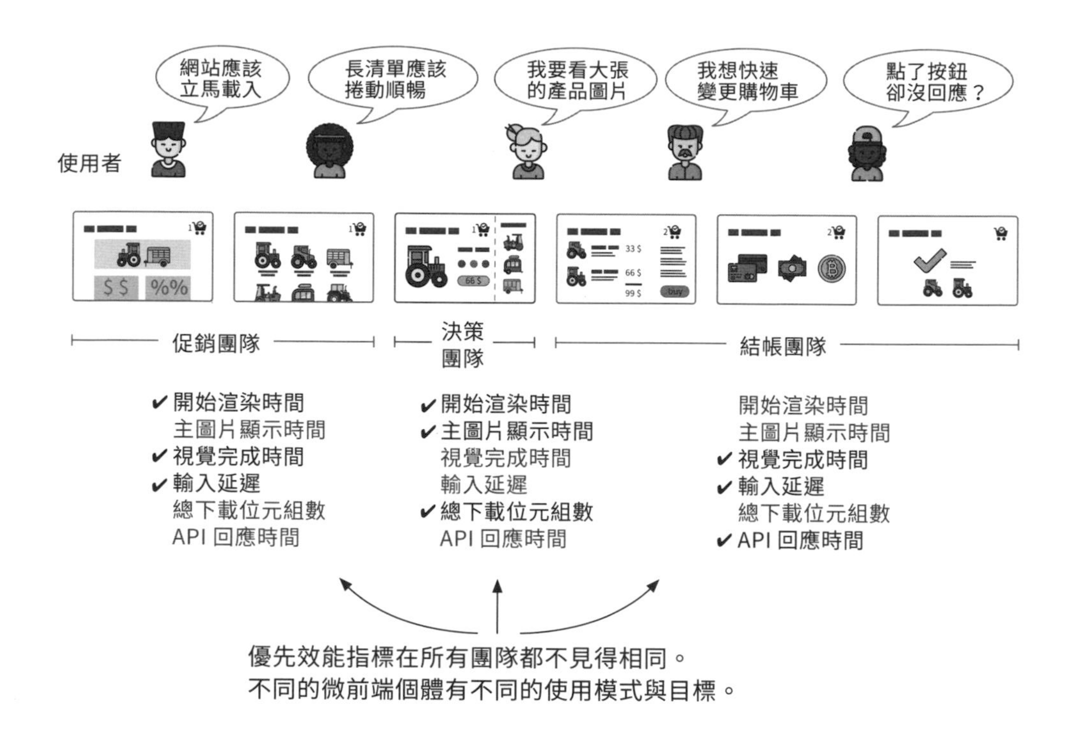

圖 11.1　團隊應該依據各自使用案例選擇最適用的指標。首頁的效能要求，和結帳過程的效能目標是不同的。

設一個大方向當做效能基準是件好事，你可以把這視為最基本的效能要求。但若想要進一步最佳化，各團隊應該著重的指標就會取決於使用者情境。每個團隊都務必理解其領域的效能要求，並以此選出最適當的指標。

11.1.2　多團隊效能預算

若選擇一項指標，並替它定義出具體的限制，這也稱為**效能預算** (performance budget)。欲在團隊內部打造以效能為導向的文化，效能預算就是完美的工具，這個機制很簡單：

- 你的團隊為一項特定指標定義出具體的預算，像是網站大小絕對不該超過 1 MB。

- 持續估量這個指標，確保網站有處在預算範圍內。Lighthouse CI、sitespeed.io、Speedcurve、Calibre、Google Analytics 等工具都很適合這個步驟。
- 如果網站有一項新功能會使之超過預算，就先停止開發。讓開發人員調查效能不彰的原因，接著整個團隊、包括產品經理在內，會一同商討各種選項，好把情況控制在預算內 —— 辦法可能包含撤回變更、實作最佳化，或甚至是將其他功能從頁面上移除。

效能預算是個強大的機制，能促成團隊定期討論效能問題。但要是網站上有多個團隊的微前端個體，你要如何施行效能預算呢？難道團隊 B 的微前端個體拖慢網頁速度，團隊 A 就得為此停下開發腳步嗎？這不無可能！

有幾種不同的方法可以處理這個問題：

- 採用分析途徑：將預算分配給所有的微前端個體。舉例來說，如果一個頁面有 5 個微前端個體，而頁面自身的內容有 500 KB 的預算，另外再分配各 100 KB 的預算給每一個微前端個體。這樣一來總預算就是 1 MB (500 KB + 5 * 100 KB)。這方法理論上可行，而且對於衡量位元組和伺服器回應時間的指標來說，確實是可以這樣量測並加總。但是載入時間、lighthouse 分數或互動回應時間等指標就不是線性的了。
- 採用社會途徑：讓頁面的所有人扛起責任。這樣預算永遠會停留在頁面層級，擁有頁面的團隊負責管控預算。以拖曳機網站為例，決策團隊會對產品頁負責，目標是提供最佳的使用者體驗。要是產品頁加入的某個微前端個體使用了多到不合理的資源，決策團隊便會聯絡這個微前端個體的開發團隊，去解釋並討論可行的解決方案。你可以將添加到其他頁面內的微前端個體，看成是試圖拿出最佳表現的訪客。

就我自身經驗，採用第二個方法能有不錯的體驗。這種方式能避免編列出太吹毛求疵的預算：推薦產品的頁面區塊是否應該用掉 100 KB 的資源，或者要編到 150 KB 比較夠用？此外權責歸屬也會十分明確。當產品頁變得緩慢時，需要動起來解決問題的便是決策團隊。沒錯，真正的罪魁禍首可能不是決策團隊，但他們有義務找出肇因並通知正確的團隊，好讓頁面效能回歸正軌。

頁面所屬團隊一開始可能會覺得這樣很麻煩。但實務上，我們發現這個方法相當實用，因為開發微前端個體的團隊，都不想當那個『扯大家後腿』的人。於是，團隊會開始在獨立環境中先測量自家微前端個體的效能，以在正式上線前就抓出效能不彰之處。

11.1.3 找出速度變慢的源頭

決策團隊在自家辦公區安裝了一個大型儀表板螢幕，上頭以即時更新的圖表和碩大的綠色數字顯示自家系統的效能。某天團隊用過午餐回辦公室時，發現產品頁主畫面的平均載入時間變成原先的 3 倍。產品頁的主圖片渲染時間原本約為 300 毫秒，現在卻需要將近 1 秒。決策團隊查看最近幾次的程式碼提交記錄，但沒有發現任何可疑的變更。而頁面在瀏覽器中也看似運作正常。

他們發現，原因可能出自另外一個團隊的微前端個體。既然網站使用伺服器端整合，可能是某個服務在生成該個體的 HTML 時遇到困難 (詳見本書第 4 章) 。他們打開一個中央指標衡量系統，可以看到平台上每一個端點的反應時間。然而，用來整合產品頁 HTML 的端點皆沒有出現異常。

他們接著檢查效能監控工具，這個工具會定期以真正的網頁瀏覽器打開產品頁、將這個過程錄影，並一併儲存瀏覽器取得檔案的網路圖。決策團隊可以藉此拿午餐前的產品頁，和目前變慢的版本比較。這個比較點出了網頁速度變慢的元兇：先前使用者一共載入 4 張圖片，包含決策團隊的一張商品大圖，以及 3 張推薦產品的圖片。新的瀏覽器網路圖卻顯示了有

13 張圖片。藉由這個資訊進一步探查，很明顯是推薦商品的頁面區塊拖慢了網頁速度。

原來：促銷團隊實作了一個推薦商品輪播功能，使用者可以點選小箭頭查看更多合適的推薦商品。但這個簡單的輪播功能卻沒有實作任何延遲載入；就算使用者一次只看到 3 張推薦商品圖片，輪播功能仍會先載入所有圖片。於是決策團隊的產品經理走到促銷團隊的辦公空間，解釋了這個問題。促銷團隊撤回圖片輪播功能，為圖片實作延遲載入，並在隔天重新推出最佳化的版本。

在尋找問題源頭時，還有兩個須討論的議題：

可觀察性

想替分散式系統偵錯，會是深具挑戰性的任務，因為問題根源不見得永遠可見。對監控手段多下點工夫，在找問題時就會容易些。如果你是在伺服器端整合 HTML，你務必知道頁面不同部分要花多少時間組合起來。而若能集中一覽所有團隊的部署過程，則有助於將量測到的效能變化歸咎於系統的特定變更。

至於在瀏覽器監控運行中的程式碼，就不是那麼容易了。所有團隊開發的軟體在此必須共享頻寬、記憶體及 CPU 資源，很難區別各自個體用了多少。重要的第一步是藉由不同時間的記錄、網路圖及指標來比較效能變化；另一個有幫助的方式是替瀏覽器載入的所有資源加上獨特的團隊前綴詞 (見第 3 章)，讓你知道檔案和其問題的歸屬是誰。

隔離

一個很常用的偵錯技巧，是將問題隔離出來。假設你開發的程式出現了不明錯誤，找出問題所在的一個好辦法便是先將部分程式碼註解掉，看看問題是否仍存在。

同樣的手法也可以套用在微前端網站。瀏覽器開發者工具中，網路標籤底下的『封鎖網址』(Block URL) 是你的好幫手。你先將特定團隊的程式或樣式封鎖掉，好在排除其他團隊程式碼的情況下檢查網站效能不彰的問題、或者錯誤仍否依舊存在。

11.1.4 效能優勢

我通常談到微前端架構所帶來的效能挑戰，但就效能而言，微前端其實也有若干優勢。

內建的程式碼分離功能

升級到 HTTP/2 之後，應用程式的 JavaScript 和 CSS 檔拆分成較小的單位，已變成最佳做法。先前第十章節有介紹這一點。有別於前端一大包的做法，以團隊或微前端個體為單位，將程式碼拆分成較小的單位來做傳送，有諸多好處：

- 快取能力─瀏覽器只需要重新下載程式碼變更的部分，不需要整個做下載。微前端的專案，通常也會做持續交付，團隊單日內會多次做部署。
- 長時間運行的任務變少了─瀏覽器處理 JavaScript 檔案時，主執行緒會變得沒有反應。載入多個較小的檔案，讓瀏覽器有更多空間可以喘息，能趁著處理不同 JavaScript 資源的間隔，接受使用者輸入的內容。
- 隨選載入─檔案通常是以團隊或微前端個體來做分群，因此，很容易便可以添加頁面需要的程式碼，或是實作如 single-spa 基於路由的加載。使用者拜訪首頁時，不需要下載購物車頁面的程式碼。

這些好處並非微前端專案所獨有的。架構良好的單體式前端專案，在這方面也可以做得很好。但微前端專案底下，你思考及開發功能的方式，都會自然引導你走向這樣的結構。

依據使用案例做最佳化

微前端團隊的開發人員，可以較為專注在手頭上的任務。一個團隊會專注在一組特定的使用案例上，為了幫助顧客，團隊會盡可能地將使用案例最佳化。舉例來說，假設促銷團隊負責在商店的不同區域，展示宣傳短片。這些圖片或影音檔案通常不小，會對效能造成不容小覷的影響。因為促銷團隊掌控了包括短片製作、上傳和傳送的完整流程，為了加快短片的載入速度，他們可以輕易就 WebP、AV1、或是 H.265 這些新的檔案格式去做實驗。

他們不用去考慮，格式轉換會對產品圖片、或是使用者上傳的評測影片造成什麼影響。專注在宣傳短片上，讓促銷團隊更具機動性。也不用召開大型會議，就圖片或影片格式做討論。沒有大型的推出計畫、不用做大型的商業案例計算、更不需要做出妥協。促銷團隊可以專注在宣傳短片上，不會被綁手綁腳。

經過實驗後，促銷團隊將這些經驗成果和其他團隊分享，以幫助其他團隊，在遇到類似問題時，能避開同樣的坑。

能這樣專注做開發並握有控制權，是微前端架構的一大優勢。結果不只是微前端個體的網頁效能變好了，品質也獲得提升，還能更多聚焦在使用者身上。

更容易做出改變

職務範圍縮小，開發人員便得以了解軟體的每一個面向，這是大型單體式前端專案所辦不到的。你是否曾經刪除了一個不再使用的舊 dependency，然後兩天後才發現，行銷頁面因此損壞？因為這個頁面不容易被看到，你甚至不知道它存在。我肯定是有過這樣的經驗。微前端個體清楚做好分離，可以降低誤刪風險；要清理掉舊程式碼、革新軟體也較為容易。

11.2 第三方函式庫：縮減與重複利用

微前端專案最常被討論的效能最佳化議題，便是不同團隊間使用的相同函式庫。重複下載程式碼會觸發所有前端開發人員的反射動作，心想『這很沒效率、千萬別這樣！』。但請容我們退後一步來探討這種反應的來源。我們將以更偏分析立場的觀點，來看待冗餘程式碼這項議題。

11.2.1 自主性的代價

本書拖曳機模型公司的 3 組開發團隊，全都選擇採用相同的 JavaScript 框架來開發前端應用程式。事實上，在這些團隊投入專案之前，主架構師就已經和這些團隊討論了三種不同的選項：

1. **一致：**大家都使用同樣的框架。
2. **無限制：**每個團隊可以自由選擇想要的框架。
3. **部分限制：**可以自由選擇，前提是框架得具備特定屬性，像是編譯出來的執行版本得小於 10 KB。

每個選項各有其利弊。經過討論後，大家基於兩個原因選擇使用相同的框架。第一個理由是，如果大家都熟悉一樣的技術，團隊間便可以互相協助。第二是招募新人較為容易，開發人員輪調到其他組能更快上手,人資部門也可以使用同一份職缺來招募新人。

不過，主架構師仍然強調，這個決定會視情況調整。如果理由充分，新團隊應該被允許選擇其他技術。日後做版本升級，或是遷移到更新、更好的框架時，也應該做此種考慮。團隊必須保有自主性，所有整合技術和框架層級的元件，都絕不能被特定技術綁死。

拖曳機模型的各團隊使用 JavaScript 框架來生成伺服器端 HTML,但為了實現互動功能, 框架也得在瀏覽器中運作。每個團隊都有自己的 Git 原始碼庫, 以及專用的部署程序。每個團隊的 JavaScript 打包器會產生最佳化的資源檔, 封裝了該團隊用到的一切。因此若有團隊使用相同的相依套件, 客戶端就會重複下載它們。若要最佳化這點, 我們可以改而提供一大塊共通框架程式碼, 讓客戶端從一個中央位置下載。

範例請見圖 11.2。

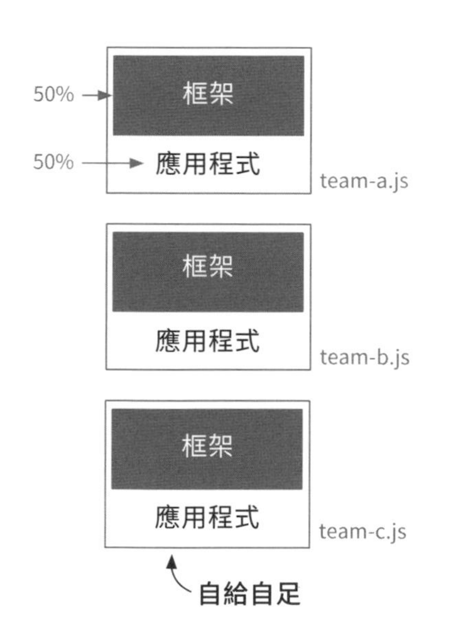

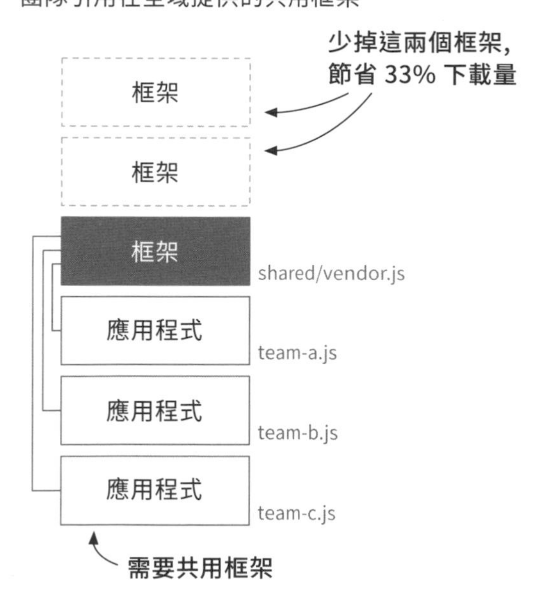

圖 11.2 團隊的 JavaScript 應該要能自給自足、能夠獨立運作。這也是為何將所有相依套件及第三方函式庫連同自家程式碼打包, 是最簡單的選項 (左)。但是, 當所有團隊都使用同一框架時, 你也可以考慮透過一個中心位置提供共通框架程式碼 (右)。這不僅降低網路流量, 還能減少使用者裝置上的記憶體耗用量及 CPU 使用率。

圖中可看到三個團隊都使用相同框架。在這個案例中，框架程式碼占了團隊 bundle 檔一半的大小。若將框架程式碼自團隊的 bundle 中移除，並放到全域供大家取用，就能降低三分之一的 JavaScript 下載量——使用者可以少下載兩次框架。這聽起來像是很好的最佳化辦法，但在我們實際採用之前，還是應該先檢視實際的數字和專案需求。

11.2.2 框架小而優

額外運算負擔顯然取決於你所選用的框架及函式庫。若選擇 Angular 這類大型框架，將第三方程式碼中心化的需求也會增加。但儘管主要的大型框架相當受歡迎，目前的趨勢是採用更輕量的函式庫及框架。

比如，使用 Preact、hyperapp、lit-html 或 Stencil 等框架，就能直接減輕運算負擔。Svelte 這類框架甚至做得更徹底，套件在編譯後就會變成純 JavaScript，渲染會直接套用在原生 DOM 文件上，根本不會有得在瀏覽器中運作的執行階段。這樣一來，你的 JavaScript bundle 大小就會依你開發的功能等比成長，沒有框架所帶來的固定負擔。

別擔心，我們不會討論『哪一個框架是最好的？』。拿 Angular 這種強大的框架跟 lithtml 這種小型樣板函式庫比較，就像在比較青菜和蘿蔔。然而，有鑑於微前端個體規模較小，你可能並不需要殺雞用牛刀、挑一個對你未來需求一應俱全的龐大框架。更輕量的框架或許更符合你的使用案例 —— 要是 bundle 中包含的第三方函式庫很少，重複下載程式碼的額外負擔自然就變輕了。

另一個你應該考慮的因素是團隊界線。你的一般頁面需要用到多少整合？如果根本沒有整合，團隊也各自管理自己的頁面，頁面載入時當然不會有額外運算負擔，唯一缺點是不同團隊的頁面間沒有第三方函式庫的快取。不過，若頁面上運行微前端個體的團隊越多，降低冗餘的重要程度也會隨之增加。圖 11.3 展示了個大略估算，讓你對數量有個概念。

潛在的 JavaScript 節省量取決於框架大小和單一頁面上的團隊數量

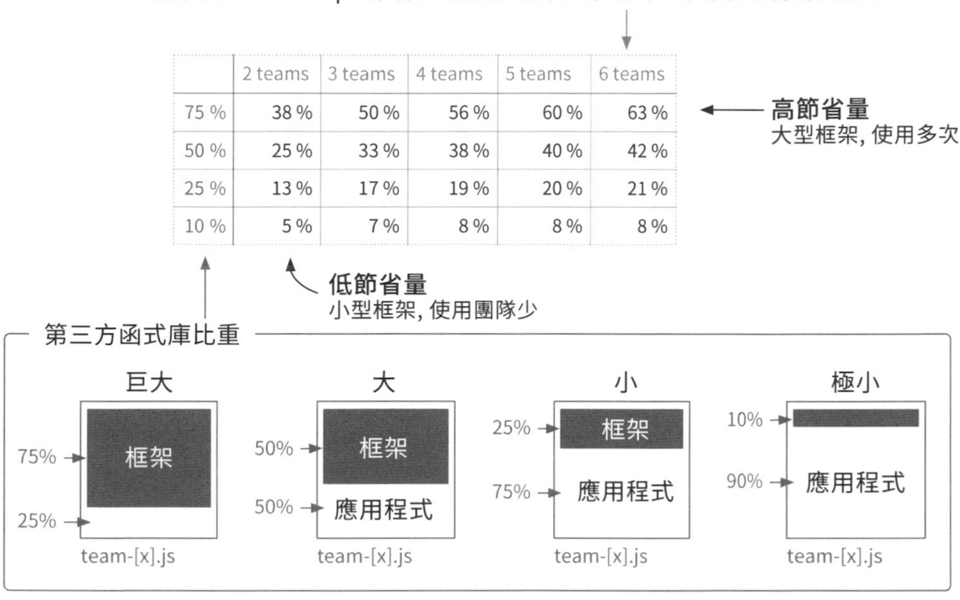

	2 teams	3 teams	4 teams	5 teams	6 teams
75 %	38 %	50 %	56 %	60 %	63 %
50 %	25 %	33 %	38 %	40 %	42 %
25 %	13 %	17 %	19 %	20 %	21 %
10 %	5 %	7 %	8 %	8 %	8 %

圖 11.3 潛在的 JavaScript 節省量取決於團隊使用的第三方程式碼比例，以及單一頁面上活躍的團隊數量。使用小框架可以大大減低額外運算負擔。如果多個團隊都使用大型函式庫，則可將第三方程式碼中心化來大大提高節省量。

現在我們有了粗略的數字，可以用位元組數來估算額外運算負擔。不過重要的是，**你仍然得針對你的使用案例及目標受眾來衡量真實的效能改變**。你也可以採用聰明的隨選載入手段，以及聰明的程式碼拆分方式，這些都能替你的 JavaScript bundle 再多瘦身個幾十 KB。

11.2.3 單一全域版本

拖曳機模型公司的所有團隊決定，將框架程式碼中心化是值得推行的最佳化辦法。他們要以最直接的方式來實作之。當我們可以假設所有團隊都採用同一種框架的同樣版本時，我們可以走低技術難度的解決方案：

1. 以全域 <script> 標籤來加入框架。
2. 從團隊 bundle 檔中拿掉框架參照，改成在全域引用一次即可。

相關 HTML 看來會如下：

```
<html>
  ...
  <body>
    ...
    <script src="/shared/react.16.11.0.min.js"></script>
    <script src="/shared/react-dom.16.11.0.min.js"></script>
    <script src="/decide/static/bundle.js" async></script>
    <script src="/inspire/static/bundle.js" async></script>
    <script src="/checkout/static/bundle.js" async></script>
  </body>
</html>
```

React 框架透過 <script> 將其程式碼掛到瀏覽器內的 window 物件上；團隊可透過 window.React 或 window.ReactDOM 來呼叫之。所有的 bundle 打包器都會提供一個選項，能將某個函式庫標為『全域可用』，比如 Webpack 將這個概念稱為外部擴展 (externals)。這會從 bundle 中移除套件程式碼，並用一個變數參照取而代之。在 Webpack 中的設定看起來會像這樣：

```
const webpack = require("webpack");

module.exports = {
  externals: {
    react: 'React' ,
     'react-dom' :  'ReactDOM'
  }
  ...
};
```

就這麼簡單！我們把冗餘的框架程式碼清得乾淨溜溜。

但我們這下也創造出一個新的中央系統 (位於 /shared/...), 必須有人維護。公司決定不要特別設立專門的平台團隊, 而是讓其中一個功能團隊來負責。結帳團隊自告奮勇接下這份工作。現在結帳團隊就得確保檔案有部署到正確的地方, 並協調各團隊間的版本升級作業。

11.2.4 加上版本號的第三方 bundle

將框架中心化的成效良好, 效能也有了顯著改善, 此外將 React 框架維持在最新版本, 對結帳團隊來說也並非難事。每當有新版的 React 釋出, 結帳團隊就會通知所有團隊針對新版做測試, 並在兩天後將更新的檔案部署到 shared 目錄, 確保 HTML 有加入更新的參照。

但下一個重大版本 React 17 發布時, 問題變得複雜了。React 17 帶來與舊版不相容的重大變更, 各團隊都得重寫一部分現有軟體才行。結帳團隊和決策團隊在 React 17 發布後的第一周就對程式庫做了必要變更, 可是遲遲無法部署, 但因為促銷團隊還沒就緒。促銷團隊正好在大幅改寫推薦商品的演算法, 要讓個人化商品推薦的功能更上一層樓。這下促銷團隊沒有餘力來把 React 遷移到新版本，必須等到演算法更新成功後才能著手。其他團隊別無選擇，只好將變更先存放在 Git 程式庫的分支 (branch) 上和等候。

過了三星期後，促銷團隊終於完成遷移作業，得以推動將新版框架部署到中央平台。所有團隊敲定一個日期跟時刻，要來一起部署所有的軟體和更新的 React 函式庫。因為若非這麼做，中心框架和應用程式的程式碼沒有對上，網站功能可能就會出包。

這個有難同當的情況，通常被稱為**鎖步部署 (lock-step deployment)**。如果你的網站規模較小，偶爾手動協調部署可能還過得去。而要是某團隊發現他們的應用程式有個嚴重錯誤，必須先回歸到舊版本，大家就笑不出來了 —— 這下我們就碰上了**鎖步回溯 (lock-step rollback)**。這些狀況既令人疲憊，也會激發不滿情緒，更別提違背了微前端個體的自主部署典範。

對此的解決方法是不採用一個中心框架，而改用版本號的做法。圖 11.4 展示了兩個團隊自 Vue.js 2 升級到 Vue.js 3 的部署過程：

1. 在遷移到新版本之前，兩個團隊都引用 Vue.js 2。
2. Vue.js 3 被發佈成為共享函式庫。
3. 團隊 B 率先遷移並部署應用程式，改成引用新版本 Vue.js 3。
4. 團隊 A 稍後跟著遷移，現在兩個團隊都使用 Vue.js 3，舊版 Vue.js 2 已經沒有人引用了。

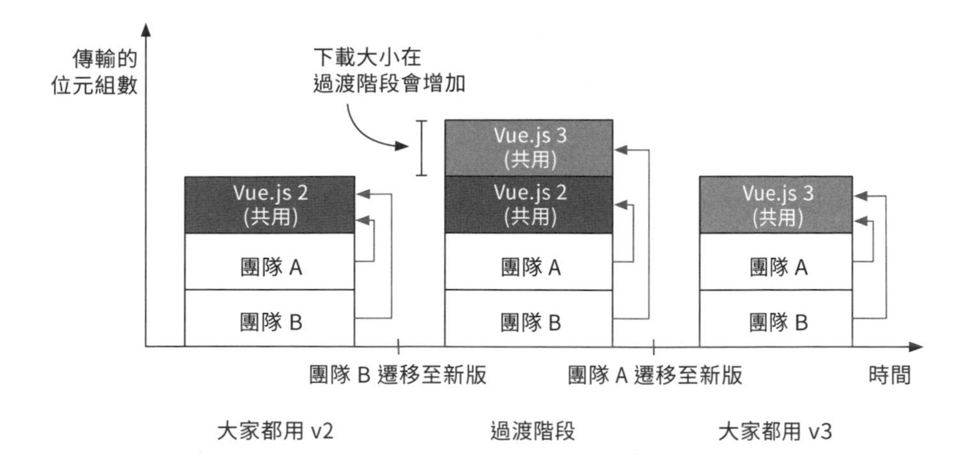

圖 11.4 展示了框架升級的歷程。團隊 A 和 B 原本都引用第 2 版的 Vue.js, 框架僅需載入一次。 團隊 B 升級到第 3 版期間, 使用者必須下載兩套 Vue.js 函式庫 (v2 及v3)。最後團隊 A 也升級到最新版本, 此時兩個團隊都使用 v3, 使用者再次只需下載最新版本。

透過這個方式, 兩組團隊都可以按各自的步調來升級, 並能自行決定要引用的函式庫版本。就算某個團隊需要退回舊版本, 也不須跟其他團隊協調。唯一的缺點是, 整體下載量會在升級過度期間變多。

解決下載量變高的辦法有很多。以下我們就來探索幾種可能的解決方案。

Webpack-Dll-Plugin

Webpack 是個非常熱門的打包器, 當中包含一個叫做 DllPlugin 的工具, 其名稱很奇怪地借自Windows 使用者都很熟悉的動態連結函式庫 (dll)。此外掛工具會分兩步驟作業：

1. 你可以將共享的相依套件創建為帶有版本號的 bundle。DllPlugin 會產生可以靜態提供的 JavaScript, 以及一個 manifest.json 檔。你能將 manifest 想成第三方 bundle 的瀏覽目錄。

2. 你可以將以上的 manifest 提供給各團隊 (比如透過 NPM 套件的形式)。團隊的 Webpack 設定檔會讀取這個 manifest, 在打包時將自己有使用的重複第三方函式庫去掉, 改而引用中央第三方 bundle 帶有版本號的函式庫。

你可以在 19_shared_vendor_webpack_dll 專案下找到範例程式碼。圖 11.5 是此專案的結構：

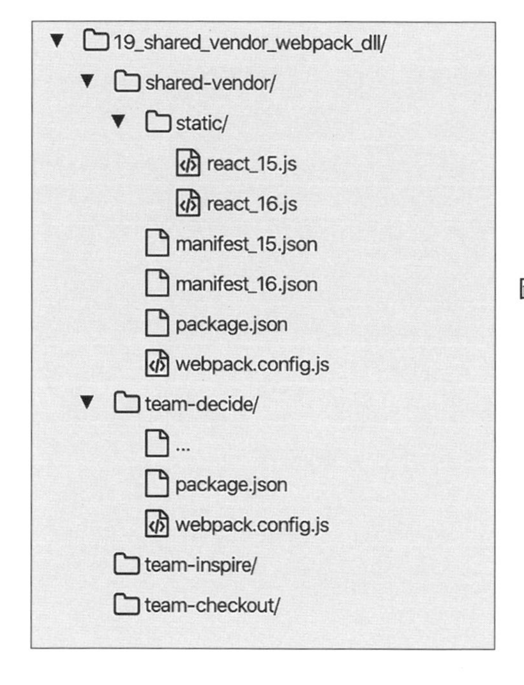

圖 11.5 Webpack DllPlugin 範例專案的資料夾結構。除了各團隊的資料夾之外, 我們還在同一層建立了一個目錄 shared-vendor/, 用來放置共享的第三方程式碼, 以 DllPlugin 生成第三方 bundle (static/), 其中包含不同的 manifest_(版本號).json 檔。各團隊則用 Webpack 來打包自家應用程式, 設定檔名為 webpack.config.js。

由上可見, 在資料夾 shared-vendor/ 中, 包含了 React 第 15 版及第 16 版的 JavaScript 及 manifest 檔。

產生有版本號的 bundle

我們將介紹專案中的重要檔案, 看看哪些是能實現共享框架的。下面是 shared-vendor 中 package.json 的片段：

■ \MFE\19_shared_vendor_webpack_dll\shared-vendor\package.json

```
{
  "name": "shared-vendor",
  "version": "16.12.0",
  ...
  "dependencies": {

    "react": "16.13.1",
    "react-dom": "16.13.1"
  },
  ...
}
```

指定相依套件及其版本號

以下是用來生成 JavaScript 及 manifest 檔的 Webpack 程式碼：

■ \MFE\19_shared_vendor_webpack_dll\shared-vendor\webpack.config.js

```
const path = require("path");
const webpack = require("webpack");
const { dependencies } = require("./package.json");
...
module.exports = {
  ...
  entry: { react: ["react", "react-dom"] },
  output: {
    filename: `[name]_${majorVersion}.js`,
    path: path.resolve(__dirname, "./static"),
    library: "[name]_[hash]"
  },
  plugins: [
    new webpack.DllPlugin({
      context: __dirname,
      name: "[name]_[hash]",
      path: path.resolve(__dirname, `manifest_${majorVersion}.json`)
    })
  ]
};
```

要加入第三方 bundle 的相依套件。在此有個名叫 react 的 bundle 會被產生，包含 react 與 react-dom 的程式碼。

設定要產生的 JavaScript 的路徑與名稱

加入 DllPlugin 並指定寫入 manifest 檔的位置

使用有版本號的 bundle

團隊在建置自己的應用程式時，必須能夠存取所需的 manifest 檔，而其中一種選項就是以 NPM 模組來發布共享的第三方框架專案。以下是決策團隊的 package.json 檔：

■ \MFE\19_shared_vendor_webpack_dll\team-decide\package.json

```
{
  "name": "team-decide",
  ...
  "dependencies": {
    ...
    "react": "^16.13.1",
    "react-dom": "^16.13.1",
    "shared-vendor": "file:../shared-vendor"
  },
  ...
}
```

指定相依框架版本

引用共享的第三方套件。在此我們使用 file: 的命名，以便讓範例專案從本地端引用。
若是在真正的專案，我們會如下命名並加上版本號：
@the-tractor-store/shared-vendor@16.12.0

決策團隊的 Webpack 則如下：

■ \MFE\19_shared_vendor_webpack_dll\team-decide\webpack.config.js

```
const webpack = require("webpack");
const path = require("path");

module.exports = {
  entry: "./src/page.jsx",
  ...
  output: {
    path: path.resolve(__dirname, "static"),
    publicPath: "/static/",
    filename: "decide.js"
  },
```

決策團隊應用程式的入口

設定產生之檔案的儲存位置

→ 接下頁

```
  plugins: [
    new webpack.DllReferencePlugin({
      context: path.join(__dirname),
      manifest: require("shared-vendor/manifest_16.json"),
      sourceType: "var"
    })
  ]
};
```

加入 DllReferencePlugin, 指向 shared-vendor 帶有版本號的 manifest 檔

這是相當標準的 Webpack 設定, 只有加入 DllReferencePlugin 這段比較特殊, 用途是根據 manifest.json 中所列出的第三方函式庫來忽略開發本地端的套件, 並以中央 bundle 的參照來取代。你是否也對 manifest 檔的內容感到好奇？我們接著便來一探究竟。

■ \MFE\19_shared_vendor_webpack_dll\shared-vendor\manifest_16.json

```
{
  "name":"react_e92b67c44071ab9ea5c3",
  "content":{
    "./node_modules/react/index.js":{
      "id":0,
      "buildMeta":{ "providedExports":true }
    },
    "./node_modules/object-assign/index.js":{
      "id":1,
      "buildMeta":{ "providedExports":true }
    },
    ...
  }
}
```

獨一無二的內部名稱, 確保不同 DLL 能共存於同一個頁面上

bundle 內包含的 NPM 模組

bundle 內也包含相依套件的相依套件

最後一個步驟是調整HTML中的script標籤, 確保封包檔按照正確的順序載入。

■ \MFE\19_shared_vendor_webpack_dll\team-decide\index.html

```
<html>
  ...
  <body>
    <decide-product-page></decide-product-page>
    <script src="http://localhost:3000/static/react_15.js"></script>
    <script src="http://localhost:3000/static/react_16.js"></script>
    <script src="http://localhost:3001/static/decide.js" async></script>
    <script src="http://localhost:3002/static/inspire.js" async></script>
    <script src="http://localhost:3003/static/checkout.js" async></
script>
  </body>
</html>
```

引用兩個 React 版本的 bundle

在此的重點是得先執行第三方 bundle，然後才輪到團隊自身的程式碼。你可輸入以下指令在本機執行範例專案：

```
\MFE> npm run 19_shared_vendor_webpack_dll
```

結果如圖 11.6 所示，可以看到不同的微前端個體使用不同的 React 版本來運行。

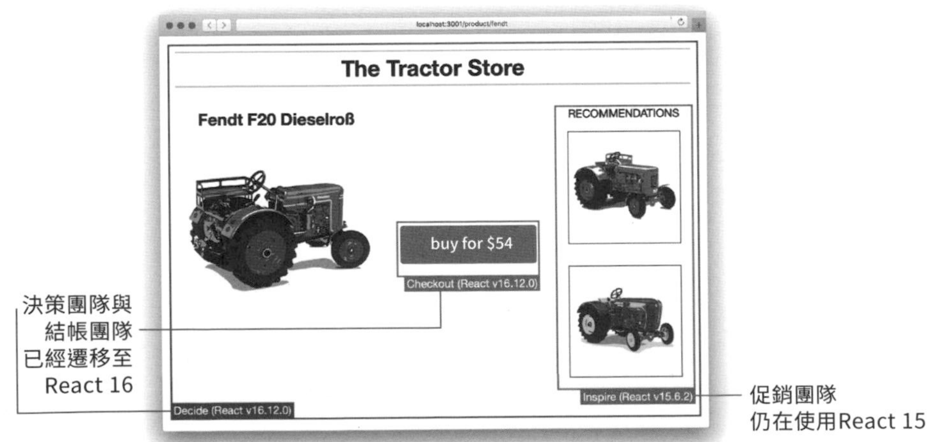

圖 11.6　決策團隊及結帳團隊的微前端個體使用 React 16 版本來運行，促銷團隊則仍停留在 React 15。不同的 React 版本得以在同一頁面上共存。

和單一全域版本的做法相比，DllPlugin 擁有一些優勢：

- 能夠安全地在全域空間提供同一函式庫的不同版本。
- 一個第三方 bundle 可以包含多個函式庫。
- manifest.json 是第三方 bundle 可被程式讀取且可散佈的規格文件。
- 能夠在所有瀏覽器上運行。

但DllPlugin也有一些缺點：

- 第三方資源無法以隨選或動態方式載入。第三方 bundle 必須在應用程式本身之前載入，因為後者仰賴於前者，應用程式也不會自動載入第三方 bundle 所需的相依套件。
- 所有團隊都必須使用 Webpack。第三方 bundle 得使用 Webpack 的內部模組載入以及程式碼參照功能。

> **備註** 撰寫此書的當下，人們仍在投入大量努力來改善 Webpack 跨專案共享程式碼的功能。比如，Webpack 5引入的新功能 module federation 就解決了微前端的許多需求。

我們來探索第三種選項，這是基於 JavaScript 新的 ES 模組標準的做法。

中央 ES 模組 (rollup.js)

現今主流瀏覽器 (除了 IE 外)，都支援以 import 及 export 語法來使用 JavaScript 原生的 ES (ECMAScript) 模組系統。這點開啟了新的可能性，讓我們能夠不使用特定打包器，就可以分享相依項目。

我們快速來見識一下 import 機制的能耐。此功能的規格將相依內容字串稱為『模組說明符』(module specifier)。以下列出不同的說明符類型：

- 相對路徑(以 . 開頭)：import Button from "./Button.js"
- 絕對路徑(以 / 開頭)：import Button from "/my/project/Button.js"
- 沒有說明符 (純字串)：import React from "react"
- 網址 (以傳輸協定開頭)：import React from "https://my.cdn/react.js"

> **備註** 如果你想要了解更多 ES 模組的相關知識，我推薦以下面這個網站為起點：https://exploringjs.com/impatient-js/ch_modules.html

在這個範例專案中，我們會使用完整網址來講解。此範例的概念跟前面的 Webpack 範例一樣：

- 我們有一個 shared-vendor 專案來建立帶有版本號的 bundle，內含 react 和 react-dom 函式庫。但這回 bundle 都成了標準 ES 模組。
- 我們調整各團隊專案，以絕對網址來引用第三方 bundle。

在實際開發情境中，瀏覽器內運行的程式碼會長得像這樣：

■ shared-vendor/static/react_16.js

```
export default [...react implementation...];
```

■ team-decide/static/decide.js

```
import React from "http://localhost:3000/static/react_16.js";
```

現在中央 React 框架的 JavaScript 檔案，已經改用 ES 模組的格式，團隊也透過網址來引用之。

你甚至可以不必用打包器。不過在我們的範例專案中，我們還是用模組打包器 rollup.js 把 react 和 react-dom 包裝成單一 bundle，然後建置並最佳化團隊的程式碼。rollup.js 會認出絕對網址相依項目(http://..)，不會改變它們，這是本書寫完時 Webpack 還無法做到的事。我們不會詳細講解所有的程式碼，只聚焦在重要的部分。圖 11.7 呈現了此範例專案的資料夾結構。

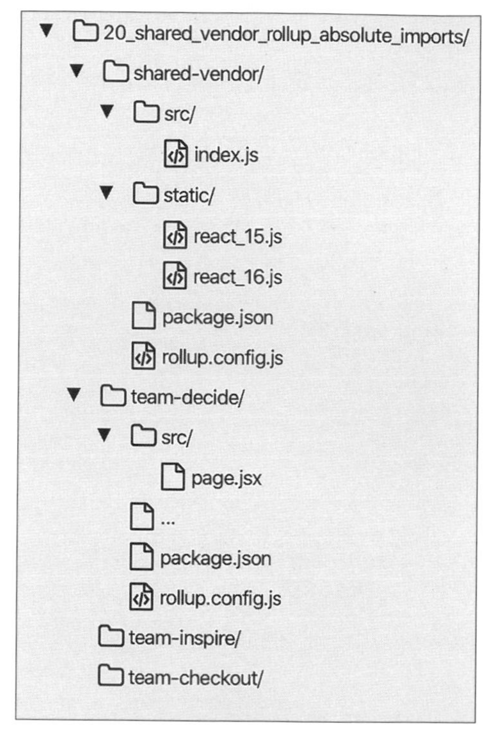

圖 11.7 shared-vender 專案會以 rollup.js 建立帶有版本號、為 ES 模組形式的 bundle。其他團隊也使用 rollup.js 來打包他們各自的專案。

建立有版本號的 bundle

rollup.js 的設定很直接，我們先定義輸入檔，將格式設為 ES 模組 (寫為 esm)，產生位置則在 static/ 資料夾底下：

■ \MFE\20_shared_vendor_rollup_absolute_imports\shared-vendor\rollup.config.js

```
import commonjs from "rollup-plugin-commonjs";
...
export default {

  input: "src/index.js",  ◀—— 輸入檔指定要加入第三方 bundle 的內容
  output: {
    file: `static/react_${majorVersion}.js`,
    format: "esm"
  },                       } 輸出檔定義 bundle 的目標位置及格式
  plugins: [
    ...
  ]
};
```

shared-vender 底下的 src/index.js 會匯入 react 及 react-dom, 重新匯出其 default 和具名 default 內容。如此一來, rollup.js 會生成單一一個 bundle, 裡面包含有這兩套函式庫。

■ \MFE\20_shared_vendor_rollup_absolute_imports\shared-vendor\src\index.js

```
export { default } from "react";
export { default as ReactDOM } from "react-dom";
```

若要建立第三方 bundle, 以上就是你唯一需要做的事。和前面範例一樣, 生成的檔案會被放在 localhost:3000/static/react_16.js。我們接著來看如何設定團隊的 React 應用程式來使用這個 bundle。

使用有版本號的 bundle

各團隊的 rollup.js 設定, 基本上跟 shared-vender 的相同：設定輸出入檔案及格式。當中也有指定一些外掛來應付 JSX、Babel 及 CSS, 不過都是直接參考官方文件的用法。

■ \MFE\20_shared_vendor_rollup_absolute_imports\team-decide\rollup.config.js

```
import commonjs from "rollup-plugin-commonjs";
...
export default {
  input: "src/page.jsx",
  output: {
    file: "static/decide.js",
    format: "esm"
  },
  plugins: [
    alias({
      entries: [
        {
          find: "react",
          replacement: __dirname + "/external/react.js"
        },
        {
          find: "react-dom",
          replacement: __dirname + "/external/react-dom.js"
        }
      ]
    }),
    ...
  ]
};
```

我們來看輸入檔 src/page.jsx 的內容。若要使用全域的第三方 bundle, 我們需要使用正確的 import 敘述。在傳統的 React 應用程式中, 會使用簡單的字串如下：

```
import React from "react"
```

打包器會從本地的 node_modules 資料夾中尋找 react 套件並匯入之。至於在我們的範例裡, 我們可以指定絕對網址路徑：

```
import React from "http://localhost:3000/static/react_16.js";
```

rollup.js 會將這當作外部資源來處理。由於 React 應用程式的所有頁面元件 (component) 都需要匯入 react, 老是用絕對網址來取得特定版本的檔案就有點麻煩。在這個範例中, 我使用了 rollup.js 的別名 (alias) 功能, 在中心位置設定替代名稱, 例如 http://.../react_16.js 會被換成 react。這樣一來, 團隊程式碼就可以維持不變, 而 rollup 在建置時會以絕對網址取代所有匯入的 react。

使用絕對網址來匯入有兩大優勢：

1. 絕對網址有遵循標準。資源共享是種會影響所有團隊的架構決策, 而在專案進展到一半才變更標準, 就會帶來不小的負擔。遵循標準的好處是, 日後在變更開發工具或函式庫時會更易於管理。想更換打包器？只要打包器支援 ES 模組, 那就不成問題。
2. 可動態載入第三方 bundle。DllPlugin 需要你以同步的方式先載入第三方檔案, 接著才是應用程式的程式碼。但若採用 ES 模組, 應用程式會自行請求所需的第三方 bundle。若另一個微前端個體已經對同一模組請求並下載好某個模組, 應用程式便會重複利用之。

動態載入使得程式碼整合變得簡單許多。以下是決策團隊的 HTML 檔案：

■ \MFE\20_shared_vendor_rollup_absolute_imports\team-decide\index.html

```
<html>
  ...
  <body>
    <decide-product-page></decide-product-page>
    <script src=http://localhost:3001/static/decide.js
      type="module" async>
    </script>
```

→ 接下頁

```
    <script src=http://localhost:3002/static/inspire.js
      type="module" async>
    </script>
    <script src=http://localhost:3003/static/checkout.js
      type="module" async>
    </script>
  </body>
</html>
```

HTML 必須只引用各團隊的 JavaScript。它們會在需要時下載中央 bundle。

請執行以下指令來啟動這個範例：

```
\MFE> npm run 20_shared_vendor_rollup_absolute_imports
```

第一眼看來，這次的結果和先前範例完全沒兩樣。其中兩組團隊使用 React 16，另一組團隊則還在用 React 15。不過開啟瀏覽器的開發者工具，就會看出差異。在網路頁籤底下，你會看到三個應用程式的 bundle 先載入 (小型的平行下載)，接著應用程式會請求相關的第三方 bundle (大型平行下載)。圖 11.8 展示了這部分。發起人 (Initiator) 欄位顯示的是最先要求取得 bundle 的團隊。

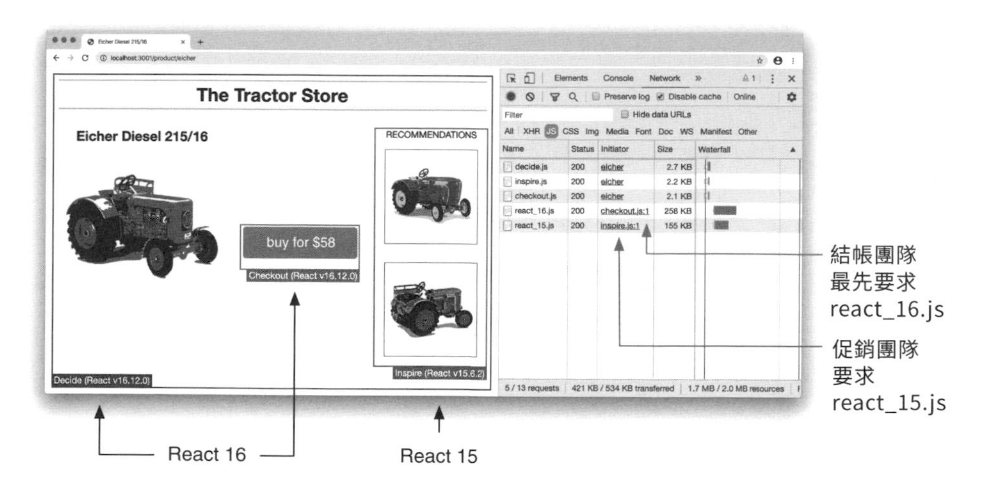

圖11.8 使用 ES 模組在同一頁面上提供不同版本的 React 框架。開發者工具的網路頁籤底下可看出，是哪個團隊要求下載特定版本的第三方 bundle。決策團隊和結帳團隊都引用 react_16.js，在這張圖中先提出請求的是結帳團隊；促銷團隊則引用 react_15.js 的 bundle。

Import-Maps

在先前範例中，我們使用 rollup.js 的 alias 外掛來增進開發效率，省去在所有需要匯入 react 套件的地方寫出絕對網址的麻煩。現在我們來看 import-maps，這個處於提議階段的網頁標準能更進一步簡化載入流程。import-maps 提供一個宣告方式將簡單說明符對應到絕對網址。它看起來會如下：

```
<script type="importmap">  ◀── 以 script 標籤加入新的 importmap 類型
  {
    "imports": {
      "vue": "https://my.cdn/vue@2.6.10/vue.js",   ◀── 將簡單說明符 vue 對應到當前框架版本
      "vue@next": "https://my.cdn/vue@3.0.0-beta/vue.js"   ◀── 將簡單說明符 vue@next 對應到下一個框架版本
  }
}
</script>
```

import-maps 的定義全域皆適用，團隊現在可以透過 import Vue from "vue" 來引用當前版本的 Vue.js，不需要知道共享 bundle 的完整網址，如下範例所示：

```
<!-- Team A -->
<script type="module">
  import Vue from "vue";
  console.log(Vue.version); // -> 2.6.10
</script>

<!-- Team B -->
<script type="module">
  import Vue from "vue@next";
  console.log(Vue.version); // -> 3.0.0-beta
</script>
```

關於 Import-Maps 的更多資訊

import-maps 是個很有潛力的解決方案，目前卻尚未成為官方標準。在本書出版時，目前只有少數瀏覽器支援，也有的必須啟用實驗功能才能取用：caniuse.com/import-maps。

如果你現在就想用，可以試試 SystemJS (github.com/systemjs/systemjs)。SystemJS 的維護者、同時也是 single-spa 的開發者Joel Denning 有發佈一系列影片，教大家如何在微前端架構下使用 import-maps 和 SystemJS。此外 Podium 開發人員 Trygve Li 也一些教學文章介紹如何在微前端架構下使用 import-maps，甚至開發了一個 rollup.js 外掛 (github.com/trygve-lie/rollup-plugin-esm-import-to-url)，和本書所介紹的 alias 類似，但改用 import-map 做為 input。

11.2.5 不要共享商業程式碼

將大量第三方程式碼解取出來是項強大的技術；你已經學到了幾種做法，但對於你所擷取的內容務必小心。

將每一個團隊都會用到的程式碼片段拿出來變成共享函式庫，像是貨幣格式化、偵錯函式或是 API 客戶端等，是相當誘人的一件事。但既然這些都是商業程式碼，很可能會隨著時間變化，你反而應該避免這麼做。

在多個團隊共用的程式碼庫中，若有相似的程式碼存在，感覺似乎很浪費。但共享程式碼所帶來的耦合也不容小覷，必須有人負責維護才行，而對共享函式庫的變更都得經過謹慎規劃、並用文件妥當記錄才行。所以別擔心從其他團隊複製貼上程式碼 —— 這麼做是在替你省下諸多麻煩。

如果你有把握，覺得和其他團隊分享某段程式碼是個好主意，則應該改用 NPM 套件的方式共享，讓別的團隊在建置時使用。盡可能避免使用在執行期間才匯入的相依項目 —— 這不僅會增加複雜度，應用程式也會更難測試。

我們在下一章將介紹設計系統，這也是微前端專案中通常真正會分享的程式碼部分。

重點摘錄

- 效能預算是個優秀的工具，有助於促成團隊定期討論如何改善效能，並讓所有團隊成員有個能夠認同的共同基準。
- 重點是找到一些適用於全專案的效能目標。但若某團隊要進一步最佳化，他們或許會基於使用案例不同而選擇其他指標，例如首頁和結帳過程的效能要求是不同的。
- 同一頁面上有不同團隊的微前端個體共存時，測量效能就會相當棘手。將權責劃分清楚有助於衡量效能，或者讓某一頁面的所有者肩負起整體效能的重責大任。當其他團隊的微前端個體拖累頁面效能時，就由該頁面的擁有者去通知該負責的團隊進行改善。
- 將一個微前端個體獨立出來執行，有助於測量其效能表現、發現異常和效能待改進之處。
- 微前端架構下，團隊負責的範圍較小，這其實讓團隊更能在對使用者有最顯著影響之處做效能最佳化。
- JavaScript 框架的大小以及頁面上的團隊個體數量，都會影響到頁面效能。既然團隊需負責的範圍較小，挑選較輕量的框架可能會更合適，也可以免去將第三方程式碼中心化的作業。

- 如果使用大型函式庫, 你可以將它從團隊應用程式的 bundle 獨立出來改放在中心位置, 以便減少重複下載量和提升效能。
- 共享資源會帶來額外的複雜度和維護作業。
- 你應該依據你的實際使用案例及目標受眾, 來衡量冗餘 JavaScript 程式碼的真實影響。
- 若強迫所有團隊使用相同版本的框架, 在進行重大版本升級時事情會變得複雜。團隊必須同步完成部署, 網頁才不至於出錯。
- 若讓團隊根據自己的步調來升級相依項目, 這會幫助甚大, 且能省去很多溝通時間。你可以用帶有版本號的檔案來達成這個目標。實作上, 可以採用 Webpack 的 DllPlugin、rollup.js 或是原生 ES 模組。
- 請只將通用的第三方程式碼中心化。共享商業程式碼會帶來耦合、降低自主性, 導致日後容易出現問題。

MEMO

CHAPTER

12

使用者介面及設計系統

本章重點提要

- 了解設計系統如何能提供統一的使用者體驗
- 如何開發一套設計系統，以及它會如何影響微前端團隊的自主性
- 打造無關技術的樣式庫時，所會面臨的種種技術挑戰
- 辨別是否該將元件列入中央樣式庫內，或是交由產品團隊控管

在微前端架構中，每個團隊會各自開發自己的微前端個體，也就是能自行規劃、建置並推出新功能，無須知會其他團隊。但你要如何確保使用者能得到一致的外觀和感覺呢？不同的微前端個體應該採用相同的色系、字體跟排版，好確保網頁不會顯得很怪。但要注意的地方通常遠遠不只這些 —— 還有按鈕樣式、間距、支援不同視窗大小的斷行設定 ... 不及備載。

在討論典型架構時，一般會認為這些主題不重要。你常會聽到有人說：『我們之後再找辦法把它弄好看就行了。』但在微前端這種分散式架構下，打從一開始就制定合宜的計劃來管理設計議題，反而是至關必要的。這本書已經提過許多如何避免共享程式碼、並盡可能降低團隊之間耦合的技巧，可是一旦涉及設計領域，事情就沒這麼簡單了。

如果不想讓使用者離你而去，你就需要一套設計系統 (design system)，讓所有團隊共享基本設計要素。設計系統讓團隊可以打造出外觀相似的介面。設計系統不免會帶來耦合，因為每一個團隊都必須遵循它。

就我參與過的微前端專案來看，最早和最重要的任務永遠是規劃及設置出一套共享的設計系統。如何將設計系統整合到團隊的程式碼，是已經廣受討論的主題，因為這直接影響到團隊如何開發前端功能。事後才變更架構決策，便會衍生高昂的代價，因為所有面向使用者的功能全都仰賴這套決策。

本章將簡要地介紹設計系統的概念、探討如何規劃有效率的開發方式，並會檢視多種技術整合選項以及其利弊。

12.1 為何需要一套設計系統？

替不同團隊制定一套大家都可沿用的整體設計，其實根本並非微前端專屬的做法。**設計系統**一詞近年來已成為軟體開發領域的當紅炸子雞；現在越來越多網頁應用程式必須在不同裝置上運行，設計系統正好能有系統地應付這類設計挑戰。

一套設計系統包含了所謂的設計原子樣式 (design tokens，如字體排版、顏色、圖示等)，可重複使用的介面元件 (按鈕、表單元素等)，更進階的樣式 (工具提示框、圖層)，此外還有最為重要的部分 —— 一套解說詳盡的規則，指示要如何合併這些個別元素。圖 12.1 是一些設計系統範例。

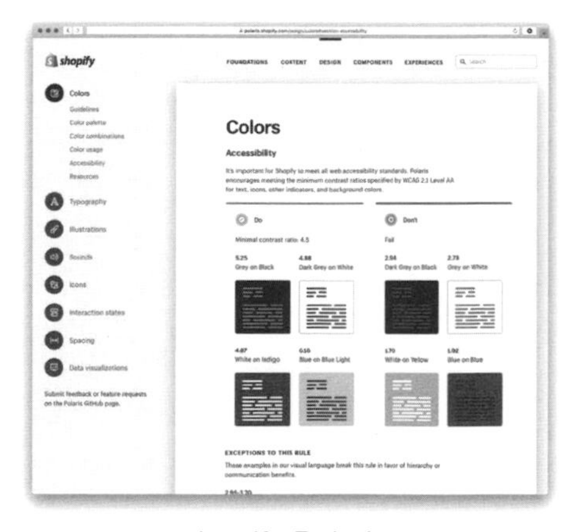

shopify Polaris

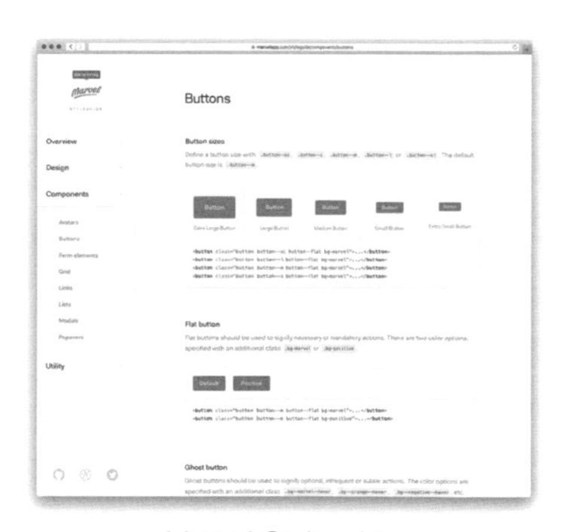

Marvel Styleguide

圖 12.1 許多企業都將自家的設計系統發布到網路上。你可以將這些設計系統套用在自己的專案中，或是當成啟發來源來建構屬於自己的設計系統。

另外兩個很常跟著設計系統被提到的詞是**樣式庫** (pattern library) 以及**「可維護的」設計規範** ((living) style guide)。這兩個詞指的都是同一件事：一套基於元件的系統，用來將網頁的複雜度加以模組化。不過，它們著重的方向稍微有些不同。

樣式庫描述的是能被開發人員使用的一系列具體建構元素，包含了按鈕、表單輸入控制項這類有實體的元件，焦點在於元件而不是網頁文件。你可以說樣式庫算是設計系統的一個子集合。設計規範則是設計圈的傳統術語。在網路問世之前，它就以精美的紙本形式現身，描述如何呈現公司的企業形象。到了數位時代，這個概念前面被加上一個『可維護的』，因為用來展示的元件已經變成真正的程式碼。

在本章中，我們會用設計系統一詞來談論更廣泛的概念，並用樣式庫來代表設計樣式跟團隊應用程式的技術整合層面。

本書不會討論如何打造一套設計系統，欲更深入了解這個主題，你可以找到多不勝舉的部落格文章、書籍和學習清單。本書著重的角度則在於，若要讓微前端架構得以成功運行，你必須掌握設計系統的哪些面向。

12.1.1 設計系統的目的與角色

在微前端專案中，產品團隊建立的所有功能都是直接針對終端使用者，目的是讓使用者感到滿足、進而替公司創造價值。可是，一個中央式的設計系統並不適用於這樣的模式。

使用者之所以註冊 Microsoft Office 365，不可能是因為他們覺得微軟的 Fluent UI 設計系統是最棒的，可是無庸置疑，設計系統的存在讓 Office 變成更好用的產品。而熟悉使用 Word 的使用者也能快速上手 PowerPoint 或 Excel，因為所有團隊都採用同樣的 UI 典範跟元件來開發。

設計系統對開發成果有著間接影響，並會透過產品團隊發揚出來。設計系統團隊的目的絕對不是要創造出市面上最美觀、文件最齊全、或是功能最多樣的設計系統。反而，這個團隊應該要盡可能支援產品團隊。也就是說：設計系統是一個用來輔佐其他產品的產品。

12.1.2 設計系統的好處

一套完善的設計系統能替產品開發帶來以下的好處：

- **一致性：**讓不同團隊開發的使用者介面，都能讓使用者感覺有相似感。
- **共享語言：**設計系統強迫你建立所有團隊都能懂的共同字彙。選出適當的命名從來不是件簡單的事。但若能讓元件及樣式有一致的名稱，這就有助於跨團隊溝通，也能避免誤解。
- **提高開發速度：**若能提供清楚的指引和打造新功能而所需的 UI 元件，都能大大減輕開發人員的負擔。
- **可擴大規模：**設計系統的價值，會隨著使用的團隊數量增加。對新團隊來說，他們可以直接站在巨人的肩膀上，不必再花多餘力氣討論像是『我們到底該不該用自訂的勾選框』。當然，前提是設計系統的作者有在文件中記錄過去的同樣決策。

設計系統的好處是屬於中、長期的。建立一套穩健的設計系統會花上不少時間，但如果你的專案規模不小，這些努力很快就會回本。它也能讓你避開許多令人不滿意的合併設計，而且不必搞到雜亂無章的重新設計專案。

12.2 中央設計系統 vs. 獨立自主的團隊

現在你已經認識了設計系統的基礎跟它的諸多好處。我們接著就來看一些設計系統在微前端架構中重要的面向。其中一個很常被問到的問題是：你是否一定要打造自己的設計系統？

12.2.1 我是否需要自創一套設計系統？

創造設計系統絕非容易之舉。如果你開發的是一項內部產品，品牌並非重點的話，採用現成的設計系統完全不成問題。Twitter 的 Bootstrap、Google 的 Material Design、Semantic UI 或是 Blueprint 都是不錯的選項。上述這些都有一系列通用元件，開發人員可以按自己的使用案例來採納。

但你也不能只憑外觀來挑選樣式庫。它們有不同的技術架構，可能會對你的專案帶來限制。某些樣式庫只靠 CSS 類別來整合，例如 Bootstrap 和 Semantic UI，也有的像 Blueprint 有指定使用的前端框架、或者如 Material Design 會指定一些不同的可用框架。本章後面會更深入探討可能的整合方式，並分析其利弊。

如果你的產品應該傳達出獨特風格，且必須符合公司品牌形象，就應該從零開始發展自己的設計系統。這樣的系統能讓你加入你商業領域特有的元件。比如，若你是做電子商務開發，你便會想設計一個價格元件，能決定特價、折扣以及基本售價的渲染方式。若你開發的是通訊軟體，就會想要加入使用者頭像或是對話泡泡框這類基本元件。

12.2.2 設計系統是過程而非專案

擁有自己的設計系統會帶來一些實質的好處。我們身為開發人員，自然喜歡用技術的角度來看事情，而替所有團隊打造出一組可用的元件，聽起來也像是值得投入的專案。但在分散式的組織架構下，設計系統其實也帶來很重要的社會功能。

我的前同事 Dennis Reimann 喜歡將設計系統形容成：『一場營火晚會，讓來自不同團隊的各行各業人士定期聚聚』。

他的一番話點出了一個事實，那就是設計系統永遠不會是完成品 —— 將它想成是一個過程更為恰當。設計系統應該是一套活生生和永無止境演進的基礎設施，當中可使用的元件和所訂定的設計規則，是使用者體驗 (UX)、設計專家、各團隊開發人員和產品負責人的討論結果。當人們碰到設計問題時，設計系統就應該是唯一應遵從的準則。參見圖 12.2。

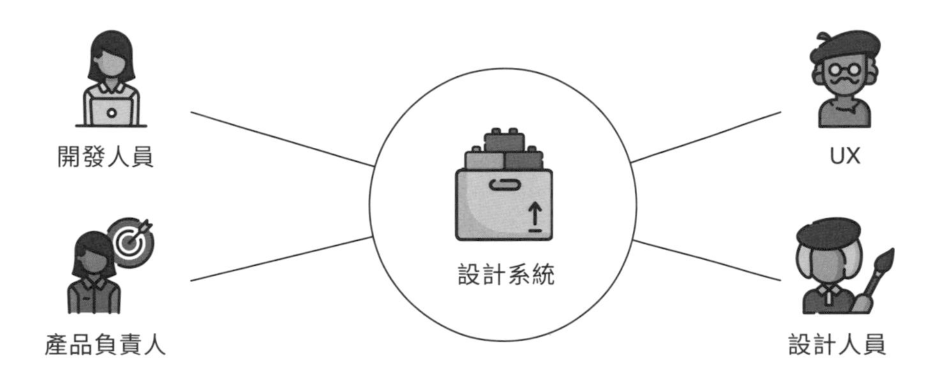

圖 12.2 良好的設計系統，會記錄所有關鍵的設計決策。它會不斷精進，以便盡可能滿足使用者的需求。

12.2.3 確保有持續的預算及有人負責到底

在管理團隊時，設下適當的期望非常重要。設計系統大部分的開發工作都會落在頭幾個月，但之後工作也並不會停歇。新的使用案例會湧入，團隊也得開發出更複雜的新功能。你會需要有空間來依狀況調整跟擴展設計系統。關鍵的是，你要有足夠的預算來投入這些項目：

- 擴展元件
- 討論現有樣式是否合適
- 就某些部分加以重構
- 改進文件
- 修正不一致之處

我見過有些專案擁有完善的設計系統，一開始運行得相當好。可是一旦沒人想負責，或者沒人有能力維護和發展這套系統時，設計系統就會開始過時。團隊只能拿現有樣式來湊合著改，用自定的樣式蓋過元件樣式來滿足需求。有些元件被擴展多次，變得越來越複雜，文件也跟不上規格了。

事情發展到這種地步時，崩壞的速度通常相當快。社群上一般將此稱為『殭屍樣式指南』。請別讓你的設計系統也淪為殭屍大軍的行列；要重新打造和汰換一套設計系統的代價可是很昂貴的。微前端架構能夠提升 (垂直) 團隊界線內開發功能的速度，可是若要 (水平) 跨團隊做出大幅改變，就需要大量協調、會產生摩擦且大幅拖慢開發進程。

所以，請確保一開始就設下合適的條件，並編列專門的預算，確保人們負起高度的責任。

12.2.4　獲得團隊的接納

雖然設計系統能得到管理層批准是不可少的先決條件，更重要的是你得和產品團隊們保有健康的關係。產品團隊是設計系統的使用者，等於是你的客戶。請花點時間向他們介紹設計系統和相關概念吧。

第一段衝刺項目

在第一段衝刺 (sprint) 期間，先了解產品團隊的開發路線圖，並就線框圖 (wireframe) 做討論，來確定哪些元件是最先需要的。透明的開發流程有助於產品團隊掌握所需設計元件的完工時間，而這可透過發佈說明文件、範例和更新日誌來做到。

在新專案的初期，瓶頸通常都出在設計系統團隊身上，因為有許多技術上的準備要做，設計系統團隊得打造出用於字體排版跟互動性的重要元件。我自己過去的經驗是，最好讓設計系統團隊提前數周展開作業。這樣一來，產品團隊開工時就有樣式庫可以使用，沒有人需要等待、或者冒險使用將來會出問題的臨時方案。

得到接納

就算所有團隊都了解設計系統的好處，人們還是常常會忍不住搞自己的一套。比如說，決策團隊想加入新的產品評論功能，而為了實現之，就需要一個新的星星評分圖示，以及一個較小的新標題樣式。可是決策團隊的主開發人員一周前運動時摔斷了手臂，很長一段時間都無法工作，害整個團隊已經籠罩在壓力下。

為了趕上進度，節省時間的一個辦法就是直接將圖示加到決策團隊的程式碼，他們可以沿用標準標題，換成較小的字體就成了。其他團隊確實會無法沿用同樣的新元件，但決策團隊說：『反正這現在不重要。』決策團隊省下了時間，因為改變中央樣式庫所需的功夫，比在自己團隊內修改樣式多多了。

微前端的主要優點，正是能消除團隊之間的相依性，讓他們能快速採取行動，這也使得中央化的設計系統會被當成阻礙。光是討論可重複利用性和一致性，對產品團隊的主要任務是沒有任何幫助的。你必須確保所有人都理解利害衝突，以及認可設計系統的重要，這樣才能避免人們老是繞過設計系統。你也得找個方式辨認技術債 (technical debt)，並避免它越滾越大。

溝通

設計系統成功的關鍵要素，是在設計系統團隊跟產品團隊之間設立適當的溝通管道。做法有很多種，不一定得是常規的面對面會議。你也可以發揮創意，想個輕量化的溝通方式，讓流程更精簡和更容易被接受。

我參與的案子曾試驗過一個概念叫『開放時間』，設計團隊會開放特定的時段讓設計團隊成員自由進來討論新功能的線框圖，不需要事先預約會議。這麼做的目的是讓設計系統能在早期就辨認出所需的改變。不過，後來我們發現最有效的辦法還是直接讓參與開發流程的所有人一起開會。下面我們就來看看這要如何做到。

12.2.5 開發流程：中央模型 vs. 聯合模型

設計系統的開發要如何組織，其實並不只限於單一方法。到目前為止，我們討論的其實都暗示了所謂的『中央模型』形式，也就是有一組專責團隊來規劃並開發設計系統，並將它發佈給各產品團隊去使用。但還有另一種做法越來越為盛行，也跟我們這種自主性團隊的架構契合得更好，稱為『聯合模型』。圖 12.3分別展示了中央模型和聯合模型。

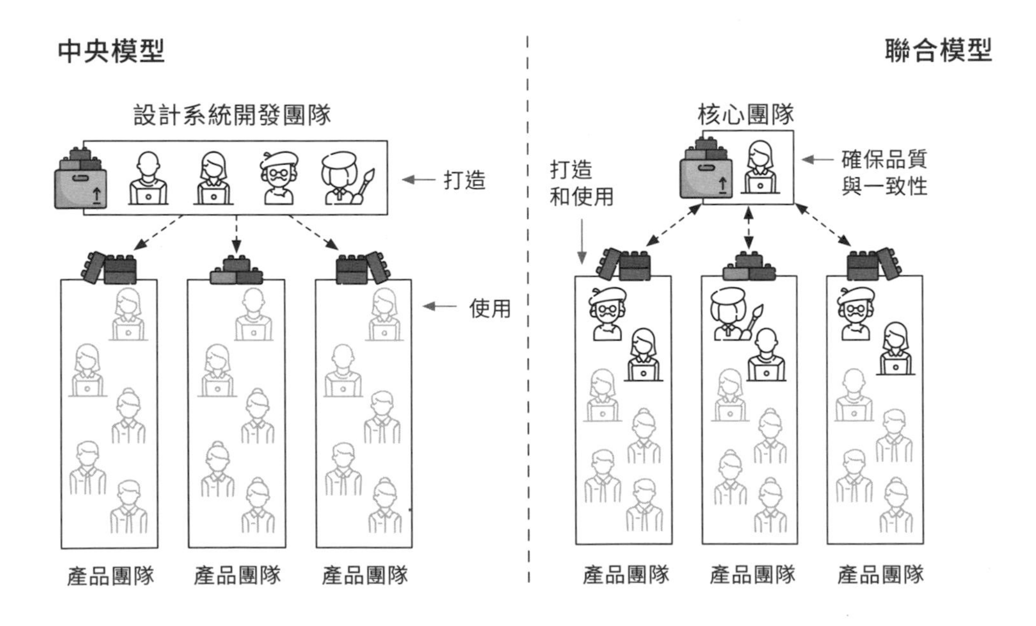

圖 12.3　組織設計系統開發流程的兩種方法。中央模型之下，會設立專責設計團隊，這個團隊負責開發系統讓產品團隊使用。聯合模型則讓設計系統和產品團隊的界線變得模糊。產品團隊的成員也能對設計系統做出貢獻，並推動開發進程。

中央模型

中央模型的分工很明確：一群開發人員、設計師及 UX 專家負責規劃及打造設計系統，這個設計團隊會與產品團隊溝通，好了解該開發哪些項目。此團隊能清楚一覽整個系統的全貌，可以迅速發現不一致之處，並以高效率作業。

產品團隊只是樣式庫的使用者，他們向設計系統團隊提出請求，接著等元件完工。這使得中央團隊可能會變成瓶頸，而一旦產品團隊的要求超過了設計團隊的負荷，事情就大條了。產品團隊若不是得延後開發時程，就是繞過設計系統搞自己的解法。

聯合模型

聯合模型改變了以上狀況：設計師和 UX 專家被編列到產品團隊底下，再也沒有真正的中央團隊。確實，我們還是需要有人來掌管設計系統的方向，並留意品質跟一致性，但現在產品團隊本身會主導設計系統的開發。當一個產品團隊需要新元件時，他們會設計和建造之，然後發佈到設計系統內供大家使用。

聯合模型讓團隊有更多自由和自主性。但既然設計系統是共享的專案，你務必將任何變化正確傳達給其他人。執行這種模型需要一些技巧跟經驗。但這樣做最大的好處是 UX 專家和設計師現在會參與產品團隊，不僅能替開發團隊帶來新觀點，也能直接協助改進產品。

對此，設計師 Nathan Curtis 有一句話真是再貼切不過：『我們需要讓最棒的設計師投入我們最重要的產品，好釐清系統是什麼，並把確立的知識傳達給其他人。我們不需要讓他們離開產品團隊的職務。』

12.2.6 開發兩大階段

至此你可能會捫心自問，哪一個模型最適合你的專案。我很難對這個問題給出一個通用的答案，但下面我來分享對我們有用的判斷法。

首先，這兩種模型並不是互斥的，而是可以完美契合。你並不需要選擇其中一種極端路線。就算以一個強大的中央團隊來掌管設計系統，你還是能採納產品團隊的貢獻。圖 12.4 是中央—聯合模型的光譜：

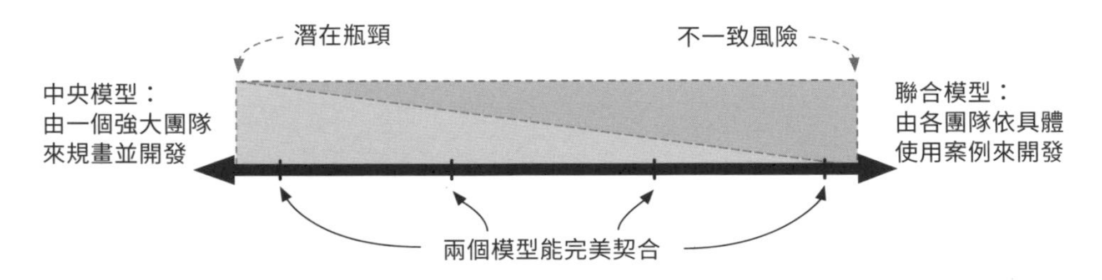

圖 12.4　中央模型 vs. 聯合模型並不是二元決策，這兩個模型其實可以完美相互搭配。光譜底下有刻度展示兩個模型的比重。你可以採用中央模型，並加入一些聯合模型的元素 (光譜左端)，或者可以採用聯合模型，並混入一些中央模型的規劃及開發方式 (光譜右端)。

在我自己參與的專案中，我觀察到設計系統開發分為兩個階段：成長及上線階段。圖 12.5 分別列出這兩大階段的重點。

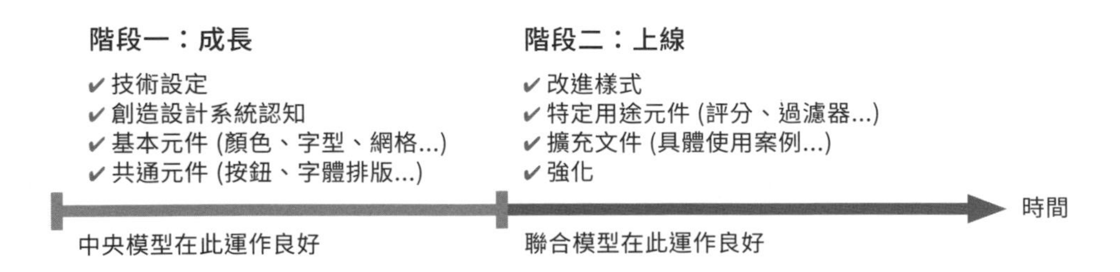

圖 12.5　合適的設計系統開發模型，其實取決於專案所處的開發階段。

我們過去在展開一個新專案時，採用中央模型的經驗都相當良好。這種方式能有效率地催生出一套新設計系統。成長階段非常忙碌，要準備開發管線和工具、做初步決策、以及產生第一批標準元件。在這個階段若能有個專責團隊來投入、不必分心在其他開發工作上，就能發揮出最大價值。

等待塵埃落定，各產品團隊都開始有生產力時，我們就會慢慢轉往聯合模型。這樣一來，我們就能確保真正的使用案例能驅動設計系統的開發。我們鼓勵產品團隊的前端開發人員多加了解設計系統，並參與改良設計系統，而設計系統團隊的開發人員和設計師則會轉到產品團隊。在這個轉換過程中，常會有人員分攤時間在兩個團隊之間作業。比如，設計師可能會花一半時間在設計系統上，另外一半時間則分配給產品團隊。這樣事先決定的比例有助於規劃，而時間分配比重也可以隨時間慢慢改變。

12.3 執行期間整合 vs. 建置階段整合

前面你學到了很多跟組織相關的方面。現在我們則來看，技術上要如何將樣式庫整合到團隊的應用程式內。我們首先要談的是如何讓新的改變上線，而這有幾種不同的策略。

試想你修改了中央樣式庫的按鈕元件顏色。若要讓使用者能看到改變，你該做什麼？人們常用的部署途徑有兩種，一是**執行期間整合**，二是以**帶版本號的套件**發行之。圖 12.6 比較了這兩種做法。

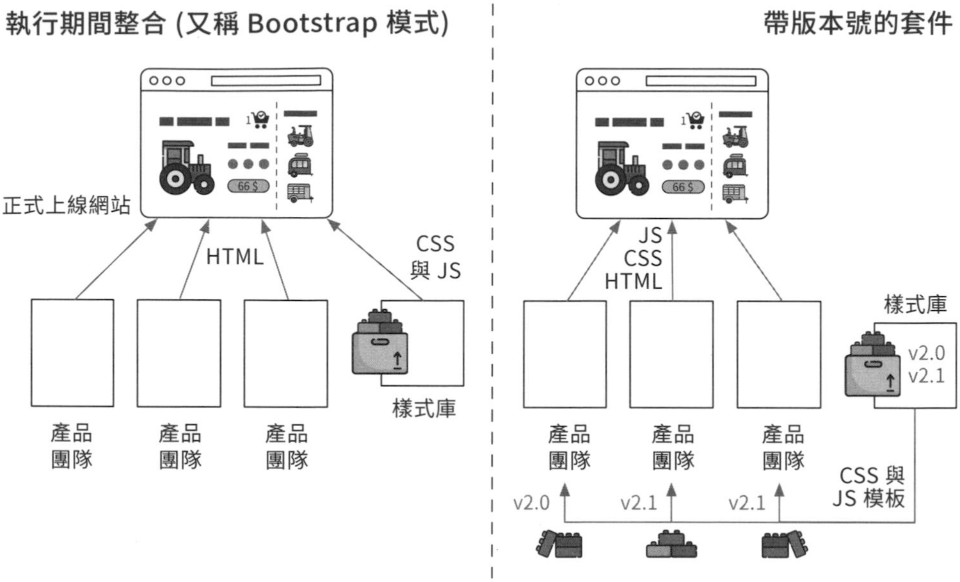

圖 12.6 在左邊的 Bootstrap 模式中，樣式庫直接將其元件 (JS、CSS 及圖片) 部署到正式環境。各項變更立即可見，而且能遍及各個團隊。至於圖右帶版本號的套件，樣式庫是以 NPM 之類的套件形式來提供元件，團隊可以將套件下載到各自的應用程式中，並自行決定何時要更新到最新版本。

12.3.1 執行期間整合

執行期間整合最為知名的範例，非 Twitter 的 Bootstrap 莫屬。這個概念很簡單：團隊加入一個全域 CSS 檔的連結，該 CSS 檔由設計系統團隊維護。產品團隊可以將 CSS 類別到自己的 HTML 上來加入樣式，頁面上的微前端個體也能夠受惠，因為 CSS 類別的存取範圍是全域的。以下程式碼示範如何加入並使用全域樣式：

■ /team-decide/product/porsche.html

```
<link rel="stylesheet" href="/shared/pattern-library.css">   ← 將樣式庫的樣式整合進來
...
<button class="btn btn-call-to-action">Buy a tractor</button>   ← 透過 CSS 類別來使用樣式
```

執行期間的整合模式，也並不侷限於單純的樣式。如果你使用客戶端渲染，更能提供封裝了樣式和內部 HTML 的元件。以下是一個使用 Web Components 的範例：

■ /team-decide/product/porsche.html

```
<script src="/shared/pattern-library.js"></script>
```

整合內含 Web Components 定義的樣式庫 JavaScript

```
<tractor-store-price reduction="10%" value="$66">
```

使用價格元件。它會在其 ShadowDOM 內渲染出帶有正確樣式的 HTML。

透過執行期間整合來設定樣式庫是相當直接的做法，開發及使用上都很容易，另外一個好處是設計系統團隊可以立即推出變更。

不過在耦合和自主性方面，這個模型缺點不少：

- **分離測試：**微前端個體應該要能自給自足。採用執行期間整合時，團隊的使用者介面就無法獨立運作，必須加入樣式庫的樣式和程式碼才行。而由於設計系統團隊可以隨時變更這些檔案，產品團隊就無法保證使用者介面是否能正常顯示和運行。對於樣式庫的每一樣變更，產品團隊都必須靠自動化測試套件來檢查。
- **單點故障：**採用執行期間整合，樣式庫就會變成系統中關係到成敗的關鍵。既然所有團隊都仰賴這個樣式庫，未發現的錯誤就可能拖垮整個專案。
- **無法移除多餘程式碼或棄用舊規格：**由於設計系統團隊不知道哪一個元件被特定頁面所使用，他們常會將所有樣式程式碼放在一個龐大的 CSS 檔內。而既然無從確定某個舊元件已經不再被使用，這個檔案只會像雪球般越滾越大。不過若你走 JavaScript 元件整合的形式，至少可以用隨選載入的方法避免不需要的程式碼。

- **無法向下相容變更：**所謂的 breaking change 並沒有一套有結構的方式來應付。若設計團隊想大幅重構按鈕元件，他們必須另外建立一個新元件 (像是 .btn_v2)，然後等大家都更新了 HTML 之後再刪掉舊版。

- **版本控制和範圍界定：**這種模式下很難建立適當的版本控制機制。此外，你也很難避免不同微前端個體間的樣式往外洩漏。

缺乏版本控制能力的問題特別嚴重，這代表所有團隊都必須使用最新版的樣式庫，你需要跟所有團隊密切協調和讓他們同時部署，這也導致你無法有意義地重組或升級樣式庫。設計團隊為了避免產生摩擦，到頭來會變得畏首畏尾，而不去採取必要的步驟。

我們接著來看另一個比較有彈性的樣式庫發佈模型。

12.3.2 附版本號的套件

在使用帶版本號套件的模型時，樣式庫就不屬於執行期間的系統了。反而，設計團隊將所有元件打包在一個 NPM 套件裡面，並發佈給各團隊使用。這很像是在玩樂高 —— 你可以把這個套件想像成是一箱箱積木，產品團隊拿走其中一箱，再從箱子裡取出所需的積木。這些跟各團隊原本就擁有的特殊積木組合後，便可以開發出新功能供顧客使用。

■ /team-decide/static/product.jsx

```
import { Price, Button } from "@the-tractor-store/pattern-library";
function ProductPage() {
  return <div>
    <Price reduction="10%" value="$66" />
    <Button type="call-to-action">Buy a tractor</Button>
    ...
  </div>;
}
```

從樣式庫套件匯入所需的元件

用元件建構產品頁

下面是使用這個模型的一些好處：

可獨立升級

設計系統團隊可以持續更新樣式庫, 也就是經常推出新的樂高積木箱 (樣式庫)。新版可能包含了新種類的積木、或是有新外觀的積木, 但產品團隊不需要立即跟上, 可以按自己的步調來升級。舊版本看起來可能沒有新版好看, 但還是能良好運作。

不會打包未使用的程式碼

採用這個模型時, 每一個團隊都會生成自己的 CSS 檔案。Webpack 這類打包器只會把該團隊有使用到的樣式庫元件納入, 這樣一來若樣式庫中依舊包含一個沒人使用的舊元件, 瀏覽器就不會下載該元件的程式碼。這個機制能讓 CSS 檔案維持得相當小。

可自給自足

你可以設定打包器自動為所有的 CSS 類別加上前綴詞。這樣一來, 你就能創造出適當的變數範圍, 單一頁面上的不同微前端個體也能各自使用不同版本的樣式庫。

舉個例子, 假設產品頁歸決策團隊所有, 頁面上顯示了一個價格和一個按鈕。這個產品頁還使用了促銷團隊的一個微前端個體, 上頭也有一個按鈕：

1. 決策團隊的應用程式使用版本 4 的樣式庫。
2. 設計系統團隊釋出新的樣式庫 (版本 5), 按鈕有較圓潤的新樣式。
3. 促銷團隊立即升級到版本 5 的樣式庫, 並部署應用程式。
4. 但決策團隊手上還有其他工作要做, 明天才會更新樣式庫。

這個情況下，所生成的程式碼看起來如下：

■ /team-decide/dist/product.css

```
/* based on pattern library v4 */
.decide_price {...}
.decide_button { border-radius: 2px; } ◄── 樣式庫版本 4 的舊按鈕樣式
.decide_[...] {}
```

■ /team-inspire/dist/reco.css

```
/* based on pattern library v5 */
.inspire_button { border-radius: 10px; } ◄── 樣式庫版本 5 的圓潤按鈕樣式
.inspire_[...] {}
```

■ https://the-tractor.store/product/porsche

```
<div>
  <span class="decide_price">only $66 (10% off)</span>
  <button class="decide_button">Buy a tractor</button> ◄── 決策團隊的按鈕引用自家的 CSS 類別

  <aside>
    <button class="inspire_button">Show recommendations</button> ◄── 促銷團隊的按鈕也是引用自家 CSS 類別
  </aside>
</div>
```

於是產品頁上的兩個按鈕外觀會不同。促銷團隊的按鈕已經採用新的圓潤樣式，而決策團隊的按鈕仍是舊樣式。能否獨立部署的關鍵步驟，便在於你能否在同一頁面上使用不同版本的樣式。這麼一來，每個微前端個體都能自給自足，不須依賴其他團隊的樣式。各產品團隊也能自行掌控樣式庫的升級，並在部署前測試各項變更。

缺點

採用版本號套件的方法有諸多好處，但相較於執行期間做整合，這但還是有一些缺點：

- **冗餘：** 當團隊都使用相同的元件時，使用者必須多次下載相關的程式碼。你在上面的範例就可以看到這種情況，我們有兩個不同版本的按鈕樣式。通常這類冗餘情形問題不大，因為打包器只納入有實際用到的元件，而沒有團隊會同時使用所有元件。整個 CSS 檔案的大小，通常仍比全域 Bootstrap 模式的還要小很多。

- **較慢上線：** 樣式庫的各項變更會比較慢套用到正式環境。設計系統團隊無法推動新的更新，他們雖能提供新版本並知會所有團隊，但這些變更通常得等所有團隊都更新、部署自己的應用程式之後才能看得到。你可能需要鼓勵各團隊加快部署腳步，才能更快修復設計系統的重大問題。

- **最終的一致性：** 大部分的平面設計師，都不習慣看到同一個頁面上存在相同元件的不同版本。不過，倘若團隊會定期做更新，這就不是緊迫的問題了。這邊提供一個專業建議：在我之前的一個專案中，我們有建一個儀表板，上頭顯示各團隊所使用的樣式庫版本。單單只是將團隊所使用的樣式庫版本一併展示出來，就能加快各團隊升級的速度。另外來看一下圖 12.7，可以看到 Amazon 按鈕的不同版本，這些按鈕會同時存在於網頁上的不同位置：你不應該因為亞馬遜這麼做就拿來當成放棄一致性的藉口，但這顯示了有短暫的不一致性是完全無傷大雅的。

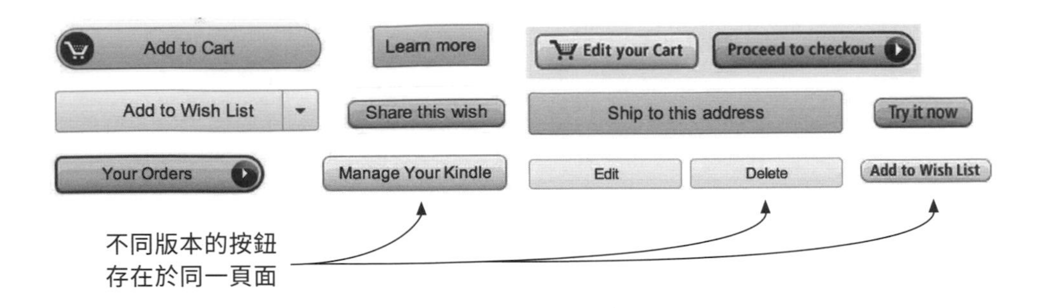

圖 12.7　以上截圖顯示 Amazon 網站上同時存在著不同的按鈕樣式。

12.4 樣式庫的成品：通用 vs. 專用

現在我們來進一步檢視樣式庫的技術。樣式庫的產出結果必須與各團隊使用的各項技術相容。世上並沒有一套黃金標準來規定怎麼開發可重複使用的元件；選擇有很多種，但也各有利弊。有些不支援伺服器端渲染，有些則必須使用特定的 JavaScript 框架，也有的雖然支援樣式，卻不支援模板。

12.4.1 選擇元件格式

使用者介面元件由三大部分組成：

1. 透過 CSS 程式碼來設定樣式。
2. 使用模板和額外的輸入來生成元件內部的 HTML。模板取決於其格式，可以在伺服器端以及／或是客戶端使用。
3. 使用者可互動的元件行為 (選擇性)，像是工具提示框或互動視窗。這些都需要客戶端 JavaScript 才能運行。

讓我們來探索適合我們的選項。請看圖 12.8 並花些時間來掌握全貌,這張圖介紹了樣式庫所能產生的不同格式。

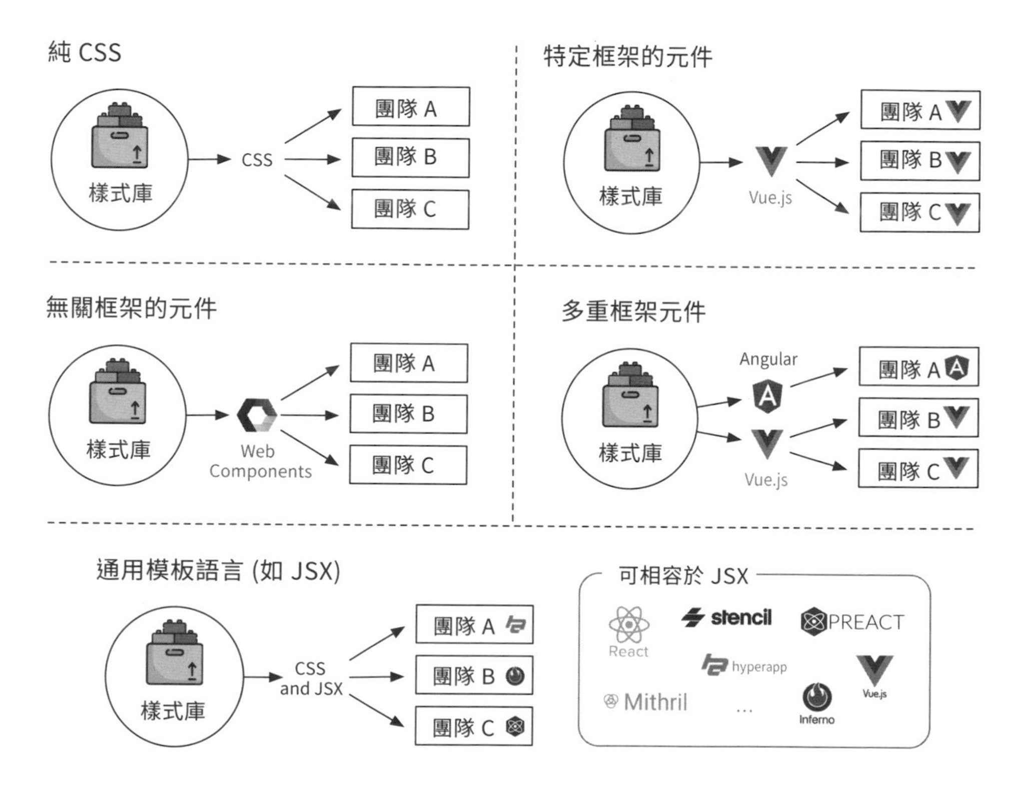

圖 12.8 樣式庫可以產生的不同成品。某些輸出格式會對團隊造成技術上的影響。比如,當樣式庫只產出 Vue.js 元件時, 為了與之相容, 所有團隊都得使用 Vue.js。

我們將依序來看這張圖表上的項目。

純 CSS

樣式庫透過 CSS 類別來提供元件樣式。Twitter 的 Bootstrap 即為這個類型的典範。團隊得根據樣式庫的說明文件來撰寫元件的 HTML。

- 優點
  - 實作容易
  - 在伺服器端及客戶端都適用
  - 相容於所有能夠生成 HTML 的技術
- 缺點
  - 僅限於提供樣式
  - 團隊需要了解內部 HTML
  - 改變元件 HTML 比較困難

特定框架的元件

這種樣式庫使用特定一種框架的元件格式。為 Vue.js 所設計的元件庫 Vuetify 就是其中一個開源樣式庫的例子。這模式會需要所有團隊都使用指定的 JavaScript 框架。熱門前端框架的元件格式都相當穩定, 就算主版本號不同也一樣。穩定的格式意味著團隊雖然必須使用相同框架, 但不必得是相同版本：

- 優點
  - 實作容易
  - 伺服器端和客戶端都適用
  - 元件跟團隊的程式碼能無縫整合
  - 元件能使用框架的完整功能
- 缺點
  - 所有團隊都必須使用同一框架

無關框架的元件

Web Components 能與所有現代框架整合良好, 甚至可用在最普通的 HTML 頁面上。建議你參考看看 Duet Design System, 這是用 Stencil

開發出來的。和純 CSS 途徑不同的是, Web Components 也封裝了模板和行為：

- 優點
  - 所有瀏覽器都支援
  - 不怕過時 (因為屬於網頁標準)
  - 和純 HTML 及各種框架相容
- 缺點
  - 只適用於客戶端
  - 需要 JavaScript (使之很難進行漸進式增強)

多重框架元件

這個模式和特定框架元件的模式有關聯, 但與其只支援一種框架, 樣式庫會以不同的格式來輸出元件。提供超過一種格式會需要下額外的功夫, 因為你得針對多個特定框架來實作。不過這在概念、元件清單以及 CSS 樣式方面都是一樣的。

Google 的 Material Design 是這個模式的大型範例, 此設計系統本身就定義了樣式、HTML 文件和程式碼。像是 React 的 Material UI 和 Angular 的 Material 這類計畫, 就是從通用的 Material Design 來轉換到特定框架的格式。

- 優點
  - 伺服器端及客戶端都適用
  - 元件跟團隊的程式碼能無縫整合
  - 元件能使用框架的完整功能
- 缺點
  - 需要下更多功夫

通用模板語言 (如 JSX)

但其實你也不必針對特定的格式, 而是提供 HTML 模板和 CSS 樣式 (例如透過 CSS 模組)。許多 JavaScript 函式庫和框架都支援 JSX 格式, 也就是 HTML 加 JavaScript 的組合, 於是乎你只撰寫一次 HTML 模板, 之後就可以用在 Hyperapp、Inferno、Preact 或是 React 應用程式中。

以上每種框架的生命週期方法和事件處理機制都不同, 而這些差異意味著你的設計元件無法包含行為。元件只能是無狀態的, 但若你的設計系統已經包含了必要的 UI 元件, 這就不成問題。

你可以參考金融時報 (The Financial Times) 的 X-DASH 來看看此模型的真實世界範例。我自己會在較新的專案中使用 JSX, 也對於其取捨結果感到滿意。

- 優點
  - 伺服器端及客戶端都適用
  - 支援與模板語言相容的所有框架
- 缺點
  - 無法加入行為
  - 針對不同框架的實作可能會有出入, 且會用上不同的『方言』

備註 這個模式可以和任何模板語言一起使用, 但要注意實作時可能不會 100% 彼此相容。舉例來說, 我們以前在把 Handlebar.js 語意型模板套用到 Scala、Python 和 JavaScript 等語言時, 就遇到嚴重的相容性問題。你必須對你的採用模式有信心, 並完全熟悉其限制, 然後在將新功能推行到全公司之前先做技術尖峰測試 (technical spikes) 來驗證之。

12.4.2 變化在所難免

如同我先前所說，並沒有哪一個模型或模式特別優異。哪個選擇對你的專案或公司最好，取決於你的實際需求。

然而，你一旦做了決定，就應該就樣式庫跟團隊之間的契約做好溝通。有很多事情待釐清，像是你的整合是否依賴特定的框架元件格式？是否基於特定的 DOM 結構 (而且有文件記錄)？或者團隊是否需要支援特定的模板語言？這些決定會影響團隊的長期自主性。之後再轉換模式會很麻煩，而且代價高昂。

下面是一些應付變化的好辦法。

樂於接受改變

就算你已經決定從某個框架的元件 (比如 Vue.js) 著手，若一開始就對未來潮流保持開放心胸、採用多重框架元件模型，會是個好的起頭方式。如果你有穩健的概念，並將 CSS 建構成可重複利用的形式，將來要加入新格式如 Web Components、Angular 或 Snowcone.js 就會容易得多。

簡為上策

另一個訣竅是，盡可能讓中央元件越單純越好，設法將其行為面向縮減到最小。

以樹狀導覽元件為例，這是個垂直清單，你可以展開裡面的巢狀連結。樣式庫可以對此提供一個功能完善的元件，像是具備展開／摺疊、文字搜索、有 hook 來延遲載入子樹等功能。但要做到盡善盡美、又能滿足每一個團隊的需求，就非常有挑戰了。

你也可以採取另外一種做法，讓樣式庫只提供樹狀導覽元件的基本構成要素和狀態，像是展開／摺疊清單項目、啟用狀態以及搜尋框的定位等。在這種方法下，團隊的工作量就變多了，因為他們需要自行開發功能（導覽列切換、搜尋...），但也會有更多彈性，比如能決定挑一個符合需求的開源函式庫來用，然後拿樣式庫中的基本樣式來套用。若你的樣式庫只專注在視覺層面，它自然會更有彈性，減少從各團隊取得回饋的時間。

如何在中心化和分散式的模式之間找到平衡，並非一件簡單的事情。我們將在下個小節進一步探索這個問題。

12.5 中央樣式庫該包含什麼？

如果人們能在中央樣式庫中找到使用者介面的所有元素、外加它們的說明文件，這會是難能可貴的事情。中央化的文件讓人易於掌握全貌，但共享元件也不是沒有代價。

12.5.1 共享元件的代價

要變更某團隊應用程式內的元件，會比更改中央樣式庫內的元件容易得多。原因如下：

- 中央元件位在另外一個專案中；你必須發佈一個新版本，才能看到團隊程式碼產生變更。
- 中央元件可被其他團隊使用；你必須思考這些團隊可能受到的影響。
- 中央元件必須符合更高品質的規格；你得確保即使是團隊外部的人員也能了解元件的能耐，以及其背後的原因。

- 中央元件可能需要做程式碼審查 (code review)；你的設計系統開發流程可能會採用雙重控制原則 (dual control principle), 好保證開發能滿足高標準。

基於上述原因, 更改中央樣式庫中的元件, 比起直接更改團隊的程式碼會來得困難得多。若把所有元件都丟進中央樣式庫, 必然會拖慢開發進程。因此, 你得有意識地判斷哪些元件該放入中央樣式庫、哪些元件則最好置於團隊內部。

12.5.2 中央 vs. 地方

在很多案例中, 要決定元件該放在中央供人人使用、或是放在一個團隊內讓它獨享, 並不會很難判斷：

- 促銷資訊的顏色當然應該是全域的。圖示或輸入框的樣式也應該是全域的。
- 進階樣式像是付款選項框, 或是產品頁的實際排版, 都該由各自團隊來掌控。

但難免還是會有難以判斷的灰色地帶。比如, 篩選器導覽列、產品顯示區塊是否應該歸類為中央元件？我們下面就來檢視一些有助於判斷的角度。

元件複雜度

原子設計方法 (atomic design methodology) 相當熱門, 這套方法使用化學元素週期表中原子、分子和組織 (organisms) 的概念, 來將元件按複雜度分類。這樣的比喻也凸顯出一項事實：大型元件是由較小的元件所組成。圖 12.9 即根據複雜度, 由簡而繁依序列出原子設計方法底下的分類, 從低 (design tokens) 到最高 (功能和頁面)。

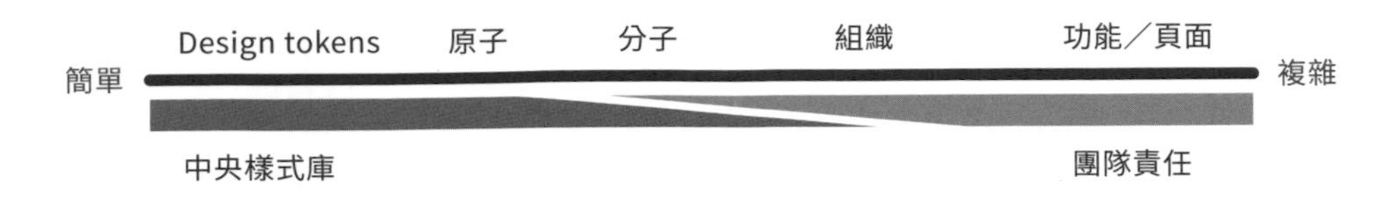

圖 12.9 原子設計方法是依複雜度來規劃設計系統。中央樣式庫應當包含最基本的設計要件 (各 design tokens、原子、分子)。而像是組織、功能或是整個頁面這類較精密的元件, 則應當交由團隊來掌控。分子和組織之間則是模糊界線。

這個量表能完美地搭配元件應該歸屬中央還是地方的問題。一個好的經驗法則是分享簡單的元件, 並將複雜的元件交給團隊掌管。

然而, 此模型在中間存在著模糊地帶。開發人員會對於某個元件究竟該歸類為分子還是組織而爭論不休, 但這些幾乎只會是理論性的空談。況且, 程式複雜度的比較也不是唯一重要因素。下面我們來看一些其他因子。

重複利用的價值

元件的重複利用性是個可靠的評估指標。多個團隊需要用到的元件, 就算複雜度不低, 或許還是可以放到中央樣式庫中, 例如垂直摺疊的標題和輪播效果。

話雖如此, 還是要小心別盲從這個規則。較大型元件的焦點可能會隨時間改變。舉個例子：

促銷團隊使用塊狀的產品顯示元件來呈現推薦商品。決策團隊已經有一個願望清單功能, 使用的是同樣的塊狀顯示元件。起初這個中央元件運作良好, 但隨著時間推移, 兩組團隊的需求出現了分歧。促銷團隊希望元件可以小一點, 好在推薦商品的頁面區塊中呈現更多商品。決策團隊則希望替這個元件添加更多功能以及產品細節。在這樣的情況下, 比較好的選項之一或許是將這個元件移出中央樣式庫, 並交由各團隊去開發自己的版本。另外一個方式則是將塊狀產品顯示元件簡化到最基礎的地步, 並加上預留新功能的空間, 好讓團隊需要時能自行加入功能。

這種衝突是很正常的, 因為沒有人能預見未來。因此你應該定期重新評估決策, 並對於修改決策保持開放態度。

專有領域

符合特定專有領域 (domain) 的元件, 很適合交給團隊掌管。要判別哪些元件屬於專有領域, 你可以回答以下問題:『有哪個團隊會想更改這個元件, 原因又是什麼?』若一個團隊會時常更新某元件來提升自己的業務, 這就是個可靠的指標, 顯示該元件應該放在該團隊內。

過濾器導覽列是個好例子。乍看之下這玩意可能相當簡單, 可是若有個產品團隊的使命是『讓商品更容易被找到』, 該團隊自然會想時常修改此元件。他們會想測試不同參數、收集回饋和改良元件。若把這個元件放在中央樣式庫內, 只是在徒增麻煩、拖累其開發進度並阻礙創新。

相信團隊

前面的三個要點 (複雜度、可重複利用性和是否屬於專有領域) 有助於讓你判斷設計元件該置於何處。別害怕拋開中央控制, 儘管放手讓團隊們擁有並發展特定的元件。

但有時問題不僅僅在於控制。若一個元件不屬於中央樣式庫, 設計師就很難掌握全貌。若要緩解這種問題, 下面我們來看『本地端樣式庫』的概念。

12.5.3 中央和本地端樣式庫

其實一直以來都沒有硬性規定，你一次只能擁有一個設計系統。所謂的**分層設計系統** (tiered design systems) 概念與微前端架構契合得非常完美：概念是用一個中央樣式庫定義基本元件，然後讓其他樣式庫以它為基礎發展，加入團隊內針對特定使用案例的元件。以我們的例子來說，每個團隊都可以有本地端的樣式庫，如圖 12.10 所示。

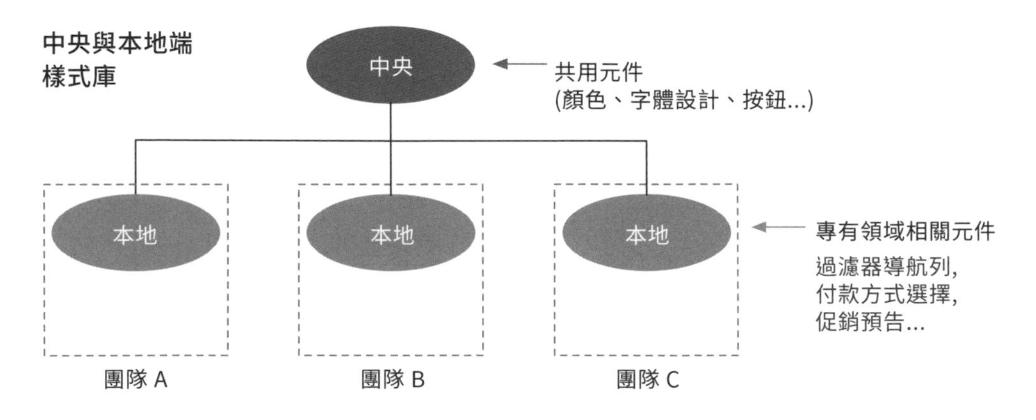

圖 12.10 雙層樣式庫的做法。每個微前端團隊都有自己的本地端樣式庫來開發專有領域的元件。

團隊只能使用自家本地端樣式庫內的元件，但所有團隊都能瀏覽其他團隊的元件目錄。這種可見度是個好開始，有助於發現團隊間不一致之處，並相當有助於展開『中央還是本地端』的討論。

中央及本地端樣式庫，都能使用相同的工具來開發並生成設計系統的文件。熱門工具包括 Storybook、Pattern Lab 以及 UIengine。使用同樣工具的好處是，當你要在中央和本地端樣式庫之間搬移元件時，就會像搬移元件資料夾一樣容易。

現在你已經學習到許多知識，能幫助你實作微前端專案的設計系統。下一章我們將進一步檢視，微前端架構可能會對公司組織帶來的其他影響。

重點摘錄

- 每一個微前端團隊都會開發自己的使用者介面。若提供一套所有團隊都能使用的中央設計系統，有助於讓所有微前端個體提供一致的使用者體驗。
- 共享的設計系統會帶來團隊間的耦合，因為所有團隊都必須採用這套系統，並確保自家技術能夠相容。
- 產品團隊所開發的所以可見功能，都得仰賴設計系統。事後變更設計系統的技術架構會非常麻煩且代價高昂。
- 設計系統的存在，是要幫助產品團隊開發各項功能，並讓成果更具一致性。設計系統本身不會開創價值。
- 設計系統的開發是持續的過程。確保有妥善維護，別讓它過時了——避免設計系統殭屍化。
- 當各團隊的要求的變更超過了中央設計團隊的負荷時，設計系統就會成為瓶頸所在，導致產品團隊可能需要等待並延後新功能的開發時程。
- 你可以採用聯合模型來開發設計系統，讓每個團隊內的開發人員和設計師都為設計系統出一份力，並讓一個小的核心團隊來為品質把關和掌控一致性。這種模型易於擴大作業規模，也符合微前端的原則。
- 中央和聯合的開發模型並非互斥，而是可以靈活地相互搭配。

- 將樣式庫和專案整合有兩個方式：在執行期間整合，或者發佈附有版本號的套件。

- 執行期間整合是設計系統團隊直接將系統部署到正式環境，所有產品團隊都必須使用最新版本。這個模式大大拖累了團隊自主性，因為團隊無法保證自家軟體永遠能正確運作。

- 透過帶版本號的套件來整合，讓產品團隊得以按自己的步調來升級樣式庫。團隊的微前端個體能夠自給自足，因為它在執行期間不會有外部的相依套件。

- 樣式庫能夠以不同的格式來發布元件，像是純 CSS 或是針對特定框架等等。這些格式和團隊所使用的技術息息相關。某些格式無法在伺服器端作用，某些格式則需要所有團隊使用相同的 JavaScript 框架。

- 前端工具和函式庫會隨著時間推陳出新。打造設計系統時要考慮到這點；設法讓設計系統能輕易適應日後的各種變化。

- 在團隊間共享元件是有成本的，因為標準會提高。中央樣式庫應該包含基本建構元件，而較複雜和屬於特定專有領域的元件，則應該交給有需求的團隊在本地端使用。

- 產品團隊可以有自己的本地端樣式庫，列出該團隊擁有的所有元件，並可被其他團隊瀏覽。這樣有助於設計師和開發人員掌握全貌、找到不一致之處並展開討論。

CHAPTER

13

以 Ajax 整合區塊並使用伺服器端路由

本章重點提要

- 調整團隊結構好將微前端架構的優勢最大化
- 促進團隊間的良好知識共享
- 指出常見的橫切關注點 (cross-cutting concerns), 並點出不同的處理策略
- 展示多樣化技術環境可能帶來的諸多挑戰
- 幫助新團隊快速準備就緒

我們在這整本書都著重在微前端的技術面向。各位已經學習到多種能整合個別使用者介面、建構成一整個大網站的技術，此外也討論了多種策略來緩解架構上與生俱來的問題，像是效能和如何提供無縫的使用者介面等等。但我們到底是為何要介紹這些呢？

是沒錯 —— 微前端架構有技術上的好處。和單體式應用程式相比，規模較小的微前端專案在建置、測試、理解跟重建時都比較容易。此外，能夠在產品的不同區域使用不同的前後端技術，也是極具價值的特點。但微前端架構能帶來最為顯著的優勢，事實上是在**組織方面**。微前端架構能夠實現平行開發，而且賦予各團隊握有實權，能夠在局部做決策，也能加快創新的腳步。

你可能已經注意到，我在這本書頻繁使用**團隊**一詞，而如果我沒計算錯誤，團隊一詞在本書 (原文版) 出現了 1723 次。這絕非偶然，也不是因為詞窮。在大部分情境中，用『前端技術』或『軟體系統』等字眼來理解本書所描述的技術，是完全沒有問題的，可是**微前端的重點不在軟體，而是軟體設計及開發人員**。

我前面提過許多聰明人在他們的企業成功導入微前端架構的案例。在所有案例中，採用微前端架構都是出於組織方面的動機，而非技術誘因 —— 設立獨立和穩健的團隊，並賦與這些團隊權限，讓他們能夠自行開發並改善產品的特定部分。

所以本章將探討這個部分：為了完整發揮微前端架構的潛能，你應該要做哪些組織及文化上的變革？你如何應付橫切關注點 (cross-cutting concerns，一個跨越多重模組的行為)，而不至於讓每個團隊都閉門造車、從頭來過？最後，我們會檢視技術多樣性的主題，意即團隊在挑選自己的前後端技術時，應該擁有多少程度的自由。

下面我們就先從一點理論來切入。

13.1 調整系統與團隊

如果你先前接觸過微服務的概念，可能有聽過康威定律 (Conway's Law)。電腦程式設計師馬爾文・康威 (Melvin Conway) 在 1960 年代提出一項假說：一個組織的溝通結構會反映在其所創建的技術系統上。這是在說，如果你將一項產品交由**單一一個**團隊開發，所產出的成果可能是偏向單體式的系統。若將相同的任務分配給**四組**團隊來開發，則可能得到較為模組化的解決方案。

讓組織結構及其技術系統結構保持同步的重要性，在現代軟體開發中得到廣泛認同，且也有相當充分的研究佐證。根據 2004 年出版的書籍『敏捷軟體開發的組織模式』(Organizational Patterns of Agile Software Development)，作者 James O. Coplien 和 Neil Harrison 提到：**『假若一個組織的某些部分（像是團隊、部門或是分部）沒有密切反映出產品的重要部分，專案就會陷入麻煩...因此務必要確保組織架構和產品架構能相容。』**

對微前端架構來說，這代表團隊邊界應該與產品的垂直應用程式邊界一致，如圖 13.1 所示：

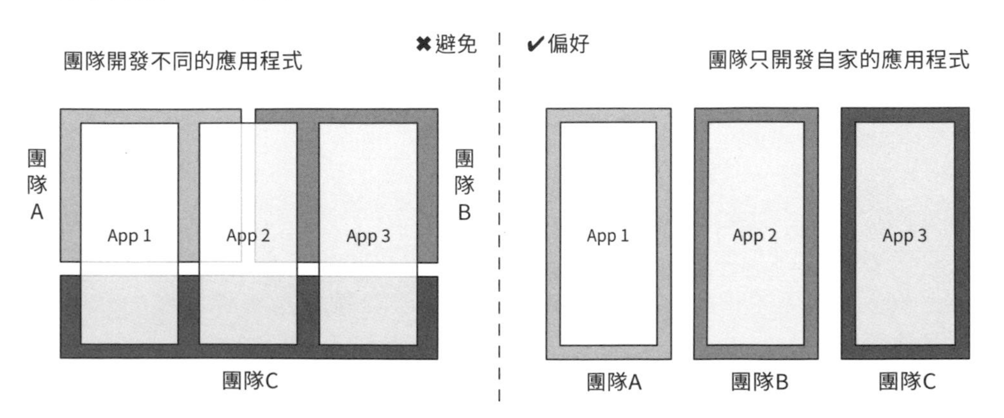

圖 13.1 團隊架構與軟體架構應保持一致。由一個團隊經手數個應用程式，或甚至更糟糕的是讓多個團隊來開發同一個應用程式，都會引來問題。讓一組團隊只負責一個應用程式，這種架構可能會更為有效。

13.1.1 界定團隊邊界

現在我們已經理解，團隊和軟體架構應該維持一致。但我們要如何找出合適的架構，有益於我們所要創造的產品？如何界定良好的邊界？以下三種方法有助於解決這些問題。

領域驅動設計 (Domain-Driven Design, DDD)

領域驅動設計是軟體架構的熱門方法。當專案規模大到某個程度時，要建立一致的模型就甚為困難。領域驅動設計針對這種複雜度提出一套設計樣式，設立較小的子模型、並明訂它們彼此之間的關係。

領域驅動設計提供了一系列概念與工具，來辨識和劃分專案中的不同部分。它引入一個概念：**共通語言** (ubiquitous language)，用來分析公司內不同專家跟部門所使用的語言。只要分析用詞的差異，便能辨識出領域驅動設計的其中一個核心概念 —— **界限上下文** (bounded context)。你能將界限上下文視為一組彼此有關連的商業流程，包含不相同但可能緊密相關的子主題，例如出貨和付款。

我們在本書不會太深入介紹領域驅動設計，但若你有興趣的話，外頭多得是精彩內容可以參考。總之，界限上下文是用來劃定微前端應用程式和團隊的絕佳選項。

以使用者為中心的設計

我們先暫時別管 IT 面向，改從產品管理的角度來著眼。產品設計中的關鍵任務之一，便是精確定位出使用者需求。而在日常業務中，你很容易在改進現有產品的過程中誤入歧途。若要和顧客建立長遠的關係，就務必了解他們的真實動機。當顧客找上我們時，想要獲得什麼？我們如何幫顧客解決難題？

設計思維 (design thinking) 和待完成工作 (jobs to be done) 等技巧，提供了可靠的心智模型來推敲使用者動機。已故的經濟學家列維特 (Theodore Levitt) 曾說：『人們其實不是想購買一個 1/4 吋的鑽頭，他們要的是一個 1/4 吋的孔洞！』這凸顯出當前產品功能和顧客需求的差異。依據客戶需求來建構你的團隊和系統，也可能是個可用的選項。這樣一來，團隊就很清楚他們的目標是聚焦在使用者身上。

在這本書的拖曳機模型商店範例中，我們就根據客戶的一般購買流程來架構團隊和系統。使用者會經歷不同階段，像是『瀏覽網站尋找感興趣的產品』(促銷團隊),『考慮是否該買特定產品』(決策團隊)，最後『採取一切必要步驟以購買喜歡的產品』(結帳團隊) 。在這三個階段中，顧客的需求都不一樣，所以可以由個別團隊來處理這些需求。

這些階段和需求也可以應用在其他業務領域中。我們來看另外一個例子：假設你有間公司在販賣智慧燈泡及感測器這些物聯網設備，你可能會先經歷的階段是『我需要購買哪些設備？』，再來會疑問『我如何設定它們？』，接著進展到第三個階段，所有設備都在運行中、使用者也想跟設備互動，像是檢查感測讀數或切換燈光。當你架構軟體時，可以參考上述三個階段來設計。它們沒有太多重疊之處，而且面臨的使用者需求也彼此大不同。

檢視現有頁面結構

另一個更直接的界定邊界辦法，是檢視當前專案的頁面結構。如果你已經有個運作良好的商業模型，就適用於這種方法。你可以將所有頁面類型列印在一張紙上，並集結一群老資歷的員工，請他們根據直覺為這些頁面分組。

在大部分情況下，一個頁面就代表一個特定的使用案例，或是使用者必須完成的一項任務。用頁面分組並非無懈可擊的方案——某些頁面可能有不只一個用途。這時你可以複印頁面，用剪刀裁下頁面的不同區塊。這些裁剪出來的部分，都可以考慮轉為微前端的頁面區塊。這是個絕佳的入門方法，讓你之後可以展開更多深入討論。要是你已經設過群組，你可以嘗試用以上方式蒐集分析數據，來驗證你之前的分組假設——頁面的使用模式是否與頁面分組一致？

現在我們已經了解如何選定團隊架構，接著我們來探討團隊內該有哪些成員。

13.1.2 團隊深度

本書介紹的整合技巧全部都跟前端相關，但微前端架構並不僅限於前端。事實上，當微前端的範疇涵蓋全端時，才會完全發揮出其潛能。圖13.2 列出不同的整合深度及其潛在益處。

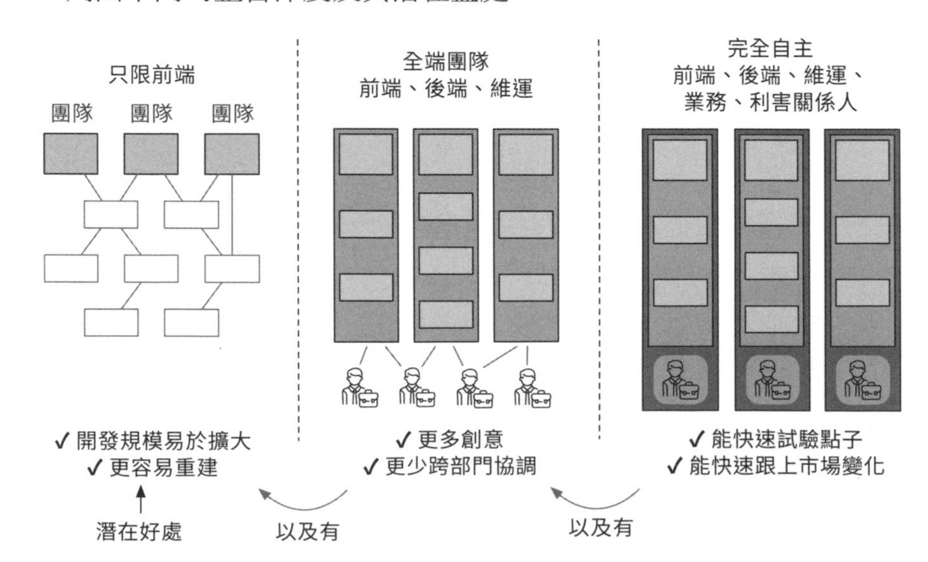

圖13.2　微前端團隊可以僅侷限於開發前端 (圖左)。不過，若加入像是後端及維運等更多領域到團隊中 (圖中央)，就比較容易一次到位交付功能。理想的團隊也會包含業務專家及利害關係人 (圖右)。這樣一來，便能在本地端做所有決策、為顧客創造價值。

我們接著更仔細地來檢視圖 13.2 所描述的三種途徑。

只限前端

在這個模式下，你已經擁有一個後端，可能是單體式或微服務式的。垂直的微前端團隊會居於後端之上。如果是微服務架構，每個前端可能都會有自己的專屬後端 (稱為 backend for frontends, BFF)，來與微服務溝通。

和單體式、單頁面的應用程式相比，這個方法具有一些實質益處：

- **開發規模易於擴大：**這時便可套用到我們在第一章提到的兩個披薩團隊規則：要是你能找出良好的邊界，與其讓一個有 15 人的團隊開發一個大型專案，把他們分成三組各 5 人來負責軟體中專門的部分，反而更有效率。這樣對於開發者來說，他們也比較能掌握自己所負責的部分。此外若你已經建構了個有三個團隊的微前端架構時，你就能直接設立第四個團隊來開發應用程式的新部分，也不需要花什麼力氣就能將新的微前端個體整合到現有應用程式。
- **重建更為容易：**在微前端架構下，想將現有的微前端個體翻新就是直接了當的任務。你不必考慮整個應用程式，每個團隊能獨立升級和重建。不需要把全部人一起拉下水、不成功便成仁地大升級。

全端團隊

在這個模式下，我們讓微前端團隊跨到後端，現在每個團隊都會來自前端、後端、維運或資料科學領域的開發人員。我們組成的是個跨職能團隊，囊括了資料庫及使用者介面方面的專業能力。以下是全端團隊途徑的好處：

- **更多創意：**跨職能團隊結合了來自不同背景的專才，為同一個問題提供不同觀點。這樣的多樣性可以帶來更好且更具創意的解決方案。

- **更少跨部門協調：**全端團隊模式最為顯著的優點，就是得以減少等待時間。所有功能都可以在團隊邊界內完成，不需要徵召其他團隊。這樣的自主性去除了需要與其他團隊開會、訂出正式需求的場合和得決定全域問題處理的優先順序。

當然，當你走向這種高度去耦合的模型，不免會帶來一些獨特的挑戰：諸如，要是沒有共享的服務，團隊之間如何在後端共享資料？常見的解決方法是接受資料冗餘的情況，非同步地自其他系統複製資料。我們已經在本書第 6 章討論過不同的技術解決方案來建構這種途徑。

完全自主

我們可以更進一步，也將業務領域專家及業務人員納入團隊。在大部分的公司內，這些專才通常都隸屬於法務、行銷、風險管理、客服、物流、控管等部門，這些部門會提出需求來讓資訊部門實作。要打破這種傳統邊界、將這些專才挪到更貼近開發團隊的位置，並不是簡單的事。這是個緩慢的轉型過程，也必須得到組織高層的鼓勵。

開發團隊中若是直接具有行銷、法務或是客服專才存在，可以進一步解鎖更多好處：

- **能快速試驗點子：**將以往提出正式需求及安排優先排序的流程，轉變成能在現場直接交流想法，這有助於改善產品。以下是個小規模實例：在我參與的的上一個專案，結帳系統開發團隊邀請了客服人員來參與衝刺收尾會議。當開發人員展示新的折價券系統時，有個客服人員就打斷報告，說舊顧客經常被一個問題困擾，也就是最低訂購金額，特別是購物車內的商品總額只比最低結帳金額低差一點點的時候。於是, 大家在這場會議中想出了一個方法, 來放寬最低結帳金額的限制, 那就是名義上將最低訂購金額訂為 20 美元, 但實際上只要達到 18 美元, 訂單也仍能成立。這個在軟體上微不足道的調整, 大大提升了顧客滿意度, 客服人員接到的協助請求電話變少了, 企業形象也變好。以上可見, 這些想法及變革其實能帶來很大的差異。

- **能快速跟上市場變化：**數位服務市場和你的使用者的期待都會快速變化。新的支付方式、與社交平台的整合、以及溝通管道會不斷推陳出新。當負責制定策略性決策的所有必要人員都在同一個團隊內時, 你就能更快跟上改變。

經驗法則是, 若你讓垂直團隊越深入到組織中, 這些團隊的工作品質和效率可能會越好。若你想更深入了解這個主題, 一個好的開始是『敏捷流暢度模型』(Agile Fluency Model) —— 它描述了敏捷團隊可以達成的 4 種流暢度區間。第一個區間為專注 (focusing), 這個區間內的團隊採用基本的敏捷慣例如 scrum 來改善作業。走全端團隊途徑的微前端架構符合第二個區間：交付 (delivering), 而完全自主途徑則可對應到第三個敏捷區間：最佳化 (optimizing)。

開發團隊也可以純粹基於技術原因, 決定採用什麼樣的微前端架構。但無論如何, 要將敏捷流暢度模型涵蓋到整個開發團隊、甚至是整個組織, 都會是很大的管理風險。以下我們就來簡短介紹, 套用這個模型所帶來的公司文化變遷。

13.1.3 公司文化變遷

垂直的團隊架構, 對於以使用者為中心的文化來說也是絕配：每個團隊等於是直接交付產品給使用者。新創公司通常一開始就具備這種思維, 因此在擴張新創公司時, 採用垂直結構就感覺再自然不過。

至於大型傳統組織，要轉換到垂直結構就較難了。他們思考的往往是短期專案而不是長期產品。此外，若要能順利實施這種架構，所有權 (ownership) 的概念可是至關重要的。你會希望各團隊能夠對他們創造的產品產生認同、進而改進產品來對使用者產生更多價值。因此，團隊應該被賦予權力做決策、實驗和從失敗中學習。傳統的階層和部門結構可能會構成阻礙。我個人認為，若要讓微前端式的架構充分發揮價值，先決條件便是採用基於敏捷價值的開放文化。

13.2 知識共享

跨職能團隊的架構，改善了業務領域內的垂直溝通。這個模型有助於讓我們聚焦在使用者身上，但也帶來了挑戰，像是如何避免每個團隊都閉門造車？

是沒錯 —— 這些團隊的大部分作業並不相同。即使是開發人員，負責開發快速載入頁面的團隊所面臨的挑戰，也不會跟設計全球通用的註冊表格的團隊一樣。然而，這些團隊仍會有共享的難題：哪種軟體自動化測試的策略才合適？怎麼應付應用程式內的狀態值才好？或者，你碰上一個詭異的問題，其他團隊有人遇到過嗎？

這邊舉一個缺乏跨團隊溝通的真實案例。在我以前的一個專案中，我們有 5 個團隊協力開發一個電子商務商店，由來自三間軟體公司的人員組成。半年過去，另外某間公司的一名員工在漢堡舉行的論壇上演講，主題是 Node.js 效能的偵錯。我出於好奇心過去旁聽。他在講台上提到，他過去數週都在想辦法釐清一個奇怪的問題，他也堅信問題出在自己團隊的應用程式原始碼中。聽到他描述的問題，我馬上就認出來，因為我在自己團隊的應用程式中也遇到非常相似的狀況。我在演講後找他談，並分享我們的發現，結果真相大白 —— 問題出在託管應用程式的基礎設施上。

但我們非得在公開論壇上碰面，才能找出問題，這實在不是理想狀況。要是能早點討論,雙方都可以省下很多時間和糾結。

13.2.1 實踐社群

實踐社群 (community of practice, CoP) 的概念於 1990 年代初期成形，它描述了如何跨團隊傳播知識的多種方式。實踐社群是由一群共享技術或專業能力的人士所組成；就我們的範例而言，所有參與前端開發的人都可以被歸為同一個實踐社群的成員。這些團體會創建自己的溝通管道，好針對特定技術交換資訊、請求協助或分享所學。

音樂串流平台 Spotify 最出名的地方之一，就是採行敏捷且專注於團隊的組織架構。他們也組織了全功能的垂直團隊。Spotify 將稱為公會 (Guild) 的實踐社群加以制度化，好讓隸屬不同團隊但興趣相同的員工能進行知識交流。圖 13.3 便列出了數個公會 —— 相對於垂直組織架構，公會是水平的溝通管道。

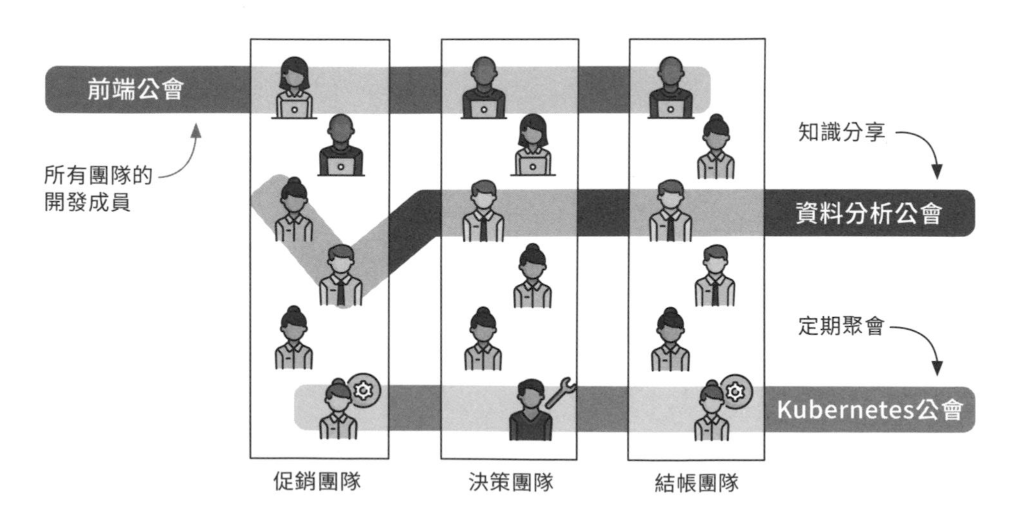

圖 13.3 公會創造了一個空間，讓隸屬於不同團隊、具備相同興趣或專業的成員相聚一堂，其首要目地是知識交流。

公會通常會有專門的溝通管道, 像是 Slack 群組, 好讓公會所有成員定期聚會。在我參與過的專案中, 公會每週或每兩週會召開簡短的視訊會議, 討論最近發生的問題。公會也會不時安排較長的實體出席工作坊, 以便更深入探討特定的主題。我參與過的專案中, 較典型的公會有前端、後端、UX/設計、資料分析、基礎設施、資料科學、教育、安全及宏觀架構。

13.2.2 學習及賦能

擁有一個能無懈可擊打理好前後端需求的跨職能團隊, 聽起來著實很美好。但你在實務上是幾乎不可能召集到一組人馬, 不僅能開發客戶功能, 而且還能應付所有非功能需求如效能、安全或測試。一個團隊居然得滿足這麼多期待, 著實也是挺嚇人的。

在某些領域, 雲端託管等技術的發展能夠幫助到我們。團隊可以將管理實體硬體的任務轉交給雲端業者。這些服務也讓『客戶自建自營』(即 "You build it, you run it!") 的做法變得更為實際。

但並非所有議題都有辦法這樣解決。學習與提升技能是組成跨職能團隊時不可或缺的一部分；讓每個團隊都了解並認可各自的強項和缺點, 就可以加快學習進程。在這方面而言, 實踐社群可以扮演教育上的核心角色。團隊 A 一名具備資料分析專長的開發人員, 可以教導其他公會成員和幫他們提升技能。對於某些議題, 你也可以考慮聘請外部教師來給公會上課。

13.2.3 展示工作成果

另一種資訊交流的方法是展示你團隊的成果。這樣一來, 團隊們會知道其他團隊在開發什麼。這能以實際登台做簡報的方式進行, 讓所有團隊展示過去一個月的工作和學習成果。但這也可以包裝成小型的內部部落格文章。

有鑒於每個團隊的負責領域不同，報告的內容通常不會對其他團隊帶來直接利益。不過，它們還是有可能創造一些機會，像是：『等等，促銷團隊不是也用 Apache Spark 開發了一項功能？我們先問問他們的看法』。這類交流也能強化團隊凝聚力，避免團隊之間水火不容。

13.3 橫切關注點

讓我們再更深入來探討以上的橫切關注點。公會這類慣例的確有助於知識傳播，但我們來看一些實際範例，好了解如何處理常見的議題。

13.3.1 中央基礎設施

某些橫切關注點需要特定的基礎設施。像是版本控制系統、持續交付管線、資料分析、儀表板、監控、錯誤追蹤、託管服務的設置，以及像是負載平衡器這類共享服務。每個團隊都可以自行做選擇。然而，這些都是專業軟體專案得考量到的常見議題。讓每個團隊各自想出一個解決方案，可能並不是運用他們時間的最佳方法。

在這種時候，一個好點子是創立一組共享的基礎設施。下面就來看幾種不同的規劃方法。

軟體即服務 (Software as a Service, SaaS)

就現成產品而言，最簡單的方式往往是採用現成方案，像是拿 Amazon 的 AWS 服務作為基礎設施，並使用 GitLab 打造版本控制及部署管線。使用標準化的服務不會帶來團隊間的耦合，所有團隊都直接跟服務提供者溝通。你得確保每個團隊都有自己的子帳號，或是設立明確的命名空間，以避免存取衝突。而若某個團隊有強烈的動機要切換到另外一個服務提供商，也不應該要有技術包袱。

但有些時候採用 SaaS 解決方案是行不通的，原因可能是在於價格昂貴，或是功能上的缺乏。如果你必須自行營運某個基礎設施元件，而這個元件又是所有團隊都能共用的，你這時有兩個選項：一是將元件交由其中數個產品團隊掌管，二是設立一個專門團隊來管理基礎設施 (見下)。

交由產品團隊掌管

在這個模型中，數個產品團隊會負責管理自行託管的中央服務。團隊 A 可能負責設置、運行以及維護共享的負載平衡器，團隊 B 則可能開一個私有 NPM 登錄服務給所有團隊使用。關鍵在於將權責劃分清楚，好確保這些服務有人照應，此外既然各項服務被分配給各團隊，每個團隊的負擔都會比較輕。

如果自行託管的服務不會太多，且這些服務都很好維護的話，這個模式便能夠良好運作。

> **⚠ 注意** 只分享通用的基礎設施元件，避免用這個方式共享商業邏輯，因為這會造成耦合，並且削弱團隊自主性。

專門的中央基礎設施團隊

如果上述方法行不通, 可以考慮創立一個專門的基礎設施團隊 (見下小節), 負責管理所有共享基礎設施的大小事。但這個團隊不符合我們原本以顧客為中心的垂直架構, 反而有可能變成阻礙產品功能開發的瓶頸。

13.3.2 專門的元件團隊

有些情況下, 你找不到能符合手頭需求的託管服務或開源解決方案, 這時元件團隊 (component teams) 的概念就派上用場了。Spotify 將這種團隊稱為基礎設施小隊 (infrastructure squads)。

假設不同的產品團隊需要銜接到一個舊的 ERP 系統, 而這套舊系統不支援現代的 API。這時若成立一個專責團隊來開發中介服務或抽象介面函式庫, 或許就能替產品團隊省去許多時間。元件團隊的另外一個範例是中央設計系統團隊, 我們在先前的第 12 章有介紹過。

元件團隊不提供直接價值, 他們存在的目的是讓產品團隊可以更快採取行動。由於設立元件團隊會帶來摩擦和增加團隊間的依賴度, 你對於這種做法應當審慎考慮。以下兩個問題可以幫你決定是否該使用元件團隊：

- 這個團隊提供的服務, 是否有許多團隊需要用到？
- 建置這項服務是否需要特殊專業知識, 但這種知識在產品團隊中不存在？

如果以上問題有一個以上的答案是肯定的, 你就值得思考是否該設立一個元件團隊。

13.3.3 全域協議及規範

並非所有橫切關注點都會以共享的服務或是函式庫形式呈現；通常它們就只是所有團隊會遵循的協議罷了。對於貨幣表達格式、國際化、搜尋引擎最佳化或是語言偵測的議題，有一份中央文件就往往已經足夠。所有團隊會遵從全域協議，並在自己的應用程式中實作。沒錯，這樣可能會產生冗餘程式碼，但對於非關鍵或是不常變更的項目，這樣通常是最有效率的方式。

13.4 技術多樣性

微前端架構讓每個團隊能挑選和變更自己使用的前後端技術，我們已經在之前的章節討論過這個做法的益處。但可以這麼做**並不代表**你一定要使用多樣性的技術。手動挑選技術這件事也會是個負擔 —— 下面我們便來介紹一些技巧，幫助您更容易做出這些決策。

13.4.1 工具箱和預設值

工具箱的概念藉由提供一個已經受過檢視的技術清單，來明確地限制可用的技術。工具箱是專案或公司層級的全域文件，其內容可能會寫著：後端語言得使用 Java 或 Scala，關聯式資料庫選用 PostgreSQL，前端系統建置時則應使用 Webpack。

工具箱應該是份指引，而非不可違背的鐵則。如果團隊有足夠的理由來偏離規範，他們就應當能夠這麼做。對大部分團隊來說，工具箱代表的是合理的預設選項。你需要一個端對端的測試框架嗎？我們先打開工具箱，來看其他團隊之前都怎麼做。

由於科技不斷演變，工具箱必須是個定期更新的活文件，加入已知有價值的新技術、或是汰換掉過時的技術。

13.4.2 前端藍圖

當一個新團隊剛起步時，需要做許多設定、建立基本的應用程式和建置過程，以及完成其他繁瑣的作業，才能正式投入生產力。在我自己參與過的專案中，我們曾使用共享前端藍圖 (shared frontend blueprint) 來減輕這個痛苦過程；前端藍圖是個範例專案，包含有開發微前端應用程式時該有的所有重要面向。這些面向可以概分為兩類，技術及專案特定面向：

技術面向

- 目錄結構
- 測試 (單元、端對端)
- Linting 及格式規範
- 程式碼格式化規範
- API 溝通
- 效能最佳實踐 (最佳化檔案)
- 建置工具配置

這些都是必須考慮的項目，但並不是很有趣。大部分主要的JavaScript框架都具備一個鷹架 (scaffolding) 工具，能為您生成範例專案。但現成的前端設置，是不足以讓團隊平步青雲的。

專案特定面向

你的前端需要與其他團隊的前端整合，而且必須遵守高階架構方針。新的前端專案必須也能兼顧專案特定的面向，這便是為何我們的前端藍圖也包含以下內容：

- 微前端組成範例
  - 包含另一個微前端個體
  - 提供一個可被嵌入的微前端
- 溝通範例
- 用於 CSS 和 URL 的團隊前綴詞
- 記錄微前端個體用的文件範本
- 與中央樣式庫的整合
- 局部樣式庫的設定
- 錯誤追蹤或資料分析等共享服務的整合
- CI/CD 管線

新團隊會複製前端藍圖到自己的專案，並視需求調整。基於現成的專案去做建置可以大大節省設置時間。但對我們而言，前端藍圖還有另一個更為重要的角色：它其實是宏架構決策的參考實作。前端藍圖包含了整合樣式及溝通策略等的可用範例，而所有開發人員藉由觀看這套範例在真實應用程式中實際執行的樣子，就得以了解高階的主題。

非強制性

團隊並不會被強迫照原樣使用前端藍圖，甚至完全不使用也行。團隊可以依需求來自由調整。前端藍圖顯然不是一套共享的正式程式碼庫，因為你的前端應用程式是建立在前端藍圖的副本之上，更動藍圖不會影響到現存的微前端個體。開發人員能透過前端公會來交流、改善前端藍圖。如果某項改良對某個團隊大有益處，團隊就可以檢視這個變更，並手動套用到自己的專案內。

13.4.3 別害怕複製貼上

如同你在前端藍圖中所看到的，從其它應用程式複製程式碼來貼上，在開發上往往是個好辦法。在面對簡單的日常問題時，這是一個簡單的解決方案，能確保團隊依舊握有自主權。例如，你可以從別的團隊拷貝一個 15 行的貨幣格式化演算法 —— 這個算法並不是永遠不會改變，但不太可能每個月都變，而且也很好理解。

我們身為開發人員，總是傾向找出並消除重複的程式碼。但這樣的刪減是會付出代價的，特別是你試圖跨團隊來將套件中心化時。維護一個由 6 個團隊共享的函示庫，可不是簡單之舉，這會需要大量討論、等待，也會帶來許多傷腦筋的時刻。

對於較大的使用案例，程式碼重複帶來的衝擊可能會更大。很典型的一個例子是中央樣式庫，你不會希望每次變更時都要複製貼上。你可能會有其他想共享的程式碼，比如能跟老舊系統溝通的函式庫。透過有版本控制的函式庫來分享這些程式碼，確實有可能行得通，但這應該是出於有意而做出的決定，並搭配足夠程度的付出。

當我在和別人討論這件事時，我發現以下這句話有助於建立正確的心態：『只有在你願意將它作為成功的 (內部) 開源專案時，才應該這麼做。』共享函式庫可能為組織帶來的額外負擔，千萬別低估了。

13.4.4 相似性的價值

在我參與過的專案中，團隊通常都選擇相似的程式語言和框架來開發應用程式。和鄰居使用相同技術有一些好處，像是更容易共享最佳做法。想換團隊的開發人員可以快速上手。同樣重要的是，開發人員能直接瀏覽其他團隊的 Git 儲存庫，看看別人是如何解決特定問題的。

工具箱及藍圖這類產物，有助於推動共享的技術方向。要如何在相似性和自由之間找到對的平衡點，這從來就不是件容易的事，通常也是技術論戰的討論主軸。但你可以採取業務角度、甚至是使用者觀點來幫你聚焦。像是若以 Haskell 取代 Scala，是否能夠大幅改善產品？

重點摘錄

- 如何運營一個成功的微前端架構，並不是出於技術決策。團隊結構應與軟體系統維持一致，好發揮出最大效力。
- 有不同方法能用來找出團隊及系統邊界。領域驅動設計 (DDD) 提供多種工具，像是分析專家語言，你可藉此來識別功能群組。限界上下文 (bounded contexts) 是組織微前端團隊的好選項。
- 根據使用者需求來組織團隊會是個好模式。藉由設計思維和待辦事項這類技巧，有助於分離出這些使用案例。
- 現存網頁的頁面結構，其實就已經是團隊界限的一項良好指標。『這個頁面的功能是什麼？』這個問題能讓你區分功能群組。
- 你應當只在對於前端有技術好處的地方使用微前端個體，像是能夠平行作業及重建更為容易。若將微前端套用到前後端開發，或更近一步延伸到納入投資人及業務專家，則可以解鎖更多好處，比如更快的開發速度，及更能聚焦在客戶身上。垂直的團隊結構能完美對應到敏捷流暢度模型的上層階段。

- 垂直架構改善了團隊範圍內交付功能的方式。若加入實踐社群或公會這類水平團體，則有助於知識傳遞。

- 通常使用共享的基礎設施能夠提高效率，甚至是基於情況而不得不如此。使用 AWS 這類 SaaS 方案會是個良好選項，且不會造成團隊之間的耦合。但某些時候 SaaS 模式並不符合需求，那麼你就需要自行託管。你可以將管理基礎設施元件的責任分攤給各產品團隊，另一個選項則是設立專門的基礎設施團隊，但後者並不太能融入垂直架構。

- 既然微前端個體是去耦合的，每個團隊都可以自由選擇想使用的前後端技術。共享的工具箱或是中央藍圖都有助於推動共同的技術方向，也能確保在需要時仍保有創新和實驗的空間。

MEMO

CHAPTER

14

系統遷移、本地開發及測試

本章重點提要

- 如何將單體式應用程式遷移到微前端架構
- 如何打造一個本地開發環境，並來檢視模擬微前端環境的技術，好確保開發獨立性
- 如何在微前端架構中實作自動化測試

微前端並非大多數企業一開始就採用的架構，而是當他們的舊有架構無法滿足新需求，比如團隊人數增加或對某些新功能有高度需求時，才會轉移到微前端架構。若你是需要快速成長的新創企業，一開始就採用微前端架構可能是好主意；不過，較大型的企業之所以會使用微前端架構，通常是要拿來取代儘管仍能運作、但已經太過緩慢或難以維護的單體式架構應用程式。如果你也面臨同樣的遷移需求，那麼本章節將介紹一些良好的移轉策略，以便對你有所助益。

本章的第二部分，則會進一步檢視開發人員在微前端專案中的日常作息。每個團隊都只負責開發完整應用程式中的一部分，而要在本地端開發一項功能、卻沒法看到這項功能跟整個軟體整合起來的樣子，一開始的確會感覺很怪。各位在以下將學到一些技巧，能讓本地端開發和測試變得更容易。

14.1 遷移

將一個重大的專案從一個架構移轉到另一個架構，是件很可怕、通常也代價很高昂的差事。你可以選擇走不同的遷移途徑，但每條路都有其利弊。接下來的篇幅，我們將討論遷移到微前端架構的 3 種方式。本章並非軟體遷移的權威指南 —— 市面上已有許多出版品介紹了在遷移大型專案時所需考量的重要環節。反而，我們只會聚焦在跟微前端有關的面向。

若要設立遷移的目標及估算成本，重點在於得對遷移作業的複雜度和所需花費的工夫有比較實際的概念。但要是團隊沒有目標架構的相關經驗，便很難取得合理的預估值。透過沙盒專案來測試技術，有助於釐清事情，而本書中的範例可以當成這些試驗的良好起點。

微前端的使用者介面會整合各種技術, 而這些都是漸進式遷移的重要資產。微前端典範以及其前端整合技術, 很適合用來建構和整合出一個概念驗證專案, 甚至還可以拿來驗證你的正式應用程式。因此在介紹遷移策略之前, 我們先來進一步了解這個概念驗證的點子。

14.1.1 概念驗證及建造一座燈塔

若要測試微前端架構, 你可以把單一個功能打造成一個端對端系統, 並將這個功能整合到現有應用程式中, 如圖14.1所示。

打造『燈塔』: 概念驗證的架構

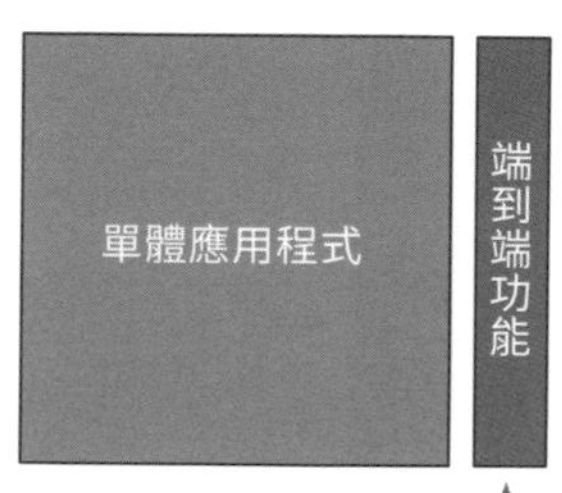

圖 14.1 為了測試微前端架構, 你可以將新功能打造成一個專門的應用程式, 它擁有自己的狀態, 但也包含相關的使用者介面, 與現有的單體式應用程式分開。負責這個新功能的團隊可以試用不同的技術來開發 (圖左)。稍後, 則可設立一個前端整合機制, 好讓新應用程式能和舊有的單體式應用程式整合 (圖右)。前端整合可以是很簡單的跨應用程式超連結, 但取決於你自己的架構抉擇, 也可以用前端代理或應用程式殼層這類比較複雜的方式。

真實世界案例

我們來看個具體案例。拖曳機模型公司的競爭對手 Miniature Farming Industries 有一個單體式電子商務商店, 但這個商店表現不佳, 因此該公司考慮轉移到微前端架構。為了試水溫且避免浪費時間, 他們決定先拿一個已經排定要開發的功能下手, 將之打造成微前端應用程式。

Miniature Farming Industries 組織了一個新專責團隊, 來開發願望清單這項新功能。這個新功能主要面向客戶的部分是『願望清單總覽頁面』, 也就是讓使用者可以在這個頁面檢視並管理那些加入最愛的商品。此外, 當使用者點按產品區塊上的愛心符號時, 應該也要能將商品加入願望清單。新團隊會負責打造願望清單頁面以及加入願望清單按鈕的功能。

至於願望清單頁的標頭和頁腳, 則應該和商店的其餘頁面一樣。既然新團隊不想複製標頭和頁腳, 他們決定將這兩個部分以頁面區塊的形式整合到新功能中。若要實現這一點, 現有單體式應用程式的開發團隊就必須將標頭和頁腳做成獨立微前端個體。另一方面, 願望清單的負責團隊則將加入願望清單的按鈕作成頁面區塊, 以便加入到現有單體應用程式的每個產品區塊上。

這些團隊因此必須建立一套共享的整合機制, 他們選擇用 SSI 來做伺服器端整合。因此, 他們安裝了一個 Nginx 伺服器, 作為兩套應用程式的前端代理。這個伺服器有兩項任務：路由及整合。所有路徑開頭為 /wishlist 的請求, 都會被導向新的應用程式, 其餘請求則會被導向舊有的單體式應用程式。這個網路伺服器也會負責整合, 將願望清單頁面的標頭 / 頁腳的 SSI 指令置換成舊應用程式的 HTML。

以上差不多就是所有的整合要件了 —— 好吧, 其實不僅於此。兩組團隊也需要處理一些相關議題, 比如前端開發人員得重構兩套系統的 CSS, 確保新舊應用程式的樣式不會互相搶鋒頭。後端開發人員則必須開發匯入功能, 好載入必要的產品資料, 如圖片、名稱及售價等, 以確保新系統有自己的資料儲存區, 在執行期間無需依賴舊系統。

典範

如果一切都照計畫走，這個首個垂直系統就可當成遷移專案的燈塔 (領路人)。我們也已經建立了一套前端整合機制，可供新系統使用。當其它團隊開發新功能時，這個概念驗證便可作為典範。

14.1.2 策略 1：漸進式遷移

第一個逐步做處理的策略，是先前所介紹概念驗證的自然進程。圖 14.2 所描繪的是一個單體式應用程式，移轉成由 3 個團隊組成的微前端架構。

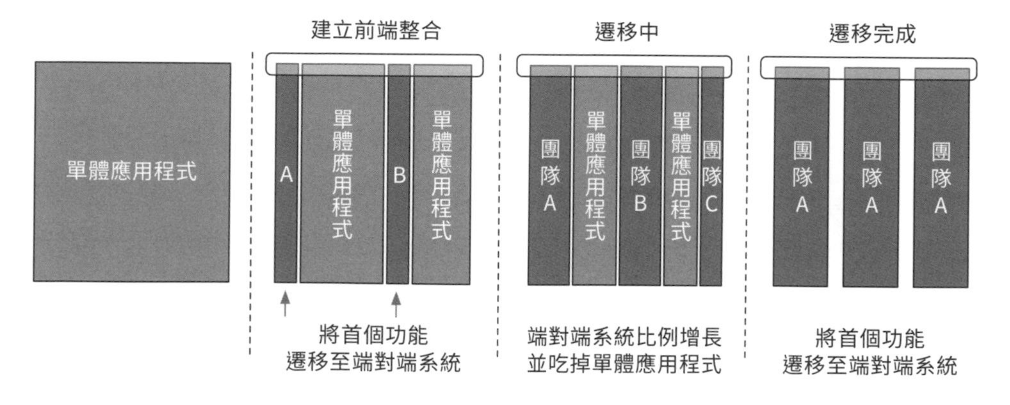

圖 14.2 展示一個單體式應用程式 (最左) 如何移轉成由 3 個團隊掌管的微前端架構 (最右)。我們在這張圖中新增了 3 個新應用程式 (團隊 A、B 和 C)，漸進地接手單體式應用程式的功能 (圖中)，直到這個單體式程式消失為止。如同先前範例，我們首先得建立所需的前端整合機制，好處理不同應用程式的路由及整合。

遷移機制

首先，我們需要一個共享計畫，擬出最終的團隊邊界。哪個功能歸屬於哪個團隊？我們已經在先前章節中討論過如何識別這些邊界。經過這些討論後，團隊便可著手設置各自的新應用程式，並開始將單體式應用程式的功能移轉到微前端應用程式。團隊會逐步移轉系統功能，比如最先遷移的可能會是產品評分功能，從使用者介面到資料庫一併由團隊搬移到自家的應用程式中。

所有團隊也會建立一套前端整合機制來處理路由和整合。等一項功能移轉完成後，團隊就會拿新微前端個體的 UI 取代舊單體應用程式內的相關使用者介面，接著才著手移轉下一項功能。團隊們會重複這個過程，直到舊的單體式應用程式消失殆盡。這種遷移策略遵循的是『寄生模式』(Strangler Fig Pattern)：新的應用程式會逐步取代舊有應用程式，好比寄生植物逐漸吃掉宿主。在移轉期間，新舊應用程式都會持續運行。

優點及挑戰

這種漸進式遷移方式的主要優點是風險低 —— 新建的軟體會規律地上線，從舊系統切換到新系統的過程不會有『大霹靂』式的動盪。系統總是處於運作狀態，就算你半途決定取消遷移，應用程式也還是運作如常。所有已經寫好的軟體都可以快速正式上線。

一個專案內若同時有舊程式碼跟新創系統並肩運作，這通常稱為棕地專案 (brownfield projects)。與之相反的是綠地專案 (greenfield projects)，也就是從無到有建置出新系統，無需考慮到現有的系統架構。跟綠地專案相比，棕地專案的漸進遷移方式需要更多思考、了解現有系統並做協調，此外自舊有單體式應用程式擷取出功能，並不代表你必須移除這些功能。然而，你至少得在整個過程中調整單體式應用程式的使用者介面，以便無縫整合新的微前端個體。取決於軟體品質，遷移中最常遇到的重大任務就是 CSS 程式碼和功能的範圍界定不妥當。網頁元件和 Shadow DOM 都有助於解決問題 —— 更多細節可以參閱本書第 5 章第 2 節。

14.1.3 策略 2：前端優先

前端優先的做法遵循類似的模式，但會避免混用新、舊前端程式碼。若不必顧慮舊的前端程式碼，就能讓事情變得更簡單，特別是你有計畫同時給前端大改造一番的時候。圖 14.3 展示了這個遷移過程。

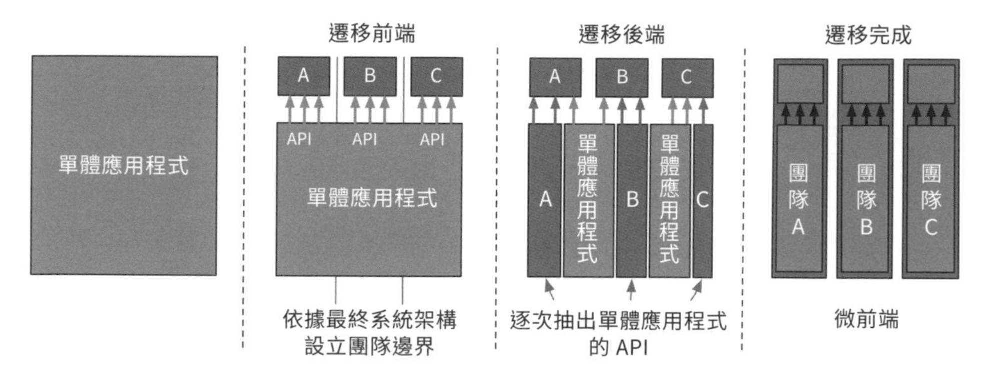

圖 14.3 從單體式應用程式 (最左) 開始，遷移分為兩個階段：在第一階段創建 3 個團隊，各自負責一個前端應用程式，這些新的前端取代了單體式應用程式的原有前端，但仍透過舊有單體式應用程式的 API 和它溝通。第二階段則一步一步轉移後端的部分，將前端的 API 端點逐一銜接到各團隊的新後端。待後端也移轉完成後，我們便達到目的，得到一個垂直劃分的微前端應用程式 (最右)。

遷移機制

前端優先遷移是兩階段的過程。我們先重建前端來配合目標垂直架構，這會需要事先規劃好團隊邊界和權責，每個團隊也會開發自己的前端部分，並透過已知的路由和整合技巧來整合使用者介面。這些新的前端應用程式仍會從舊有單體應用程式取得所需的資料。

接著在下一階段，我們則開始拆分後端。第一階段所實作的前端 API 已經確立了邊界，也為後端的開發鋪路。每個團隊都會建立一個後端應用程式，來取代掉舊有單體式應用程式中前端所倚賴的 API。我們在這個階段可再次沿用漸進式模式，讓團隊逐步替換 API，直到完全取代單體式應用程式。最後我們將達到預期的狀態，單體式應用程式不復存在，每個團隊也都各自掌握一個端到端系統。

優點及挑戰

如先前所說，前端優先最大的優勢是新舊前端的程式碼不會混雜在一起，因為我們一口氣建置了嶄新、乾淨的前端環境，故不會有樣式洩漏或其他意料之外的副作用。要是你的前端沒有太複雜、沒有太多商業邏輯，前端優先的另一個好處是能快速看到成果。

就我自己參與過的專案，採用前端優先都能得到不錯的體驗。但這種策略有兩個缺點是需要考慮的：首先，前、後端工作分配會不均，第一階段前端工作量較大，第二階段則由後端挑大樑。你可以重疊兩個階段來改善這種情況，或者若能鼓勵團隊跨職能工作的話更好。接著，這種模式中看得見的進展是非線性的 —— 圈外人或管理階層會注意到第一階段的進展較多，因為就算不開發新功能，使用現代技術或採用新設計，都能讓網頁使用起來更流暢、更耳目一新。第二階段則至多不會替使用者帶來可見的變化，這種視覺上缺乏進展可能會是個問題，你也應該協調好對應人士的期望。

14.1.4　策略 3：綠地專案及『大霹靂』

從概念上來看，綠地及『大霹靂』(big bang) 途徑是最簡單的。舊系統會保持原樣，你另外在乾淨的環境中開發新系統，也就是綠地專案。等到新系統就緒後，再一口氣切換到新系統，有如宇宙大霹靂。圖 14.4 描述了這個做法。

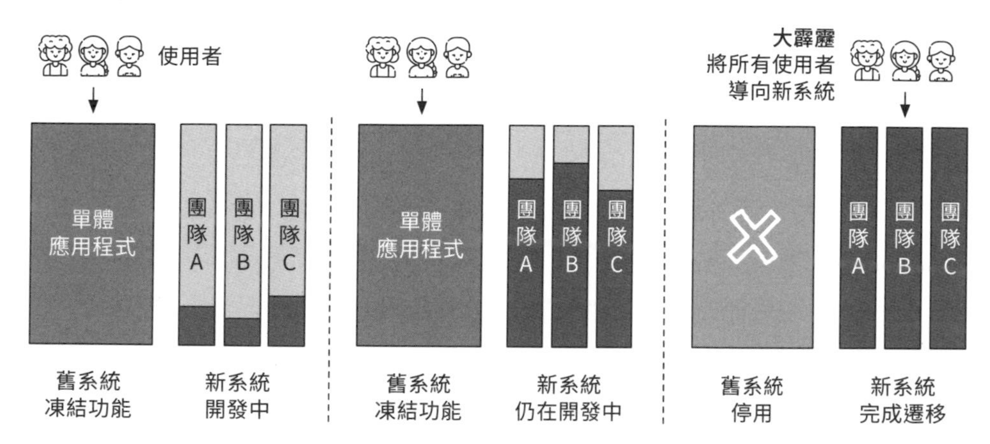

圖 14.4 除了現有的單體式應用程式 (圖左)，我們另外設立新的團隊架構以及系統架構。新、舊系統之間沒有共享任何東西。開發階段，所有的流量都是導向舊有的單體式應用程式 (圖中) 。當團隊完成新系統的開發，流量就改導向新系統，舊有系統則停用 (圖右)。

遷移機制

在這種模式下，我們只設計新系統的樣貌，並在一個獨立於現有單體式應用程式的新環境中開發之。為了避免拖延遷移過程，舊系統的開發通常會暫停，團隊也著手打造系統中各自負責的部分。等所有團隊完成必要功能的實作後，流量便會導向新系統，並將舊系統除役。新舊系統在任何時間都不會混在一塊，使用者也只會使用其中一套系統。

優點和挑戰

綠地專案的主要優點是可以重新開始，不需要應付老舊程式碼的問題。乾淨的開發環境更易於採用持續交付等技術，或是引入新的設計系統，避開需要大改或妥協的處境。此外既然團隊可以專注在開發新架構，不需要和舊系統搏鬥，開發速度也會比較快。

我自己也在不同的專案中使用過這個移轉策略。要是你發現舊有單體式應用程式很難沿用在遷移過程中時，綠地專案的做法就會很吸引人。舊系統之所以會綁手綁腳，有可能是舊系統依賴難以更動的第三方私有技術，或是部署週期太過冗長，只會拖慢開發新系統的進度。

但如同標題中『大霹靂』一詞所暗示的，這種做法存在相當大的風險。團隊得在沒有實際使用者回饋的情況下，花很長的時間開發新系統，但最重要的事莫過於驗證新系統能在上線環境運作。你不妨考慮儘早將使用者轉移到新系統上 —— 真實使用者的存在可以降低上線風險，並提高對於開發中的新系統的信心。在新系統正式上線前發布 Beta 版，或是先開放給一小部分使用者試用，都是不錯的方法。

現在你已經學到一些如何將單體式應用程式遷移到微前端架構的策略。這當中並沒有標準答案，完全取決於你所擁有的舊系統、還有你採用新架構所欲達到的目標為何。但在拿新的微前端應用程式逐步取代舊有的單體式應用程式時，將我們在本書學到的前端整合技術套用到前後端系統上，會是值得考慮的強大工具。

14.2 本機開發

現在我們跳脫架構層級，來細看微前端專案開發人員的日常活動。運行和開發典型的單體式應用程式十分單純 —— 你只要從原始碼庫複製一份程式碼，就有足夠的東西在本機啟動同樣的系統。所有東西應該都能運作，你也可以在自己的瀏覽器中試用整個應用程式。然而，對於微前端這類分散式架構，本機開發就會複雜得多。

14.2.1 不要執行其他團隊的程式碼

每一個微前端團隊都有各自的原始碼儲存庫，不同團隊可能會採用不同的前後端技術。的確，開發人員或許不僅能複製自家團隊的儲存庫，也可以定期下載其他團隊的最新原始碼。這麼做雖然可行，但很快可能就會變得麻煩 —— 你必須了解其他團隊的開發環境，而這件事本身就會帶來摩擦。

要是其他團隊的系統有一個臭蟲，導致其應用程式開不起來，你要怎麼辦？你要問團隊 B 是否已更新到最新版的 Node.js，還是停留在舊版本嗎？但這類問題不是你該關心的，你應該要專注在自家團隊的程式碼。因此，我們接著就來了解，如何在不運行其他人程式碼的前提下來進行開發。

但是單一程式碼儲存庫怎麼辦？

在網路上閱讀和微前端相關的資料時，有時會看到『單一程式碼儲存庫』會被稱為本機開發的解決方案。這概念是將獨立應用程式或函式庫的程式碼，存放在同一個版本控制庫內，使之很容易一次下載並更新數個專案，也更好管理共享的相依套件。

如果你單純將微前端視為一個團隊將前端加以模組化的整合技術，這種方法就是合情合理的。但若你著重的是多個獨立團隊無須密切協調、即可平行作業的組織優勢，使用單一程式碼儲存庫就是壞主意。各團隊的應用程式應該要獨立，也不應該共享程式碼或共用部署管線。將程式碼庫分開能夠遏止團隊間不必要的耦合。

14.2.2 使用模擬頁面區塊

> ✪ 提示　本節的範例程式碼位在 \MFE\21_local_development 資料夾。

如果不能運行其他團隊的程式碼，那該如何開發？就網頁層級而言，答案很簡單，就是使用模擬 (mock) 的頁面區塊來取代其他團隊的頁面區塊。讓我們來看決策團隊的產品頁。

請在命令列視窗執行以下指令：

```
\MFE> npm run 21_local_development
```

接著在瀏覽器開啟 http://localhost:3001/product/porsche，以便透過本機模式瀏覽產品頁面。頁面結果如圖 14.5 所示。

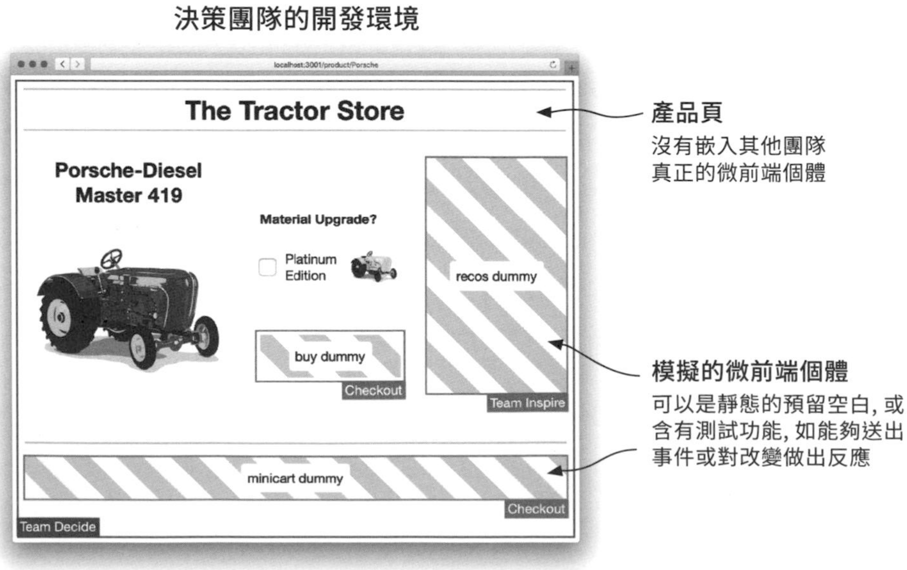

決策團隊的開發環境

localhost:3001/product/Porsche
The Tractor Store
Porsche-Diesel Master 419
Material Upgrade?
Platinum Edition
recos dummy
buy dummy
Checkout
Team Inspire
minicart dummy
Checkout
Team Decide

產品頁
沒有嵌入其他團隊真正的微前端個體

模擬的微前端個體
可以是靜態的預留空白，或含有測試功能，如能夠送出事件或對改變做出反應

圖 14.5　決策團隊產品頁在本機開發模式中的樣貌。其他團隊的頁面區塊以簡單、模擬的微前端個體替代。

我們可以在瀏覽器中看到產品頁，但其他團隊的頁面區塊，像是推薦商品、購買按鈕以及迷你購物車，都是模擬的假區塊。即使如此，頁面本身仍能如預期運作，你可以切換到白金的選項，產品圖片也會跟著更新。

你所見到的產品頁並未包含其他團隊的程式碼，因為決策團隊在開發模式中省略掉其他團隊的 script 和 style 標籤。產品頁沒有載入這些檔案的話，就會以空白區塊顯示。為了改善這點，決策團隊替這 3 個頁面區塊打造了簡單的模擬版本。你可以在 \team-decide\static\mock-fragments.css (及 .js) 找到相關程式碼。由於我們是用自定義元素來整合，要模擬元素就相當簡單。下面是其中一個模擬區塊的程式碼：

■ \team-decide\static\mock-fragments.js

```
...
class CheckoutMinicart extends HTMLElement {
  connectedCallback() {
    this.innerHTML = `<div>minicart dummy</div>`;
  }
}
window.customElements.define("checkout-minicart", CheckoutMinicart);
...
```

這個模擬區塊十分簡單，只顯示一段文字而已。但若你希望這個模擬的頁面區塊可以拋出事件，就可寫更為複雜的程式碼，像是加入一個按鈕來觸發事件。

備註 這個範例使用的是客戶端渲染，但此概念也適用於伺服器端生成的應用程式。與其更改自定義元件的定義，你可以將頁面區塊的 HTTP 請求導向一個端點，好傳回模擬的結果。

比起載入真實的元件，使用模擬頁面區塊能讓開發更直接了當和可靠。你只要運行自己的應用程式，而且若發生問題，你就能肯定問題出在自己的程式碼上。此外每個提供頁面區塊的團隊，也應該要提供技術文件載明自己的介面，而介面包括了它可理解的參數及能發送的事件。這些技術文件可當成創建本機模擬區塊的基礎。

> **警告** 如果你發現自己必須開發很多複雜的模擬區塊，才有辦法開發並測試自己的軟體，這很可能表示你的團隊界線有問題。務必確定一個使用案例的權責只由一個團隊來掌控。

14.2.3 分離的頁面區塊

我們來看開發一個頁面區塊會是什麼樣子。先別關掉前面的範例應用程式，用瀏覽器開啟 http://localhost:3003/sandbox 來看結帳團隊的沙盒頁面，該頁面上有兩個頁面區塊。促銷團隊也有一個類似的沙盒頁面在 3002 埠上運行 (http://localhost:3002/sandbox)。圖 14.6 分別顯示結帳團隊和促銷團隊的沙盒頁面。

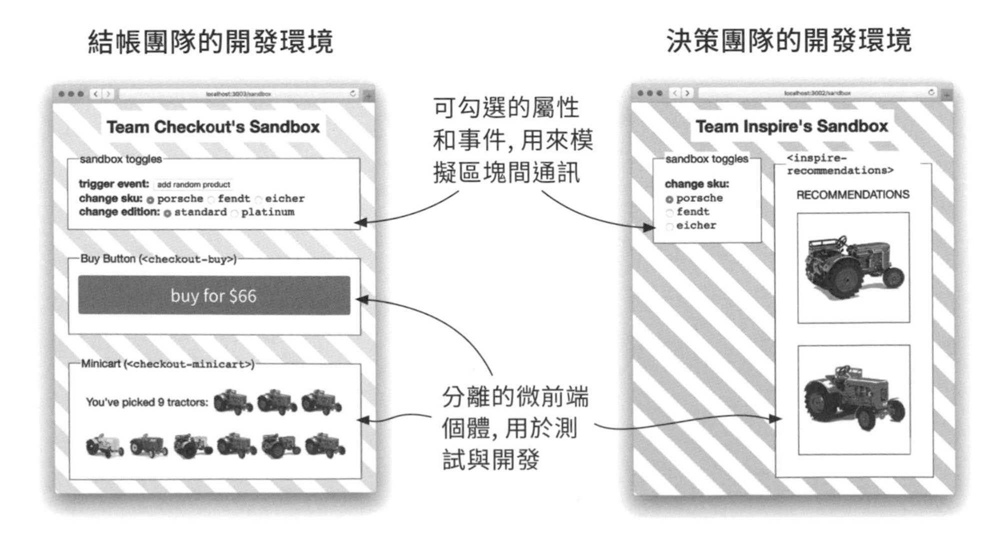

圖14.6 每個團隊都有自己的沙盒頁面，用來獨立開發並測試頁面區塊。沙盒頁面也包含了一些切換選項，來模擬溝通。

開發用頁面

沙盒頁面是頁面區塊的開發用環境，通常是一個空白頁面 (在此是以灰白相間的斜線為背景)，上頭包含了一個團隊的頁面區塊。這頁面本身包含基本的全域樣式，像是字體定義和一些 CSS 重置設定，這樣就不用重新為每一個頁面區塊重新定義樣式。Podium 這類工具能建立立即可用的開發頁面，但就算從零做起也不會很複雜。你更可以在這邊使用你最喜歡的即時重載 (live reload) 或熱重載 (hot reload) 工具，讓開發上變得更為有趣。

模擬區塊互動

現在我們有一個沙盒環境來開發頁面區塊，但如何測試不同微前端個體之間的溝通呢？你或許有有注意到，頁面上方有個『沙盒切換』(sandbox toggles) 的區塊，裡頭包含可以讓頁面區塊做出反應的一些行為。你也可以使用變更貨號 (change sku) 的控制項，在不同的拖曳機商品之間切換，而購買按鈕頁面區塊的相關貨號屬性和價格也會隨之更新。在我們這個範例中，切換機制其實就是在沙盒檔案中寫幾行簡單的 JavaScript 程式碼。

當有人點按購買按鈕，迷你購物車也會更新。你可以藉此在沙盒頁面測試頁面區塊之間的溝通，比如點按購買按鈕，產品就會出現在迷你購物車內。迷你購物車會監聽瀏覽器視窗的 checkout:item_added 事件，這點和正常整合的頁面如出一轍。沙盒頁面上也有一個『添加隨機商品』(add random product) 的專用按鈕，可以觸發這類事件。

透過模擬實現獨立開發

使用模擬物件可以獲得許多獨立性，並減少跨團隊的摩擦。若測試出了問題，便可以肯定是自己的程式碼有誤，而不是其他團隊的錯，因為他們根本沒有參與。這種做法也讓你的持續整合管線得以保持可靠。因此，花一些心力來建構良好的模擬物件，不僅能節省開發力氣，還會替你省下很多時間。

14.2.4 在測試或正式上線環境載入其他團隊的微前端個體

但就某些案例而言，光靠模擬物件是不夠的。若你打算重現一個原因未知的錯誤，你可能會想使用真實程式碼來測試。如果你的前端是用客戶端渲染，這會很容易，因為你不需要自行複製並建置其他團隊的應用程式。你只要將相關的程式碼和樣式標籤指向你的測試或開發環境，從該處提取其他團隊頁面區塊的程式碼就好了。這麼一來，你便能測試自己的本地端程式碼和其他團隊的正式程式碼搭配時是否會有問題。

Single-spa 甚至打造了一個名為 single-spainspector 的工具，讓你反其道而行 —— 你可以在瀏覽器中開啟正式上線頁面，而這工具讓你能將正式版程式碼替換成本機的開發程式碼。Single-spa 使用 import-map 來實現這個功能。

若是使用伺服器端渲染，你也有辦法從遠端伺服器提取頁面區塊 —— 要求你的 HTML 組合機制直接從正式環境提取某些路由的程式碼。如果你使用 Nginx 和 SSI 來操作，做法就是將其他團隊的上游設置為正式伺服器，但將你的上游保持在本地主機。

14.3 測試

自動化測試已成為現代軟體開發中重要的一環。良好的測試覆蓋率能減少需要手動測試的情況，並讓你能夠採納持續交付這類技術。但是微前端專案的測試長得什麼樣子呢？這和單體式專案的測試並沒有太大的不同。每個團隊會在不同層級測試自己的應用程式，包括大量快速運行的單元及服務測試，以及一些基於瀏覽器的端對端測試。

你或許有聽過測試金字塔，它描述了針對低層整合的測試 (像是單元測試)，撰寫容易且運行速度快。而高層整合的測試運行緩慢，維護上也很昂貴。圖 14.7 展示了典型測試金字塔的變體。

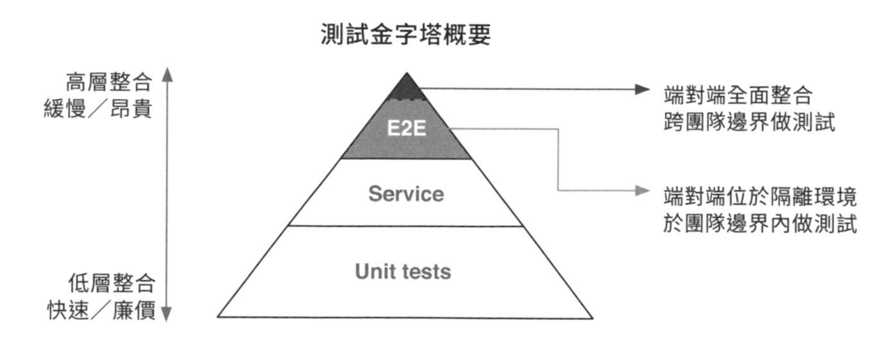

圖 14.7 測試金字塔展示，最底部的低層級測試快速且廉價，而高層級整合的測試，像是基於瀏覽器的端對端測試，過程緩慢且維護成本高。在微前端專案中，我們可將金字塔頂端的端對端測試分成兩種：第一種只在單一團隊的使用者介面上運行，第二種則是跨團隊邊界的測試。

在微前端專案中，我們可以將最上頭的類別 (UI 或端對端測試) 分成兩部分：

1. 分離 (大多數的測試)：團隊應在不參雜其他團隊程式碼的分離環境中，執行大部分的使用者介面測試。這些測試會針對含有模擬頁面區塊的某個版本軟體來進行。如同先前的小節所介紹，團隊自己的頁面區塊是在分離的環境 (沙盒) 中做測試。

2. 全面整合 (非常少數的測試)：就算每一個團隊都能正確測試自己的頁面區塊和頁面，在使用者介面的交界處可能還是會有錯誤。你應該要在全面整合中測試重要的轉換處。

全面整合測試的撰寫並不容易，因為這需要了解至少兩個團隊的程式碼架構。我自己在過去的專案中，對整個軟體引入高階全面整合測試套件的經驗都沒有很好。我們所有的嘗試最後都以有大量誤報的薄弱解決方案告終。而且，你如果不想加入一個水平測試團隊的話，全面整合測試究竟歸屬於誰，這個問題也很難回答。

我們後來改走分散式的做法，每個團隊都可以決定要不要跨過鄰居的邊界來做測試。結帳團隊可以測試自家的購買按鈕整合到決策團隊的產品頁面上時是否可運作；決策團隊則可以檢查促銷團隊的推薦商品頁面區塊是不是空白的。

重點摘錄

- 你可以使用微前端的使用者介面整合技巧，來測試你的既有專案是否適合遷移到微前端。這些技巧也能讓你進行逐步移轉，讓新的微前端逐步取代舊有單體式應用程式的使用者介面。

- 逐步取代現有系統的模式風險低，因為任何時候都有一個能運作的應用程式。不過，單體式應用程式跟新的前端個體混用時，就會帶來樣式洩漏的挑戰。若在新的微前端使用 Shadow DOM 會有幫助。

- 如果與單體式應用程式混用使用者介面的方法行不通，前端優先遷移或是直接開發綠地專案就是良好的替代選項。缺點是這樣風險較高。

- 在本地開發及測試環境中，最好停用其他團隊的程式碼。消除外來程式碼能降低開發複雜度，並使開發環境更為穩定。建立簡單的模擬微前端物件，也有助於營造更為真實的版面體驗。
- 模擬的微前端個體可以是靜態留白處，但也可以包含簡單功能，像是發送事件。
- 你可以在專門的沙盒頁面中開發頁面區塊，將頁面區塊放在獨立環境中顯示。這個沙盒頁面也可以包含一些自定義使用者介面來測試區塊溝通 (觸發事件)，或是模擬環境中的更動，比如改變顯示的產品。
- 幾乎所有測試都應該針對自己團隊的程式碼來進行，盡可能於分離環境中做測試。在某些案例中則可能必須跨團隊邊界來測試。這時你可以設立一組中央測試團隊來負責這個任務；另外一個解決方法是讓團隊自行測試與鄰近團隊的整合點。

MEMO

Micro Frontends in Action

決戰！微前端架構

Micro Frontends in Action

決戰！微前端架構

Micro Frontends in Action

決戰！微前端架構

Micro Frontends in Action

決戰！微前端架構

Micro Frontends in Action 決戰！微前端架構

Micro Frontends in Action

決戰！微前端架構